백그라운드 고등수학 필기노트

저자 서한곤

안녕하세요. 매쓰그라운드 서한교입니다.

성인이 되고 지금까지 수많은 과외와 학원 강사 생활로 수학을 가르치며 가장 많이 들었던 말은 "개념은 배웠는데, 아직 잘 모르겠어요." 였습니다. 누구보다 열심히 공부함에도 수학이 자꾸만 어렵게 느껴지는 이유는 바로 배경이 되는 기본 개념이 완벽하지 않기 때문임을 알게 되었습니다. 백그라운드는 그런 학생들을 위한 필기노트입니다.

단순히 요약이나 정리 뿐만 아니라 수학 개념의 기반이 무엇이고 그것을 어떻게 쌓아야 하는지 차근차근 안내하는 책입니다. 2022 개정 교육과정과 이전 교육과정의 모든 개념을 다루고 있으며 고등학교 전 학년은 물론 이공계 대학을 입학하는 학생에게도 든든한 수학의 출발점이 되어줄 수 있도록 구성했습니다.

또한, 이 책은 혼자 따라 써보며 스스로 개념을 정리할 수 있도록 설계했습니다. 단순히 읽는 책이 아니라 직접 채워가며 나만의 배경을 만드는 노트가 되길 바랍니다.

디자인도 일부러 딱딱하지 않게 편안하고 부담 없이 수학에 다가갈 수 있도록 고민했습니다.

수학은 탄탄한 기반 위에서만 의미 있게 쌓을 수 있는 학문입니다. 이 책이 여러분에게 그 기반이 되어주는 배경이 되기를 바랍니다. 그리고 여러분 스스로가 스스로의 수학을 만들어 나가는 여정에 백그라운드가 든든한 동반자가 되었으면 합니다.

2025, 매쓰그라운드 서한교 드림.

〈필기노트 보는 법〉

백그라운드 필기노트는 2022 개정 교육과정을 기준으로 작성되었습니다.

이에 따라 고등학교 교육과정, 중학교 교육과정, 교육과정 외 이렇게 세 분류로 나누어서 작성하였습니다.

고등학생이라면 꼭 알아야하는 교육과정 내용을 노란색 포스트잇으로 표시하였습니다.

절대 몰라서는 안되는 필수 개념을 담았습니다. 눈 감고도 설명할 수 있을 정도로 열심히 공부합시다.

고등학교 내신과 수능에서도 자주 쓰이는 중학교 교육과정도 같이 수록하였습니다.

중학교 때 내가 공부를 하지 않았더라도 이 내용을 차근차근 읽어보면서 빠진 부분을 복습해보세요.

수능에서는 다루지 않는 초월함수의 미적분, 기하(내신에서는 다룸)와

과학고등학교에서 배우는 심화수학, 고급수학에서 다루는 내용을 담았습니다.

수능에서 나오지는 않지만 알고 있으면 도움이 될 수도 있으니 한 번 읽어만 보고 넘어갑시다.

대신 이과, 공과대학에 진학 예정인 새내기라면 꼭 공부하고 입학하도록 해요.

CONTENTS

백그라운드 고등수학 필기노트

다항식

다항식

다항식에 관련된 용어

단항식 : 숫자와 문자, 문자와 문자의 곱으로만 이루어진 식

다항식 : 단항식의 합으로 이루어진 식

항 : 다항식 속 각각의 단항식

변수 : 수식에 따라서 변하는 값 $\longrightarrow$ "x에 대한 다항식"

계수 : 항에서 변수를 제외한 나머지 부분

상수항 : 특정 문자를 포함하지 않거나 숫자만 있는 항

차수
- 항의 차수 : 하나의 항에서 곱해진 문자의 개수
- 다항식의 차수 : 다항식에서 각 항의 차수 중 가장 큰 값

동류항 : 문자와 차수가 같은 항

내림차순 : 특정 문자의 차수가 높은 항부터 낮아지는 순서로 나열하는 것

오름차순 : 특정 문자의 차수가 낮은 항부터 높아지는 순서로 나열하는 것

(ex) $5x^2-6xy+4y+2$
- 항이 4개인 이차식
- $5x^2$, $-6xy$는 이차항
- $4y$는 일차항
- 2는 상수항
- $5x^2$의 계수는 5
- $-6xy$의 계수는 -6
- $-6xy$
  - x에 대한 일차항
  - y에 대한 일차항
- x에 대한 내림차순

자연수에서의 지수법칙

거듭제곱 : 같은 수를 여러 번 곱한 것

밑 : 거듭제곱에서 곱한 수

지수 : 거듭제곱에서 밑이 곱해진 횟수

$$5\times5\times5\times5 = 5^{4} \quad \overset{지수}{} \quad \underset{밑}{}$$

a와 b가 0이 아닌 실수이고 m과 n이 자연수일 때,

$$a^m \times a^n = a^{m+n} \qquad (a^m)^n = a^{mn} \qquad a^m \div a^n = \begin{cases} a^{m-n} & (m > n) \\ 1 & (m = n) \\ \dfrac{1}{a^{n-m}} & (m < n) \end{cases}$$

$$(ab)^n = a^n b^n \qquad \left(\dfrac{a}{b}\right)^n = \dfrac{a^n}{b^n}$$

$$(a+b)x = ax + bx \qquad (a+b)(c+d) = ac + ad + bc + bd$$

다항식의 연산

다항식의 덧셈과 뺄셈

① 괄호가 있을 때는 괄호부터 푼다. 이때, 괄호 앞에 (−) 부호가 있으면 괄호 안의 각 항의 부호를 반대로 바꾼다.

② 다항식을 한 문자에 대해 내림차순으로 정리한다.

③ 동류항끼리 모아서 계산한다.

다항식의 곱셈

지수법칙과 분배법칙을 이용하여 전개하고 동류항끼리 모아서 정리한다.

다항식의 나눗셈

다항식 A를 $B(B \neq 0)$로 나눈 몫을 Q, 나머지를 R라 하면 $A = BQ + R$이 성립하고 이때 (R의 차수) $<$ (B의 차수)이다.

특히, $R = 0$이면 나누어떨어진다고 한다.

(ex)

$(x+3)(2x-1) - (2x-4) = 2x^2 - x + 6x - 3 - 2x + 4 = 2x^2 + 3x + 1$

$\underset{A}{(x^2+5x-7)} \div \underset{B}{(x-1)} = \underset{Q}{(x+6)} \cdots \underset{R}{-1}$

$$
\begin{array}{r}
x+6 \\
x-1 \,\overline{)\, x^2+5x-7} \\
\underline{x^2-x} \\
6x-7 \\
\underline{6x-6} \\
-1
\end{array}
$$

주의!

$-1 \leftarrow$ 나머지의 차수가 B의 차수보다 작아야 한다.

다항식 A, B, C에 대해 다음이 성립한다.

덧셈에 대한 교환법칙 : $A+B = B+A$

곱셈에 대한 교환법칙 : $AB = BA$

덧셈에 대한 결합법칙 : $(A+B)+C = A+(B+C)$

곱셈에 대한 결합법칙 : $(AB)C = A(BC)$

분배법칙 : $A(B+C) = AB+AC$, $(A+B)C = AC+BC$

곱셈 공식과 인수분해

전개
곱해져 있는 식의 괄호를 풀어 나타내는 것

전개식

$$(2x+1)(x+3) \quad\longleftrightarrow\quad 2x^2+7x+3$$

인수분해
하나의 다항식을 그 다항식보다 차수가 낮은
두 개 이상의 다항식의 곱으로 나타내는 것

☆ 필수 암기!

$(a+b)^2$	$a^2+2ab+b^2$
$(a-b)^2$	$a^2-2ab+b^2$
$(a+b)(a-b)$	a^2-b^2
$(x+a)(x+b)$	$x^2+(a+b)x+ab$
$(ax+b)(cx+d)$	$acx^2+(ad+bc)x+bd$
$(a+b)^3$	$a^3+3a^2b+3ab^2+b^3$
$(a-b)^3$	$a^3-3a^2b+3ab^2-b^3$
$(a+b)(a^2-ab+b^2)$	a^3+b^3
$(a-b)(a^2+ab+b^2)$	a^3-b^3
$(a+b+c)^2$	$a^2+b^2+c^2+2ab+2bc+2ca$
$(a+b+c)(a^2+b^2+c^2-ab-bc-ca)$	$a^3+b^3+c^3-3abc$

☆ 암기 권장

$(a+b)^2-2ab = (a-b)^2+2ab$	a^2+b^2
$(a+b)^2$	$(a-b)^2+4ab$
$(a-b)^2$	$(a+b)^2-4ab$
$\left(x+\dfrac{1}{x}\right)^2-2 = \left(x-\dfrac{1}{x}\right)^2+2$	$x^2+\dfrac{1}{x^2}$
$\left(x+\dfrac{1}{x}\right)^2$	$\left(x-\dfrac{1}{x}\right)^2+4$
$\left(x-\dfrac{1}{x}\right)^2$	$\left(x+\dfrac{1}{x}\right)^2-4$
$(a+b)^3-3ab(a+b)$	a^3+b^3
$(a-b)^3+3ab(a-b)$	a^3-b^3
$\left(x+\dfrac{1}{x}\right)^3-3\left(x+\dfrac{1}{x}\right)$	$x^3+\dfrac{1}{x^3}$
$\left(x-\dfrac{1}{x}\right)^3+3\left(x-\dfrac{1}{x}\right)$	$x^3-\dfrac{1}{x^3}$
$(a+b+c)^2-2(ab+bc+ca)$	$a^2+b^2+c^2$
$\dfrac{1}{2}\{(a-b)^2+(b-c)^2+(c-a)^2\}$	$a^2+b^2+c^2-ab-bc-ca$

곱셈 공식과 인수분해 공식을 가지고 직접 변형 공식을 만들어 보는 것이 중요하다.

항등식과 나머지정리

항등식

: 등식의 문자에 어떤 값을 대입하여도 항상 성립하는 등식

- x 값에 관계없이
- 모든 x에 대하여
- 임의의 x에 대하여
- 어떤 x값에 대하여도

모든 x에 대하여

$$ax+b = 0$$
$$ax+b = cx+d$$
$$ax^2+bx+c = 0$$
$$ax^2+bx+c = dx^2+ex+f$$

$\iff$

$$a = b = 0$$
$$a = c,\ b = d$$
$$a = b = c = 0$$
$$a = d,\ b = e,\ c = f$$

☆ 결론

$p(x)$와 $q(x)$가 n차 다항식일 때 등식 $p(x) = q(x)$가 x에 대한 항등식이면 $p(x)$와 $q(x)$의 동류항의 계수가 서로 같다.

미정계수법

: 항등식의 성질을 이용하여 주어진 등식에서 미지의 계수를 정하는 방법

계수비교법 : 항등식의 양변의 동류항의 계수는 같음을 이용

수치대입법 : 항등식의 문자에 어떤 수를 대입해도 그 값은 같음을 이용

(ex) $x^2-2x-3 = ax(x-1)+b(x-1)+c$가 x에 대한 항등식일 때, $a,\ b,\ c$의 값을 구하시오.

계수비교법

$x^2-2x-3 = ax^2-ax+bx-b+c = ax^2+(b-a)x+(c-b)$

$\Rightarrow a = 1,\ b-a = -2,\ c-b = -3$

$\therefore a = 1,\ b = -1,\ c = -4$

수치대입법

$x = 1$ 대입 : $-4 = c$

$x = 0$ 대입 : $-3 = -b+c \Rightarrow b = -1$

$x = -1$ 대입 : $0 = 2a-2b+c \Rightarrow a = 1$

$\therefore a = 1,\ b = -1,\ c = -4$

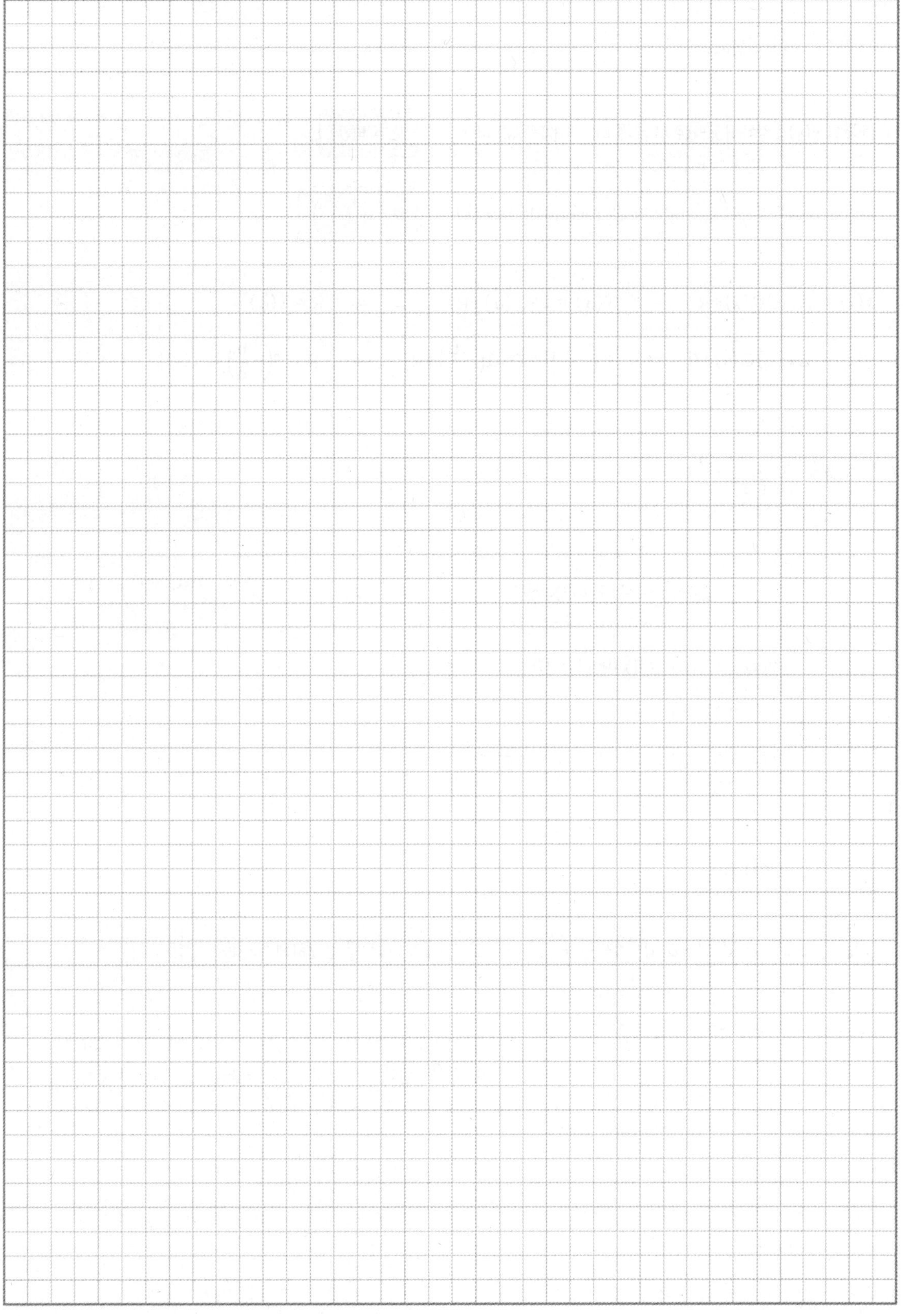

☆☆☆ 나머지정리

다항식 $f(x)$를 일차식 $x-\alpha$로 나누었을 때 나머지를 R라 하면

$$R = f(\alpha)$$

다항식 $f(x)$를 일차식 $ax+b$로 나누었을 때 나머지를 R라 하면

$$R = f\left(-\frac{b}{a}\right)$$

$$f(x) = (x-\alpha)Q(x)+R \quad \Rightarrow \quad f(\alpha) = 0\times Q(\alpha)+R \quad \Rightarrow \quad R = f(\alpha)$$

$$f(x) = (ax+b)Q(x)+R \quad \Rightarrow \quad f\left(-\frac{b}{a}\right) = 0\times Q\left(-\frac{b}{a}\right)+R \quad \Rightarrow \quad R = f\left(-\frac{b}{a}\right)$$

☆☆☆ 인수정리

$f(x)$가 일차식 $x-\alpha$로 나누어떨어진다. $\iff$ $f(\alpha) = 0$

나머지정리에서 $R = 0$인 경우

$f(x)$를 $x-\alpha$로 나누었을 때 나머지가 0이다.

$x-\alpha$가 $f(x)$의 인수이다.

$f(x) = (x-\alpha)Q(x)$ (단, $Q(x)$는 다항식)

조립제법

$f(x) = a_0x^n+a_1x^{n-1}+a_2x^{n-2}+\cdots+a_n$을 $x-\alpha$로 나눈 몫과 나머지를 간단하게 계산하는 방법

몫 : $c_0x^n+c_1x^{n-1}+c_2x^{n-2}+\cdots+c_{n-1}$ 나머지 : c_n

1. 치환

치환 : 어떤 항 또는 수식을 하나의 문자로 바꾸는 일

환원 : 치환한 문자를 원래의 문자로 되돌리는 것

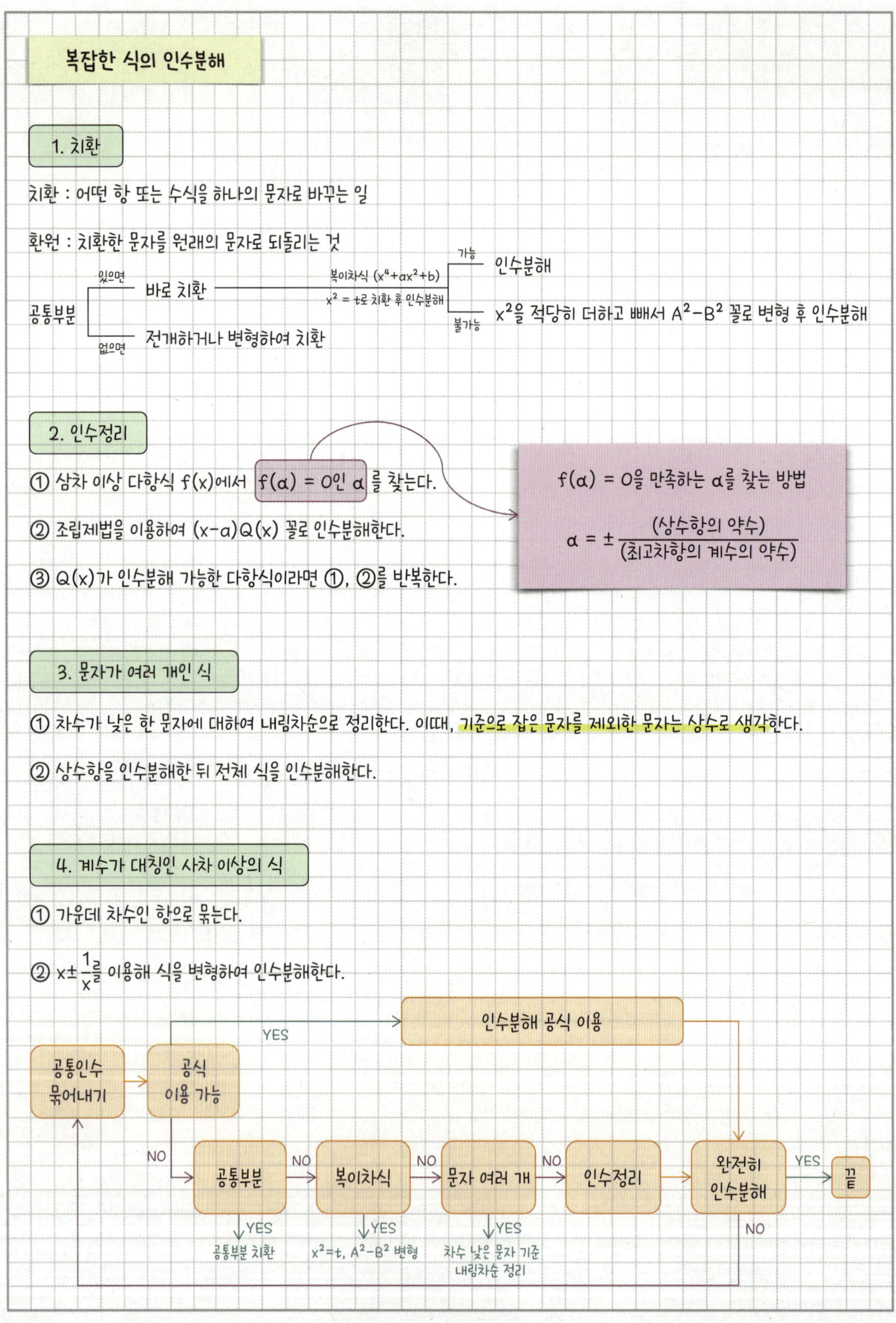

2. 인수정리

① 삼차 이상 다항식 $f(x)$에서 $f(\alpha) = 0$인 α를 찾는다.

② 조립제법을 이용하여 $(x-a)Q(x)$ 꼴로 인수분해한다.

③ $Q(x)$가 인수분해 가능한 다항식이라면 ①, ②를 반복한다.

3. 문자가 여러 개인 식

① 차수가 낮은 한 문자에 대하여 내림차순으로 정리한다. 이때, 기준으로 잡은 문자를 제외한 문자는 상수로 생각한다.

② 상수항을 인수분해한 뒤 전체 식을 인수분해한다.

4. 계수가 대칭인 사차 이상의 식

① 가운데 차수인 항으로 묶는다.

② $x \pm \dfrac{1}{x}$를 이용해 식을 변형하여 인수분해한다.

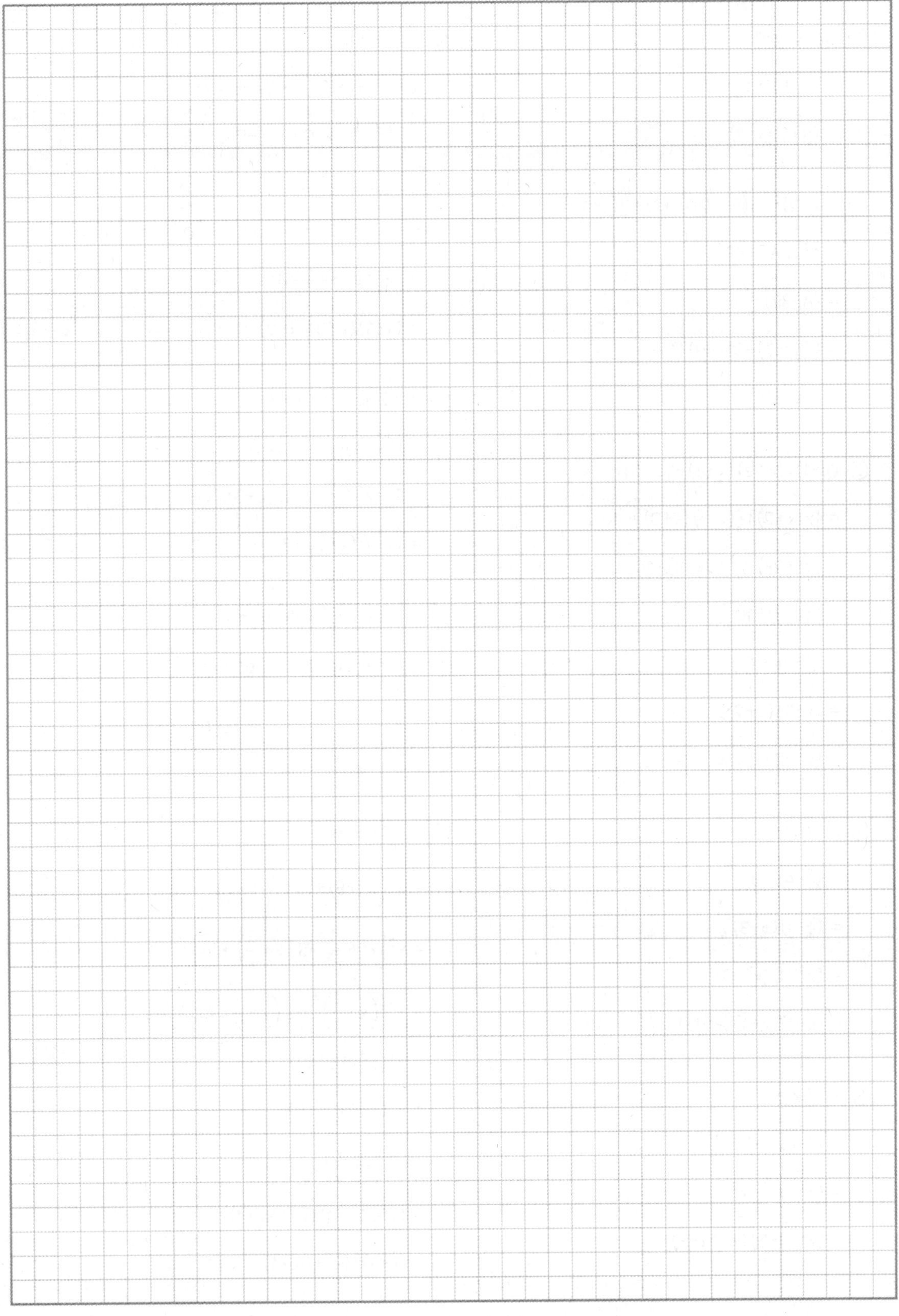

① $xy+x-y-1$

$\quad = x(y+1)-(y+1)$

$\quad = (y+1)(x-1)$

② $(5x-2)^2-6(5x-2)(x+1)+9(x+1)^2$

$\quad = A^2-6AB+9B^2$

$\quad = (A-3B)^2$

$\quad = \{(5x-2)-3(x+1)\}^2$

$\quad = (2x-5)^2$

③ $(x-1)x(x+2)(x+3)-10$

$\quad = \{x(x+2)\}\{(x-1)(x+3)\}-10$

$\quad = (x^2+2x)(x^2+2x-3)-10$

$\quad = t(t-3)-10$

$\quad = t^2-3t-10$

$\quad = (t-5)(t+2)$

$\quad = (x^2+2x-5)(x^2+2x+2)$

④ x^4-4x^2+3

$\quad = t^2-4t+3$

$\quad = (t-1)(t-3)$

$\quad = (x^2-1)(x^2-3)$

$\quad = (x-1)(x+1)(x^2-3)$

⑤ x^4-7x^2+9

$\quad = x^4-6x^2+9-x^2$

$\quad = (x^2-3)^2-x^2$

$\quad = (x^2-x-3)(x^2+x-3)$

⑥ x^3-7x+6

$x=1$ 대입하면 $x^3-7x+6=0$

$$
\begin{array}{c|cccc}
1 & 1 & 0 & -7 & 6 \\
  &   & 1 & 1 & -6 \\
\hline
  & 1 & 1 & -6 & 0
\end{array}
$$

$\quad = (x-1)(x^2+x-6)$

$\quad = (x-1)(x+3)(x-2)$

⑦ $x^2+2xy+2x-2y-3$

$\quad = (2x-2)y+x^2+2x-3$

$\quad = 2y(x-1)+(x-1)(x+3)$

$\quad = (x-1)(x+2y+3)$

⑧ $x^2-3xy+2y^2+4x-5y+3$

$\quad = x^2+(-3y+4)x+(2y^2-5y+3)$

$\quad\quad x \qquad\qquad -(2y-3)$
$\quad\quad x \qquad\qquad -(y-1)$

$\quad = (x-2y+3)(x-y+1)$

⑨ $x^4+8x^3+14x^2+8x+1$

$\quad = x^2\left(x^2+8x+14+\dfrac{8}{x}+\dfrac{1}{x^2}\right)$

$\quad = x^2\left\{x^2+\dfrac{1}{x^2}+8\left(x+\dfrac{1}{x}\right)+14\right\}$

$\quad = x^2\left\{\left(x+\dfrac{1}{x}\right)^2+8\left(x+\dfrac{1}{x}\right)+12\right\}$

$\quad = x^2(t^2+8t+12)$

$\quad = x^2(t+2)(t+6)$

$\quad = x^2\left(x+\dfrac{1}{x}+2\right)\left(x+\dfrac{1}{x}+6\right)$

$\quad = (x^2+2x+1)(x^2+6x+1)$

$\quad = (x+1)^2(x^2+6x+1)$

백그라운드
고등수학
필기노트

Chap 2

방정식과 부등식

실수와 복소수

실수 체계

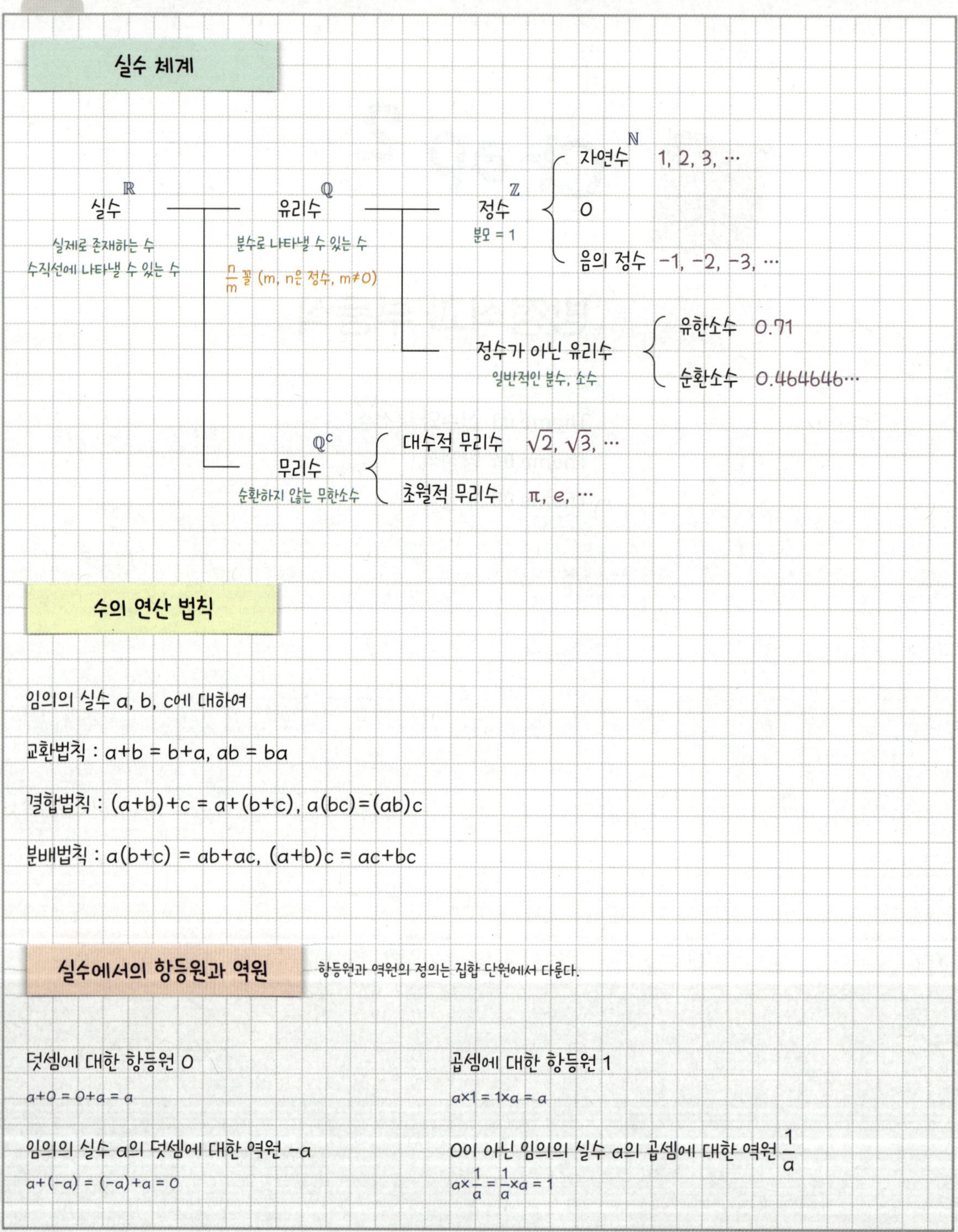

수의 연산 법칙

임의의 실수 a, b, c에 대하여

교환법칙 : $a+b = b+a$, $ab = ba$

결합법칙 : $(a+b)+c = a+(b+c)$, $a(bc)=(ab)c$

분배법칙 : $a(b+c) = ab+ac$, $(a+b)c = ac+bc$

실수에서의 항등원과 역원

항등원과 역원의 정의는 집합 단원에서 다룬다.

덧셈에 대한 항등원 0

$a+0 = 0+a = a$

곱셈에 대한 항등원 1

$a \times 1 = 1 \times a = a$

임의의 실수 a의 덧셈에 대한 역원 $-a$

$a+(-a) = (-a)+a = 0$

0이 아닌 임의의 실수 a의 곱셈에 대한 역원 $\dfrac{1}{a}$

$a \times \dfrac{1}{a} = \dfrac{1}{a} \times a = 1$

임의의 실수 a, b, c, m에 대하여

$$a > 0$$
$$a = 0 \quad \text{중 하나를 만족}$$
$$a < 0$$

$$a > b \Leftrightarrow a-b > 0$$
$$a = b \Leftrightarrow a-b = 0$$
$$a < b \Leftrightarrow a-b < 0$$

$$a > 0, b > 0$$
$$\Rightarrow a+b > 0, ab > 0$$

$$a > b, b > c \Rightarrow a > c$$
$$a > b \Rightarrow a \pm m > b \pm m$$
$$a > b \begin{cases} m > 0 \Rightarrow am > bm, \ \dfrac{a}{m} > \dfrac{b}{m} \\ m < 0 \Rightarrow am < bm, \ \dfrac{a}{m} < \dfrac{b}{m} \end{cases}$$

a의 제곱근 : a가 양수일 때 제곱하여 a가 되는 실수 $\Rightarrow$ $x^2 = a$를 만족하는 $x = \pm\sqrt{a}$ 　　제곱근 $a : \sqrt{a}$

$a \geq 0$, $b \geq 0$일 때

$$\sqrt{a}\sqrt{b} = \sqrt{ab} \qquad \frac{\sqrt{a}}{\sqrt{b}} = \sqrt{\frac{a}{b}} \ (b \neq 0) \qquad \sqrt{a^2 b} = a\sqrt{b}$$

: 수직선에서 어떤 수를 나타내는 점과 원점 사이의 거리

$$|-5| = 5$$

$$\sqrt{a^2} = |a| = \begin{cases} a & (a \geq 0) \\ -a & (a < 0) \end{cases} \qquad\qquad |a| \geq 0, \ |a| = |-a|, \ |a|^2 = |a^2|$$

$$|a||b| = |ab|, \ \left|\frac{a}{b}\right| = \frac{|a|}{|b|} \ (b \neq 0) \qquad\qquad |a|+|b| = 0 \Leftrightarrow a^2+b^2 = 0 \Leftrightarrow a = 0\text{이고 } b = 0$$

허수단위 i : 제곱하여 -1이 되는 수 중 하나 $i^2 = -1$, $i = \sqrt{-1}$

$$z = a + b\,i$$
실수부분   허수부분
(a, b는 실수)

$b \neq 0$: 허수
$b = 0$: 실수
$a = 0$, $b \neq 0$: 순허수

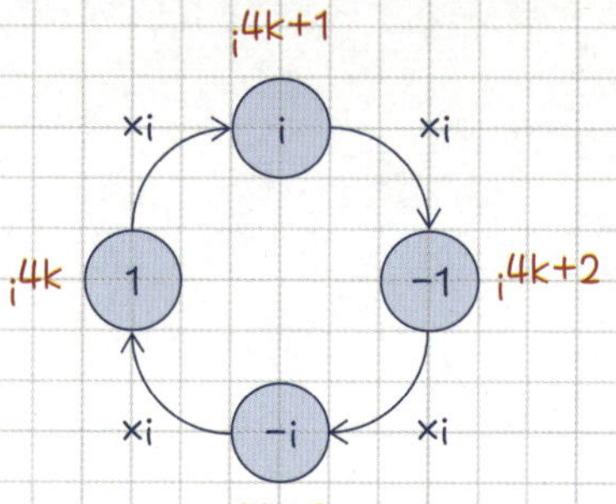

복소수의 상등 : 실수 a, b, c, d에 대하여 $a+bi = c+di \Leftrightarrow a = c,\ b = d$

실수부분끼리 같고, 허수부분끼리 같다.

 켤레복소수 $z = a+bi$에 대하여 $\bar{z} = a-bi$

성질 $\overline{\bar{z_1}} = z_1$ $\overline{z_1 \pm z_2} = \bar{z_1} \pm \bar{z_2}$ (복부호동순) $\overline{z_1 z_2} = \bar{z_1}\bar{z_2}$ $\overline{\left(\dfrac{z_1}{z_2}\right)} = \dfrac{\bar{z_1}}{\bar{z_2}}$

실수성 $z_1 \bar{z_1}$, $z_1 + \bar{z_1}$는 항상 실수이다.

⇒ 복소수와 켤레복소수의 합과 곱은 항상 실수

$\bar{z} = z$이면 z는 실수

$\bar{z} = -z$이면 z는 순허수 또는 0

$z^2 < 0$이면 z는 순허수

복소수의 사칙연산

$(a+bi)+(c+di) = (a+c)+(b+d)i$

$(a+bi)-(c+di) = (a-c)+(b-d)i$

$(a+bi)(c+di) = (ac-bd)+(ad+bc)i$

$\dfrac{a+bi}{c+di} = \dfrac{(a+bi)(c-di)}{(c+di)(c-di)} = \dfrac{(ac+bd)+(bc-ad)i}{c^2+d^2}$ ··· 분모의 실수화

분모의 켤레복소수를 곱한다.

<u>주의</u> **음수의 제곱근**

$a > 0$일 때 $\sqrt{-a} = ai$, $-a$의 제곱근은 $\pm\sqrt{a}\,i$

$a < 0$, $b < 0$일 때 $\sqrt{a}\sqrt{b} = -\sqrt{ab}$

$a > 0$, $b < 0$일 때 $\dfrac{\sqrt{a}}{\sqrt{b}} = -\sqrt{\dfrac{a}{b}}$

방정식

방정식

방정식 : 미지수의 값에 따라 참일 수도 있고 거짓일 수도 있는 등식 → 해를 구하는 것을 방정식을 푼다고 한다.

참이 되게 하는 미지수의 값을 해 또는 근이라 한다.

다항방정식의 풀이

다항식 $P(x)$에 대하여 $P(x) = 0$, 차수에 따라 일차방정식, 이차방정식, …

일차방정식

$ax = b$

- $a = 0$
  - $b = 0$: 해는 무수히 많다. (부정)
  - $b \neq 0$: 해는 없다. (불능)
- $a \neq 0$: $x = \dfrac{b}{a}$ (하나의 근)

이차방정식

$ax^2 + bx + c = 0$
$(a \neq 0)$

인수분해 : $(px-q)(rx-s) = 0$ $(pr \neq 0)$의 근은 $x = \dfrac{q}{p}$ 또는 $x = \dfrac{s}{r}$

☆☆☆
근의 공식 : $x = \dfrac{-b \pm \sqrt{b^2-4ac}}{2a}$

$a(x-m)^2 = n \ \Rightarrow \ x = m \pm \sqrt{\dfrac{n}{a}}$

근의 공식 증명

$ax^2 + bx + c = 0$

$x^2 + \dfrac{b}{a}x + \dfrac{c}{a} = 0$

$x^2 + \dfrac{b}{a}x + \dfrac{b^2}{4a^2} = -\dfrac{c}{a} + \dfrac{b^2}{4a^2}$
x의 계수 절반의 제곱
좌변을 완전제곱으로 변형

$\left(x + \dfrac{b}{2a}\right)^2 = \dfrac{b^2-4ac}{4a^2}$

$x + \dfrac{b}{2a} = \dfrac{\pm\sqrt{b^2-4ac}}{2a}$

$\therefore x = \dfrac{-b \pm \sqrt{b^2-4ac}}{2a}$

★★★ 이차방정식의 근의 판별

$$x = \dfrac{-b \pm \sqrt{b^2 - 4ac}}{2a}$$

$\sqrt{b^2 - 4ac}$ = 판별식(D)

D > 0 : 서로 다른 두 실근
D = 0 : 서로 같은 두 실근 (중근)
D < 0 : 서로 다른 두 허근

이차방정식이 실근을 가질 조건
D ≥ 0

★★★ 이차방정식의 근과 계수와의 관계

$ax^2 + bx + c = 0$의 두 근을 α, β라 하면 $\alpha + \beta = -\dfrac{b}{a}$, $\alpha\beta = \dfrac{c}{a}$

분모는 a로 고정
분자는 근의 개수 따라 b, c, d …
부호는 (−), (+) 번갈아서

$a(x-\alpha)(x-\beta) = a\{x^2 - (\alpha+\beta)x + \alpha\beta\} = ax^2 - a(\alpha+\beta)x + a\alpha\beta = ax^2 + bx + c \Rightarrow$ 계수비교법 적용

α, β가 근이고 계수가 1인 이차방정식은 $(x-\alpha)(x-\beta) = x^2 - (\alpha+\beta)x + \alpha\beta = 0$

이차방정식의 켤레근

a, b, c가 유리수일 때 이차방정식의 한 근이 $p + q\sqrt{m}$이면 다른 한 근은 $p - q\sqrt{m}$ (단, p, q는 유리수)

a, b, c가 실수일 때 이차방정식의 한 근이 $p + qi$이면 다른 한 근은 $p - qi$ (단, p, q는 실수)

이차방정식 실근의 부호

두 근 모두 양수 $D \geq 0$, $\alpha+\beta > 0$, $\alpha\beta > 0$
                    실근   양수의 합은 양   양수의 곱은 양

두 근 모두 음수 $D \geq 0$, $\alpha+\beta < 0$, $\alpha\beta > 0$
                    실근   음수의 합은 음   음수의 곱은 양

두 근 서로 다른 부호 $\alpha\beta < 0$
                    양×음 = 음

$\alpha\beta = \dfrac{c}{a} < 0$

$\dfrac{c}{a} \times a^2 = ac < 0$

$-4ac > 0$

$D = b^2 - 4ac > b^2 \geq 0$

D는 항상 0보다 같거나 크므로 판단 필요 X

일반형 : $y = ax^2+bx+c$ (a, b, c는 상수, $a \neq 0$)

표준형 : $y = a(x-p)^2+q$ (a, p, q는 상수, $a \neq 0$)

근의 공식 증명에서 활용한
완전제곱 변형을 이용해 자유자재로 변환

$$\left(p = -\frac{b}{2a}, \ q = -\frac{b^2-4ac}{4a} \right)$$

꼭짓점의 좌표 : (p, q) 　　　 축의 방정식 : $x = p$

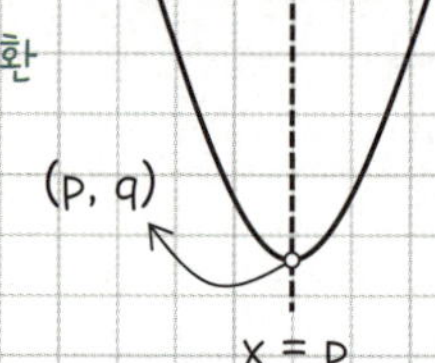

$y = ax^2$

① 원점 $O(0, 0)$을 지남

② y축에 대칭

③ $x < 0$일 때, x의 값이 증가하면 y의 값은
　　　$a > 0$일 때 감소
　　　$a < 0$일 때 증가

　 $x > 0$일 때, x의 값이 증가하면 y의 값은
　　　$a > 0$일 때 증가
　　　$a < 0$일 때 감소

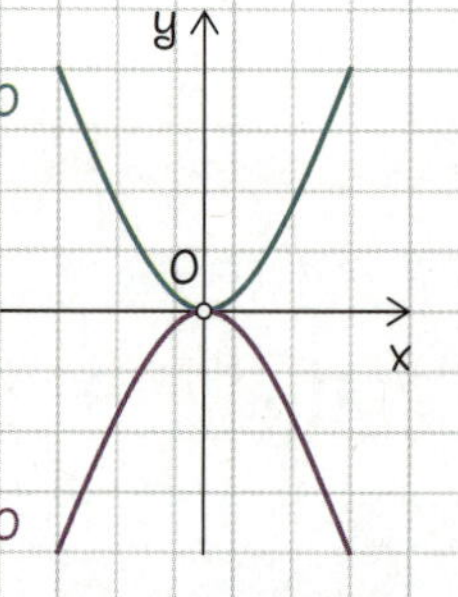

④ a가 양수이면 아래로 볼록, a가 음수이면 위로 볼록인 곡선

⑤ $|a|$ 증가하면 그래프의 폭 좁아짐

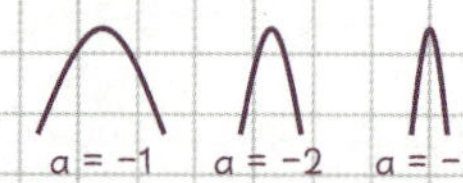

$y = a(x-p)^2+q$

① 이차함수 $y = ax^2$의 그래프를 x축 방향으로 p만큼, y축 방향으로 q만큼 평행이동한 것

② 꼭짓점의 좌표 : (p, q)

③ 축의 방정식 : $x = p$ 　　 $p = -\dfrac{b}{2a}$

a와 b가 같은 부호 $\Rightarrow$ 대칭축 y축 왼쪽

④ y축과의 교점의 좌표 : $(0, ap^2+q)$

a와 b가 다른 부호 $\Rightarrow$ 대칭축 y축 오른쪽

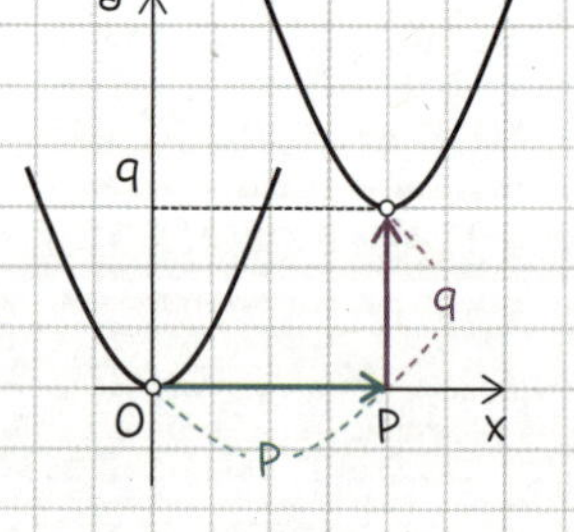

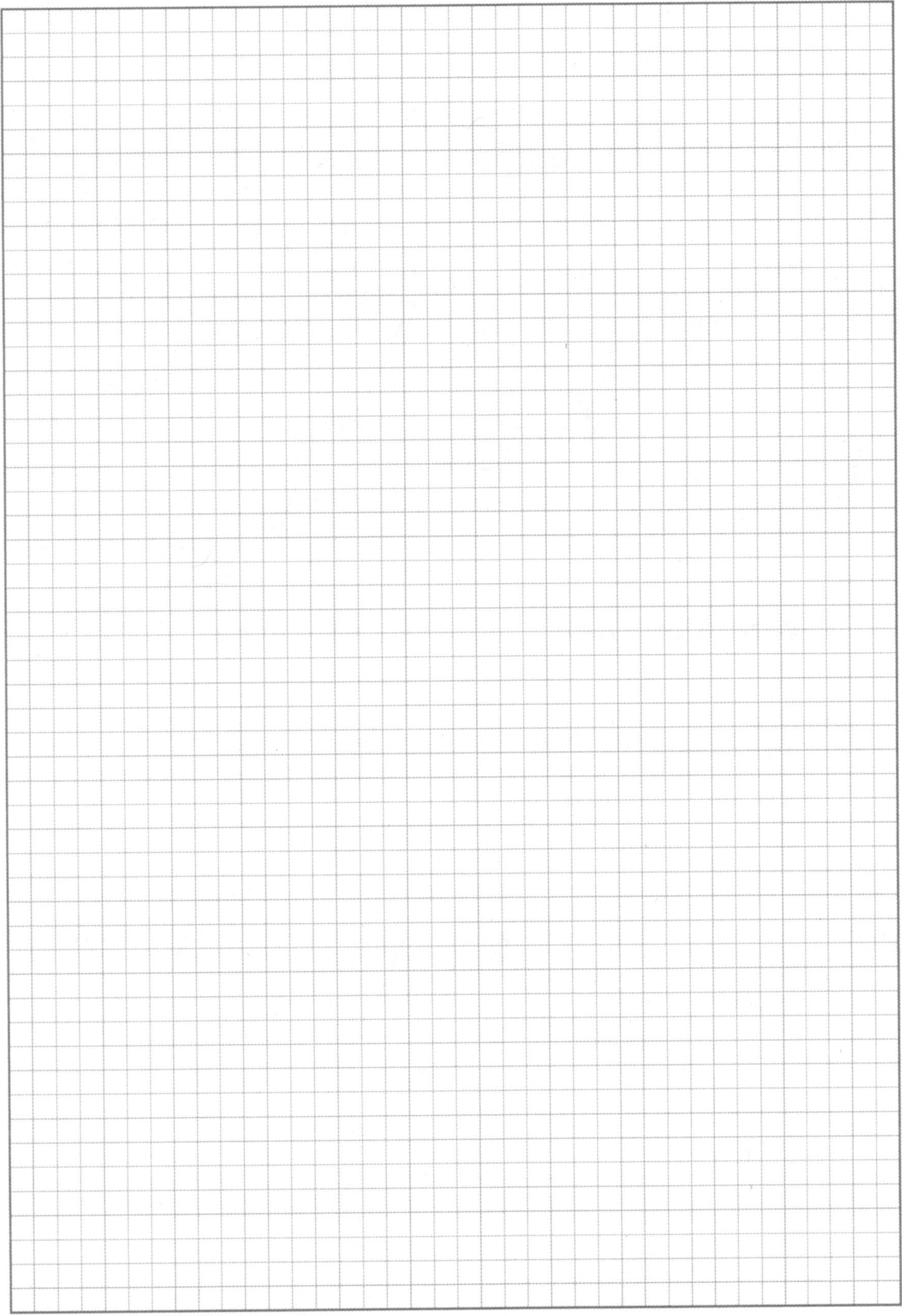

이차함수 그래프와 이차방정식의 관계

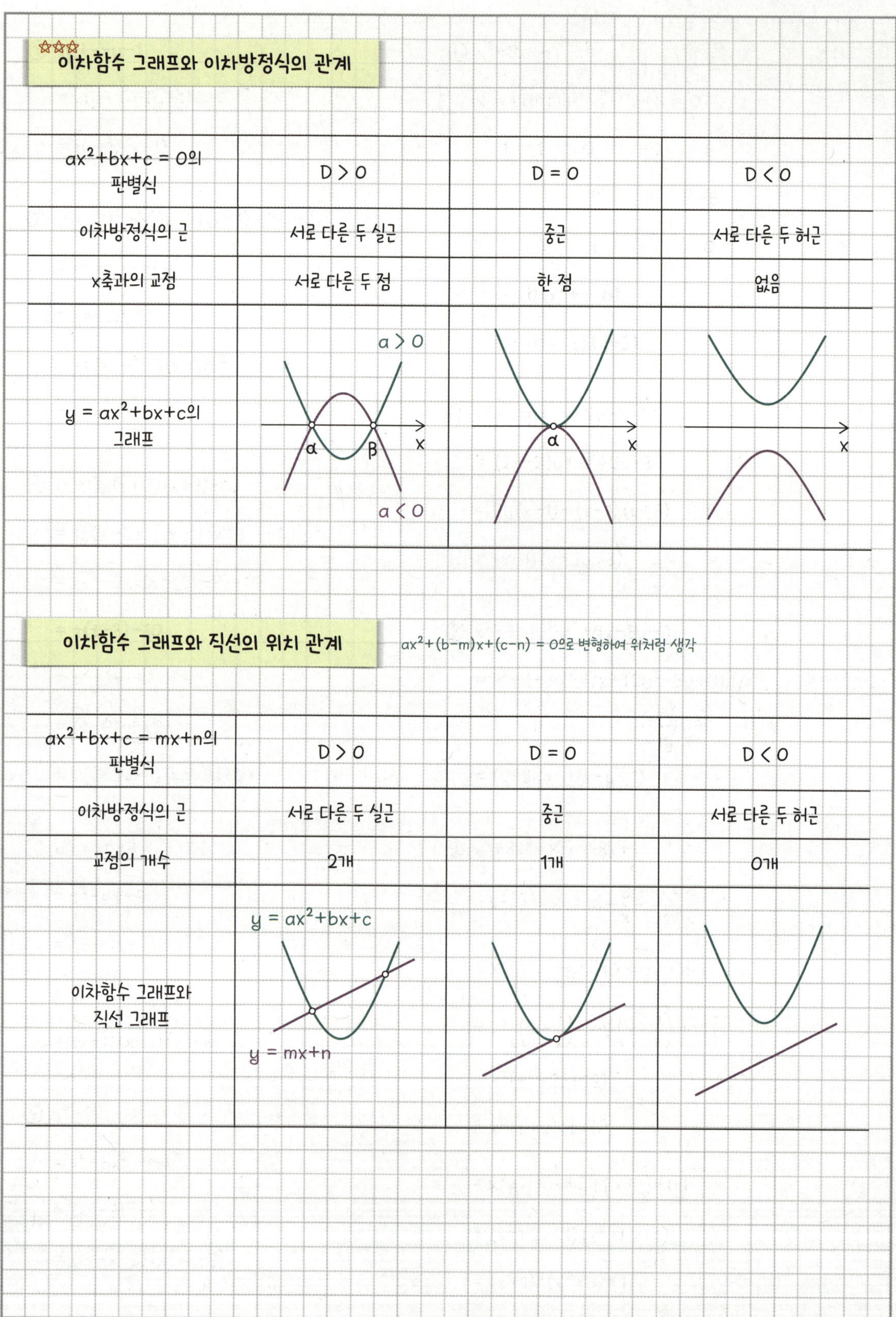

이차함수 그래프와 직선의 위치 관계

$ax^2+(b-m)x+(c-n) = 0$으로 변형하여 위처럼 생각

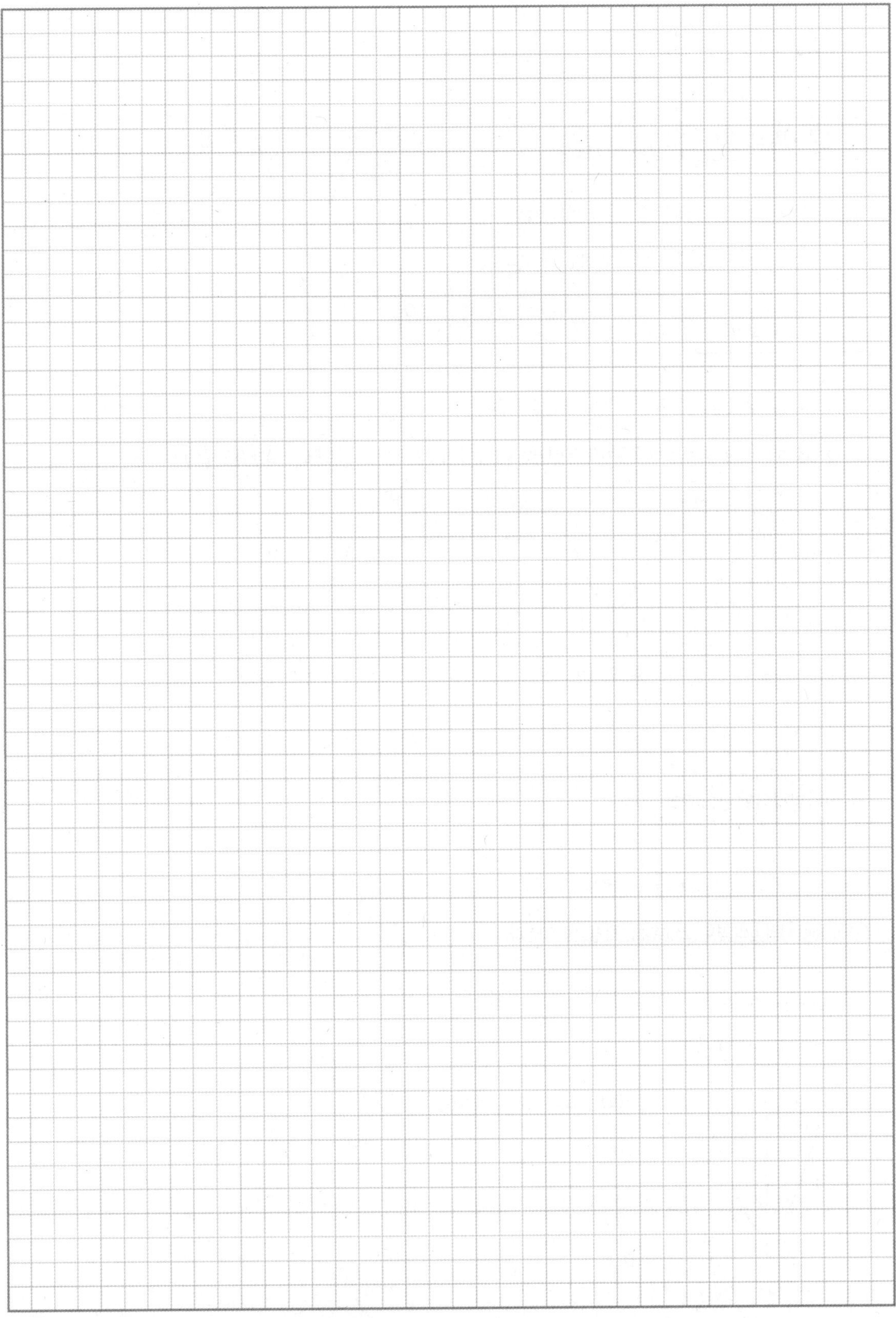

 $\cdots$ $y = a(x-p)^2 + q$

$a > 0$이면 $x = p$에서 최솟값 q를 갖고 최댓값은 없다.

$a < 0$이면 $x = p$에서 최댓값 q를 갖고 최솟값은 없다.

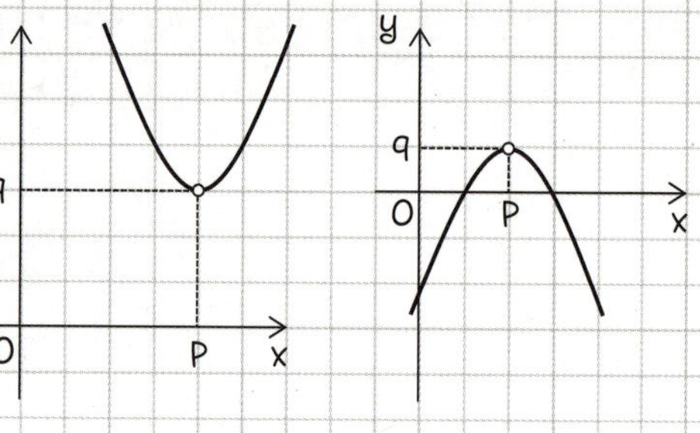

$x = \alpha$, $x = \beta$, $x = p$일 때 최댓값이나 최솟값을 가진다.

주의! 하지만 p가 $\alpha \leq x \leq \beta$에 포함되지 않는다면 $x = p$인 경우를 제외하고 최댓값과 최솟값을 구한다.

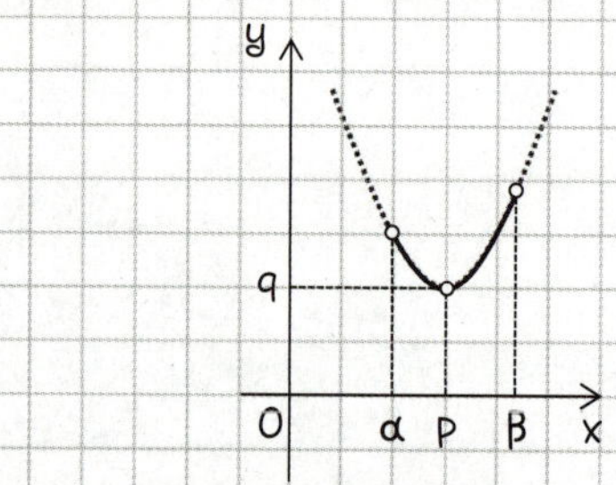
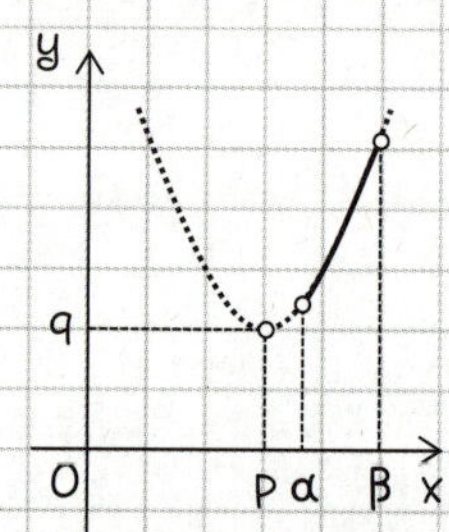

① $y = ax^2 + bx + c$의 그래프를 조건에 알맞게 그린다.

② 경계에서의 y의 부호, 축의 위치, 판별식을 따진다.

$ax^2 + bx + c = 0$에서

(1) 두 근이 모두 p보다 클 때

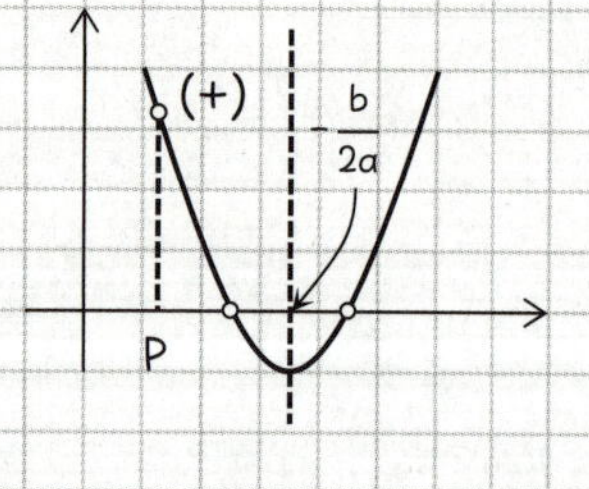

$f(x) = ax^2 + bx + c$라 하면

$f(p) > 0$

$-\dfrac{b}{2a} > p$

$D \geq 0$

(2) 두 근이 모두 p보다 작을 때

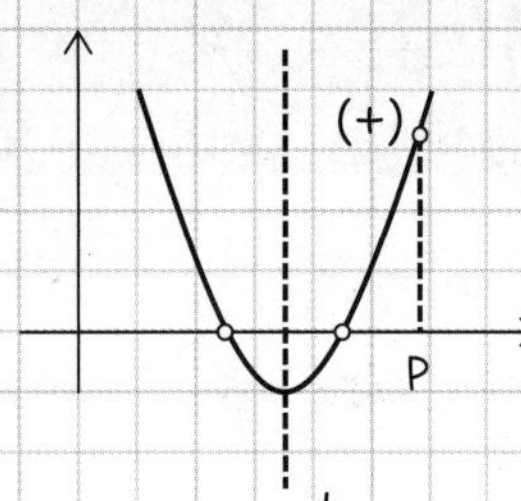

$f(x) = ax^2+bx+c$라 하면

$f(p) > 0$

$-\dfrac{b}{2a} < p$

$D \geq 0$

(3) p가 두 근 사이에 있을 때

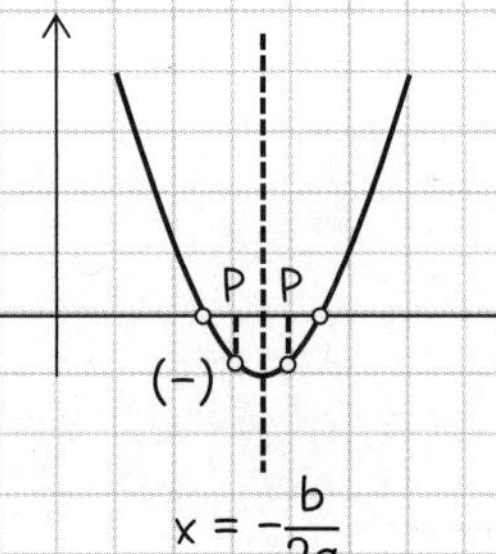

$f(x) = ax^2+bx+c$라 하면

$f(p) < 0$

$-\dfrac{b}{2a}\ ?\ p \Rightarrow$ 판단 불가

$D \geq 0 \Rightarrow f(p) < 0$이면 항상 $D > 0$이므로 판단 필요 X

(4) 두 근이 p와 q 사이에 있을 때

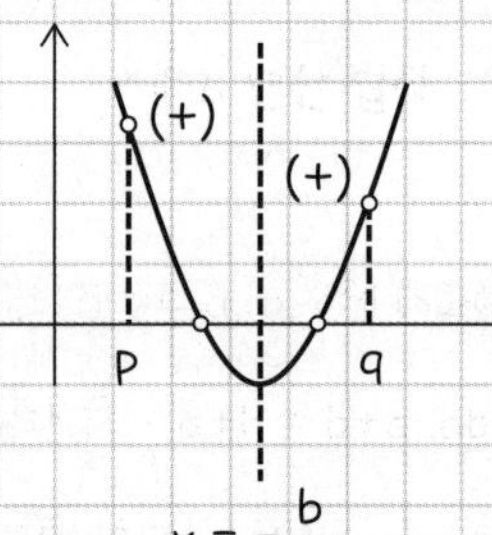

$f(x) = ax^2+bx+c$라 하면

$f(p) > 0,\ f(q) > 0$

$p < -\dfrac{b}{2a} < q$

$D \geq 0$

(5) 두 근 중 작은 근이 p, q 사이에 있을 때

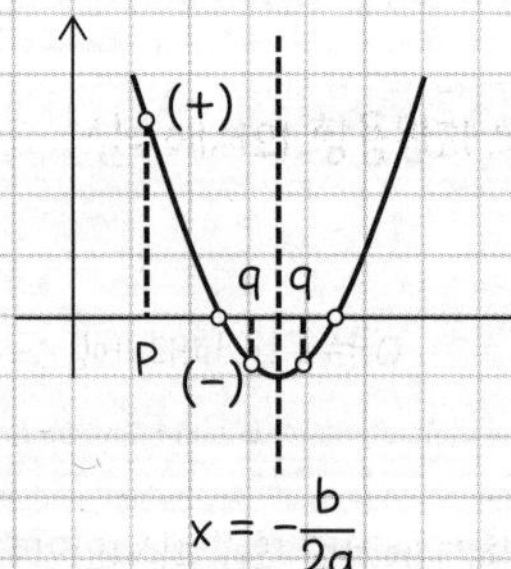

$f(x) = ax^2+bx+c$라 하면

$f(p) > 0,\ f(q) < 0$

$-\dfrac{b}{2a} > p,\ -\dfrac{b}{2a}\ ?\ q \Rightarrow q$에 대해서는 판단 불가

$D \geq 0 \Rightarrow f(q) < 0$이면 항상 $D > 0$이므로 판단 필요 X

(6) 두 근 중 큰 근이 p, q 사이에 있을 때

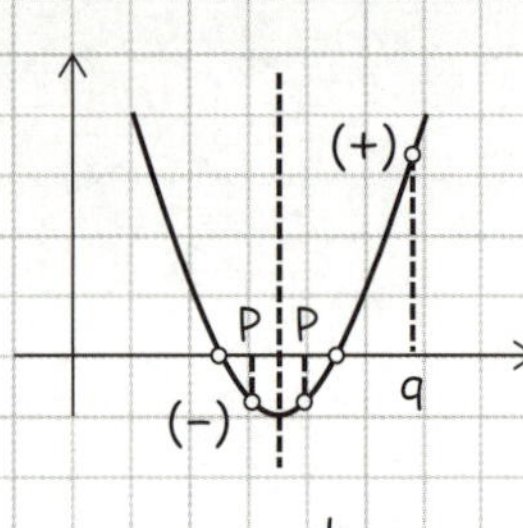

$f(x) = ax^2 + bx + c$ 라 하면

$f(p) < 0,\ f(q) > 0$

$-\dfrac{b}{2a} < q \Rightarrow$ p에 대해서는 판단 불가

$D \geq 0 \Rightarrow f(p) < 0$이면 항상 $D > 0$이므로 판단 필요 X

고차방정식의 풀이

$f(x) = 0$에서 $f(x)$가 삼차 이상의 다항식인 경우 복잡한 식의 인수분해 방식을 이용해 $f(x)$를 인수분해한다.

$f(x) = AB$ $A = 0$ 또는 $B = 0$

$f(x) = ABC$ $A = 0$ 또는 $B = 0$ 또는 $C = 0$

$f(x) = ABCD$ $A = 0$ 또는 $B = 0$ 또는 $C = 0$ 또는 $D = 0$

삼차방정식의 근과 계수와의 관계

$ax^3 + bx^2 + cx + d = 0$의 세 근을 $\alpha,\ \beta,\ \gamma$라 하면 $\alpha + \beta + \gamma = -\dfrac{b}{a}$, $\alpha\beta + \beta\gamma + \gamma\alpha = \dfrac{c}{a}$, $\alpha\beta\gamma = -\dfrac{d}{a}$

$\alpha,\ \beta,\ \gamma$가 근이고 계수가 1인 이차방정식은 $(x-\alpha)(x-\beta)(x-\gamma) = x^3 - (\alpha+\beta+\gamma)x^2 + (\alpha\beta+\beta\gamma+\gamma\alpha)x - \alpha\beta\gamma = 0$

삼차방정식의 켤레근

a, b, c, d가 유리수일 때 삼차방정식의 한 근이 $p+q\sqrt{m}$이면 다른 한 근은 $p-q\sqrt{m}$ (단, p, q는 유리수)

a, b, c, d가 실수일 때 삼차방정식의 한 근이 $p+qi$이면 다른 한 근은 $p-qi$ (단, p, q는 실수)

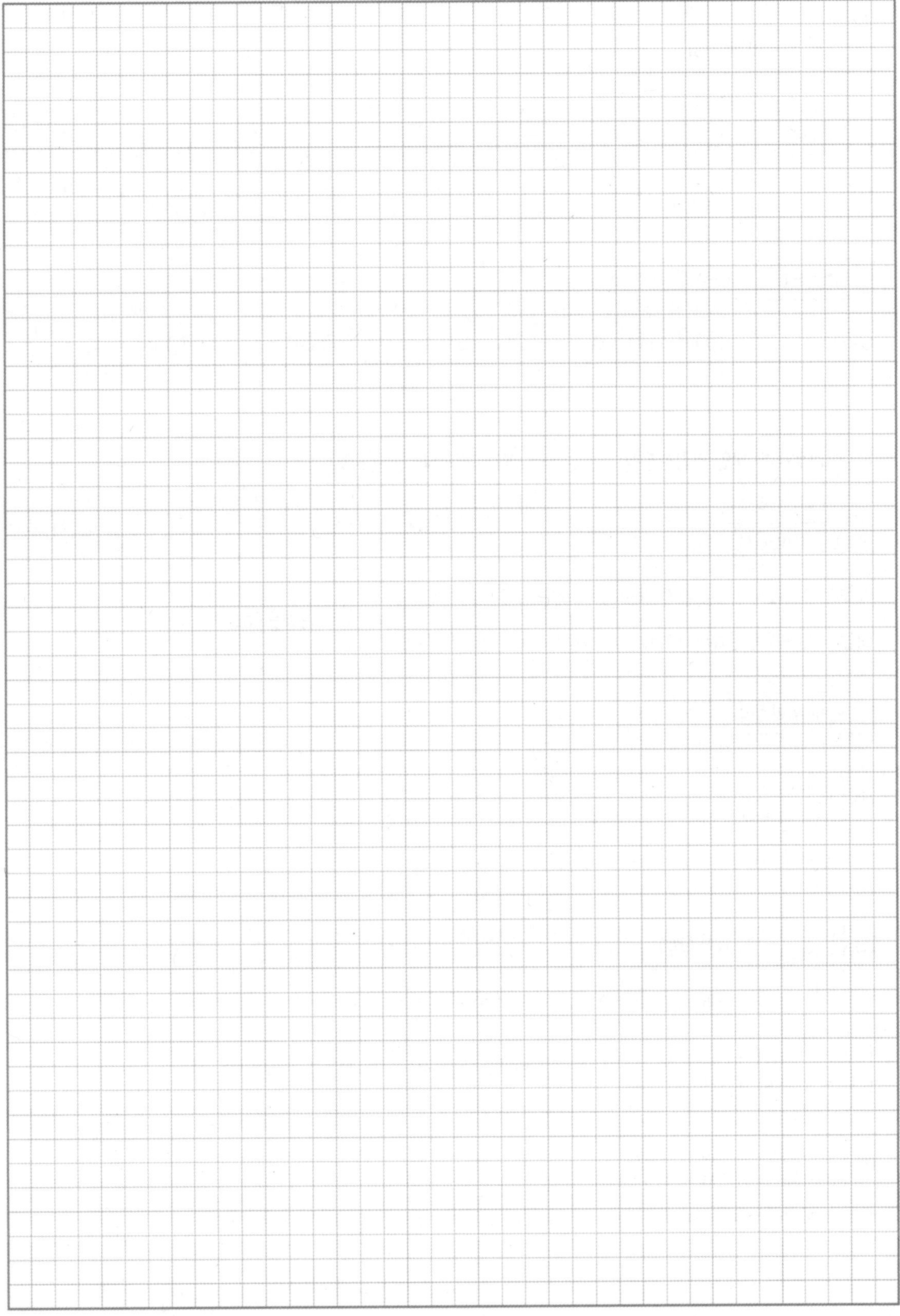

$x^3 = \pm 1$의 허근 ω

$\boxed{x^3 = 1}$ $\quad (x-1)(x^2+x+1) = 0 \Rightarrow x = 1, \dfrac{-1\pm\sqrt{3}i}{2}$

① $\omega^3 = 1$ ② $\omega^2+\omega+1 = 0$ ③ $\omega+\overline{\omega} = -1$ ④ $\omega\overline{\omega} = 1$ ⑤ $\omega^2 = \overline{\omega} = \dfrac{1}{\omega}$

$\boxed{x^3 = -1}$ $\quad (x+1)(x^2-x+1) = 0 \Rightarrow x = -1, \dfrac{1\pm\sqrt{3}i}{2}$

① $\omega^3 = -1$ ② $\omega^2-\omega+1 = 0$ ③ $\omega+\overline{\omega} = 1$ ④ $\omega\overline{\omega} = 1$ ⑤ $\omega^2 = -\overline{\omega} = -\dfrac{1}{\omega}$

미지수가 두 개인 연립방정식   : 두 개 이상의 방정식을 묶어놓은 것

연립일차방정식

가감법 : 두 식을 더하거나 빼서 미지수를 소거하는 방법

대입법 : 한 식을 한 문자에 대하여 푼 뒤 다른 식에 대입하여 푸는 방법 $\Rightarrow$ 문자를 소거

연립이차방정식

① $\begin{cases} (일차식) = 0 \\ (이차식) = 0 \end{cases}$

일차식을 한 문자에 대하여 푼 뒤 이차식에 대입

② $\begin{cases} (이차식) = 0 \\ (이차식) = k \end{cases}$ (k는 상수)

(이차식) $= 0$을 인수분해하여 (일차식 1) $= 0$, (일차식 2) $= 0$으로 나눈 뒤에

$\begin{cases} (일차식 1) = 0 \\ (이차식) = k \end{cases}$, $\begin{cases} (일차식 2) = 0 \\ (이차식) = k \end{cases}$ 와 같이 ① 형태의 연립방정식을 2개 만든 후 ①의 방법을 이용

③ $\begin{cases} (이차식) = k_1 & (k_1은 상수) \\ (이차식) = k_2 & (k_2는 상수) \end{cases}$

두 이차방정식의 양변에 적절한 수를 곱하여 더하거나 빼어 ②의 형태를 만들어 ②의 방법을 이용

 : $f(x, y) = f(y, x)$를 만족하는 f

① $x+y = p$, $xy = q$로 치환

② 연립이차방정식의 풀이를 이용해 p, q의 값을 구한다.

③ $t^2-pt+q = 0$의 두 근이 x, y임을 이용 $\Rightarrow$ $(t-x)(t-y) = 0$ $\Rightarrow$ $t = x$, $t = y$

(ex)

$$\begin{cases} x+y-xy = 1 \\ 2x+2y-3xy = -2 \end{cases}$$: x와 y의 자리를 바꾸어도 식이 똑같으므로 대칭식

$x+y = p$, $xy = q$로 놓으면 $\begin{cases} p-q = 1 \\ 2p-3q = -2 \end{cases}$

연립하면 $p = 5$, $q = 4$

$x+y = 5$, $xy = 4$ $\Rightarrow$ $t^2-5t+4 = 0$의 두 근이 x, y $\Rightarrow$ $(t-1)(t-4) = 0$

$\therefore \begin{cases} x = 4 \\ y = 1 \end{cases}' \begin{cases} x = 1 \\ y = 4 \end{cases}$

공통근 : 두 개 이상의 방정식을 동시에 만족하는 미지수의 값

① $f(x) = 0$, $g(x) = 0$의 해 중 공통인 값을 찾는다.

② 공통해를 p라 두고 연립방정식을 풀어 찾는다. $\Rightarrow$ $f(p)$와 $g(p)$를 변형

부등식

부등식

부등식 : 등식에서 등호 대신 부등호가 있는 식

부등식의 해 : 부등식에 미지수 x가 있을 때, 부등식이 참이 되게 하는 x의 범위
$\begin{cases} x > a \\ x < a \\ x \geq a \\ x \leq a \end{cases}$ (a는 상수)

부등식의 기본 성질

앞서 공부했던 실수의 대소 관계 성질과 내용이 같다.

$a > b, b > c \Rightarrow a > c$

$a > b \Rightarrow a \pm c > b \pm c$

$a > b, c > 0 \Rightarrow ac > bc, \dfrac{a}{c} > \dfrac{b}{c}$

$a > b, c < 0 \Rightarrow ac < bc, \dfrac{a}{c} < \dfrac{b}{c}$

부등식의 풀이

일차부등식

$ax > b$
- $a = 0$
  - $b \geq 0$: 해는 없다.
  - $b < 0$: 해는 무수히 많다.
- $a \neq 0$
  - $a > 0 : x > \dfrac{b}{a}$
  - $a < 0 : x < \dfrac{b}{a}$

절댓값 기호를 포함한 부등식

$a > 0, b > 0$일 때

$|x| < a \Leftrightarrow -a < x < a$ $|x| > a \Leftrightarrow x < -a$ 또는 $x > a$

$a < |x| < b \Leftrightarrow -b < x < -a$ 또는 $a < x < b$

$|x-a| = \begin{cases} x-a & ① (x \geq a) \\ -(x-a) & ② (x < a) \end{cases}$ 임을 이용하여 절댓값 기호를 없앤 후 푼다.

$|x-a| + |x-b|$의 경우 x의 구간을

① $x < a$ ② $a \leq x < b$ ③ $b \leq x$

으로 나누어서 푼다.

(이차식) > 0에서 $f(x)$ = (이차식)으로 놓고 이차함수 그래프와 이차방정식의 관계를 이용하여 푼다.

$a > 0$일 때

$ax^2+bx+c = 0$의 판별식	$D > 0$	$D = 0$	$D < 0$
$f(x) = ax^2+bx+c$의 그래프		①	②
$f(x) = 0$	$x = \alpha, \beta$	$x = \alpha$ (중근)	해가 없다. (허근)
$f(x) > 0$	$x < \alpha, x > \beta$	$x \neq \alpha$인 모든 실수	모든 실수
$f(x) < 0$	$\alpha < x < \beta$	해가 없다.	해가 없다.

$a < 0$일 때

$ax^2+bx+c = 0$의 판별식	$D > 0$	$D = 0$	$D < 0$
$f(x) = ax^2+bx+c$의 그래프		③	④
$f(x) = 0$	$x = \alpha, \beta$	$x = \alpha$ (중근)	해가 없다. (허근)
$f(x) > 0$	$\alpha < x < \beta$	해가 없다.	해가 없다.
$f(x) < 0$	$x < \alpha, x > \beta$	$x \neq \alpha$인 모든 실수	모든 실수

고차부등식   이차부등식의 풀이와 마찬가지로 인수분해 후 그래프를 그려 해를 구한다.

각 부등식을 풀어 나온 해의 공통 범위를 찾는다.

$$
\begin{array}{l}
\left[\begin{array}{l}
D > 0 \\
(\alpha < \beta)
\end{array}\right.
\left[\begin{array}{l}
(x-\alpha)(x-\beta) > 0 \Rightarrow x < \alpha \text{ 또는 } x > \beta \qquad \text{큰큰작작} \\
(x-\alpha)(x-\beta) < 0 \Rightarrow \alpha < x < \beta \qquad\qquad \text{사이사이}
\end{array}\right. \\
\left. D \leq 0 \Rightarrow \text{이차함수의 표준형으로 변형}\right.
\end{array}
$$

① 여러 이차부등식이 연립된 경우 위의 내용을 이용하여 각 부등식의 해를 구한 뒤 수직선에 나타낸다.

② 수직선 상에서 겹치는 부분이 공통 범위, 즉 해가 된다.

이차항 계수의 부호와 판별식

모든 실수 x에 대하여 $f(x) = ax^2+bx+c$일 때

②	$f(x) > 0$	$a > 0, D < 0$
① & ②	$f(x) \geq 0$	$a > 0, D \leq 0$
④	$f(x) < 0$	$a < 0, D < 0$
③ & ④	$f(x) \leq 0$	$a < 0, D \leq 0$

$\Leftrightarrow$

최대 정수 함수 (가우스 기호)

$[x]$: 어떤 수 x보다 크지 않은, 즉 x 이하의 정수 중 가장 큰 정수

가우스 기호 $[x]$를 포함한 부등식을 풀 때

① $n \leq x < n+1$ (n은 정수)로 놓는다.

② $[x]$ 대신 정수 n을 대입하여 n에 대한 부등식을 푼다.

③ ②에서 구한 n을 만족하는 x의 범위를 구한다.

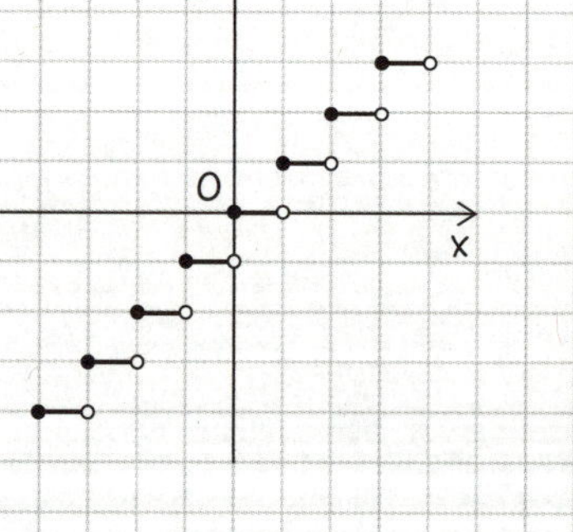

백그라운드 고등수학 필기노트

도형의 방정식

평면도형

평면에서 두 직선의 위치 관계

평행하다.

한 점에서 만난다.

일치한다.

직선과 원의 위치 관계

원의 중심과 직선의 거리 vs. 반지름

두 점에서 만난다.

한 점에서 만난다. (접한다.)

만나지 않는다.

반지름의 길이가 서로 다른 두 원의 위치 관계

두 원의 중심 사이의 거리 vs. 반지름의 합 또는 차

한 원이 다른 원의 내부에 있다.

내접한다.

서로 다른 두 점에서 만난다.

외접한다.

서로 다른 원의 외부에 있다.

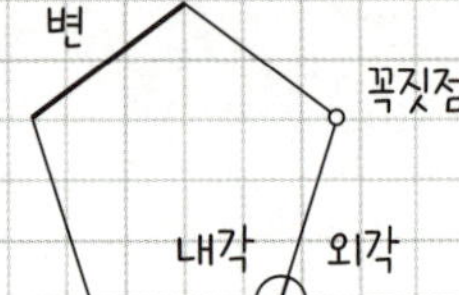

(내각) + (외각) = 180°

꼭짓점이 n개인 다각형의 모든 내각의 크기의 합은 (n-2)×180°

꼭짓점이 n개인 다각형의 모든 외각의 크기의 합은 360°

꼭짓점이 n개인 볼록다각형에서 그을 수 있는 대각선의 개수는 $\dfrac{n(n-3)}{2}$

(삼각형의 두 변의 길이의 합) > (다른 한 변의 길이)

삼각형의 세 내각의 크기의 합은 180°

(삼각형의 한 외각의 크기) = (이웃하지 않는 두 내각의 크기의 합)

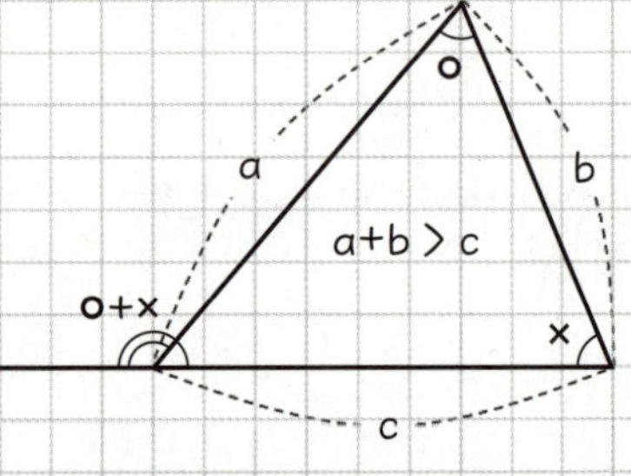

SSS : 대응되는 세 변의 길이

SAS : 대응되는 두 변의 길이, 그 끼인각의 크기

ASA : 대응되는 한 변의 길이, 양 끝각의 크기

직각삼각형의 경우

RHS : 빗변, 다른 한 변의 길이

RHA : 빗변, 다른 한 예각의 크기

: 두 변의 길이가 같은 삼각형

두 밑각의 크기가 같고 꼭지각의 이등분선은 밑변을 수직이등분

두 내각의 크기가 같은 삼각형은 이등변삼각형

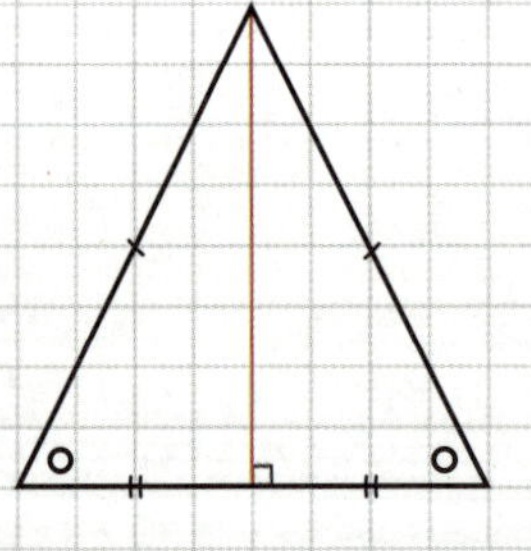

외심 : 세 변의 수직이등분선이 만나는 곳

점선은 외접원의 반지름으로 모두 길이가 같다.

위치
- 예각삼각형 : 삼각형 내부
- 직각삼각형 : 빗변의 중점
- 둔각삼각형 : 삼각형 외부

$\bigcirc + \triangle + \times = 90°$

중심각의 크기는 원주각의 크기의 2배

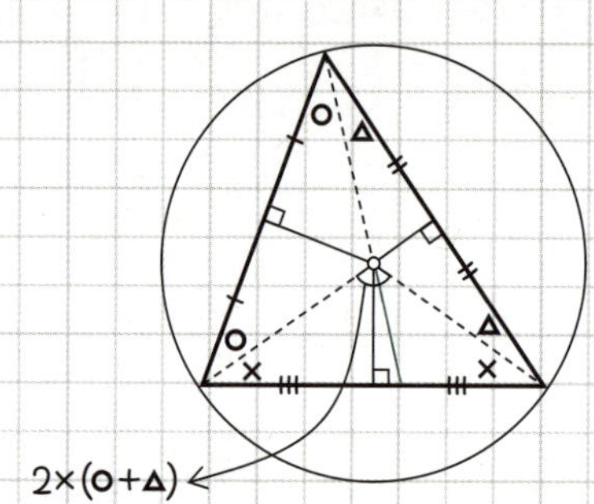

내심 : 세 내각의 이등분선이 만나는 점

점선은 내접원의 반지름으로 모두 길이가 같다.

내심은 항상 삼각형 내부에 위치한다.

정삼각형 : (외심) = (내심)

이등변삼각형 : 외심과 내심이 꼭지각 이등분선 위

$\bigcirc + \triangle + \times = 90°$

삼각형의 넓이 $S = \dfrac{1}{2}(a+b+c)r$

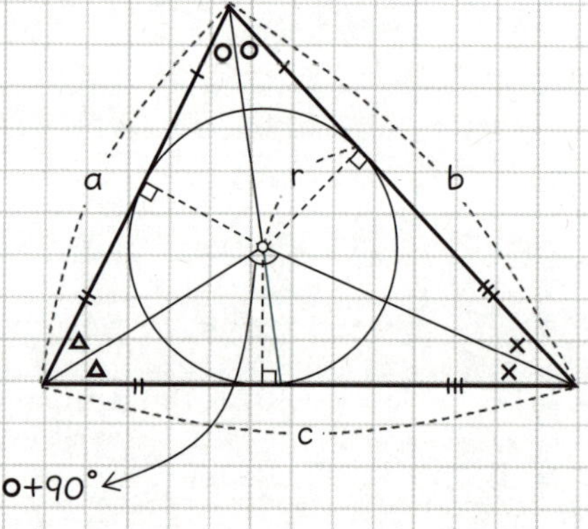

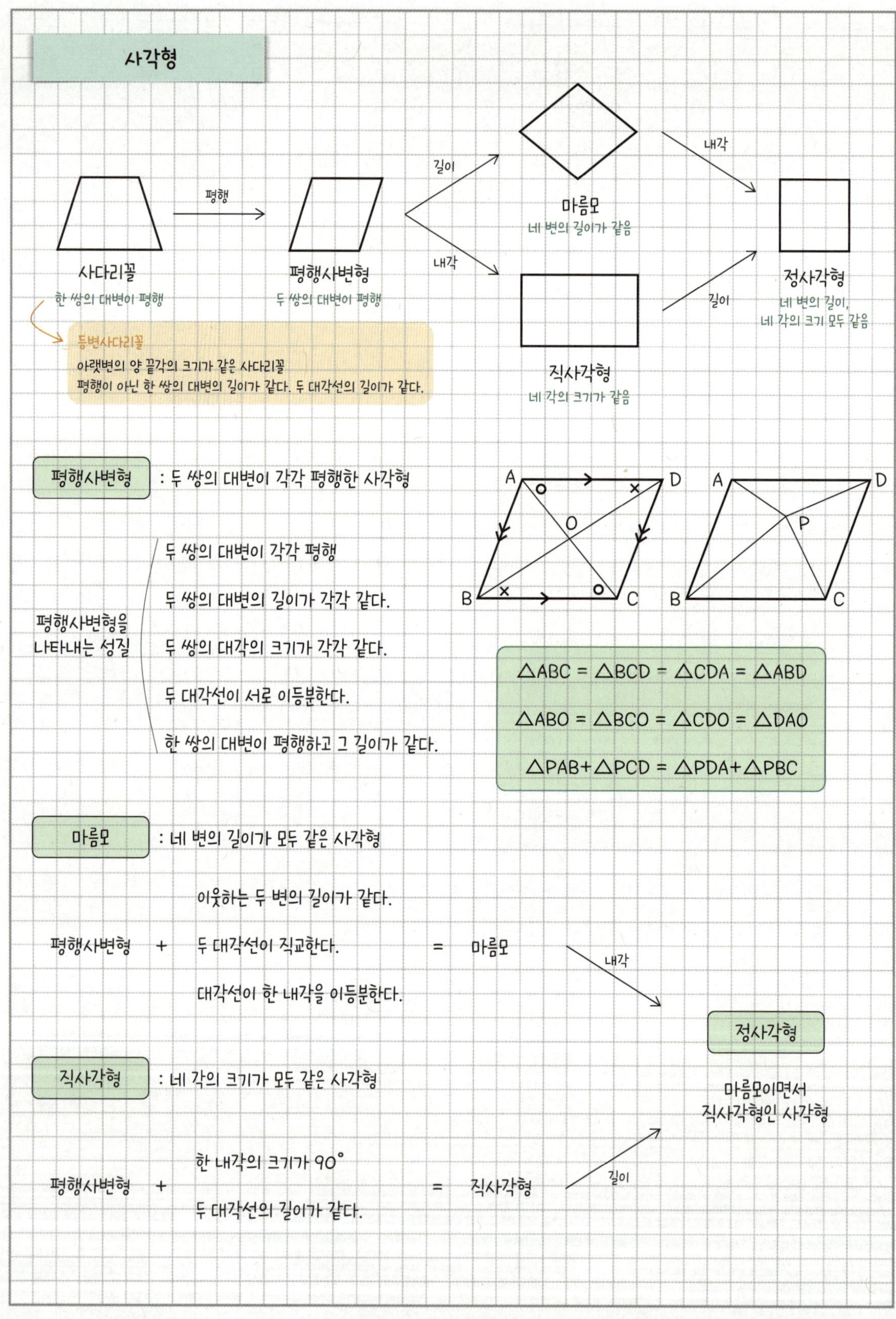

평행사변형 : 두 쌍의 대변이 각각 평행한 사각형

평행사변형을 나타내는 성질

두 쌍의 대변이 각각 평행

두 쌍의 대변의 길이가 각각 같다.

두 쌍의 대각의 크기가 각각 같다.

두 대각선이 서로 이등분한다.

한 쌍의 대변이 평행하고 그 길이가 같다.

마름모 : 네 변의 길이가 모두 같은 사각형

이웃하는 두 변의 길이가 같다.

평행사변형 + 두 대각선이 직교한다. = 마름모

대각선이 한 내각을 이등분한다.

직사각형 : 네 각의 크기가 모두 같은 사각형

평행사변형 + 한 내각의 크기가 $90°$
두 대각선의 길이가 같다. = 직사각형

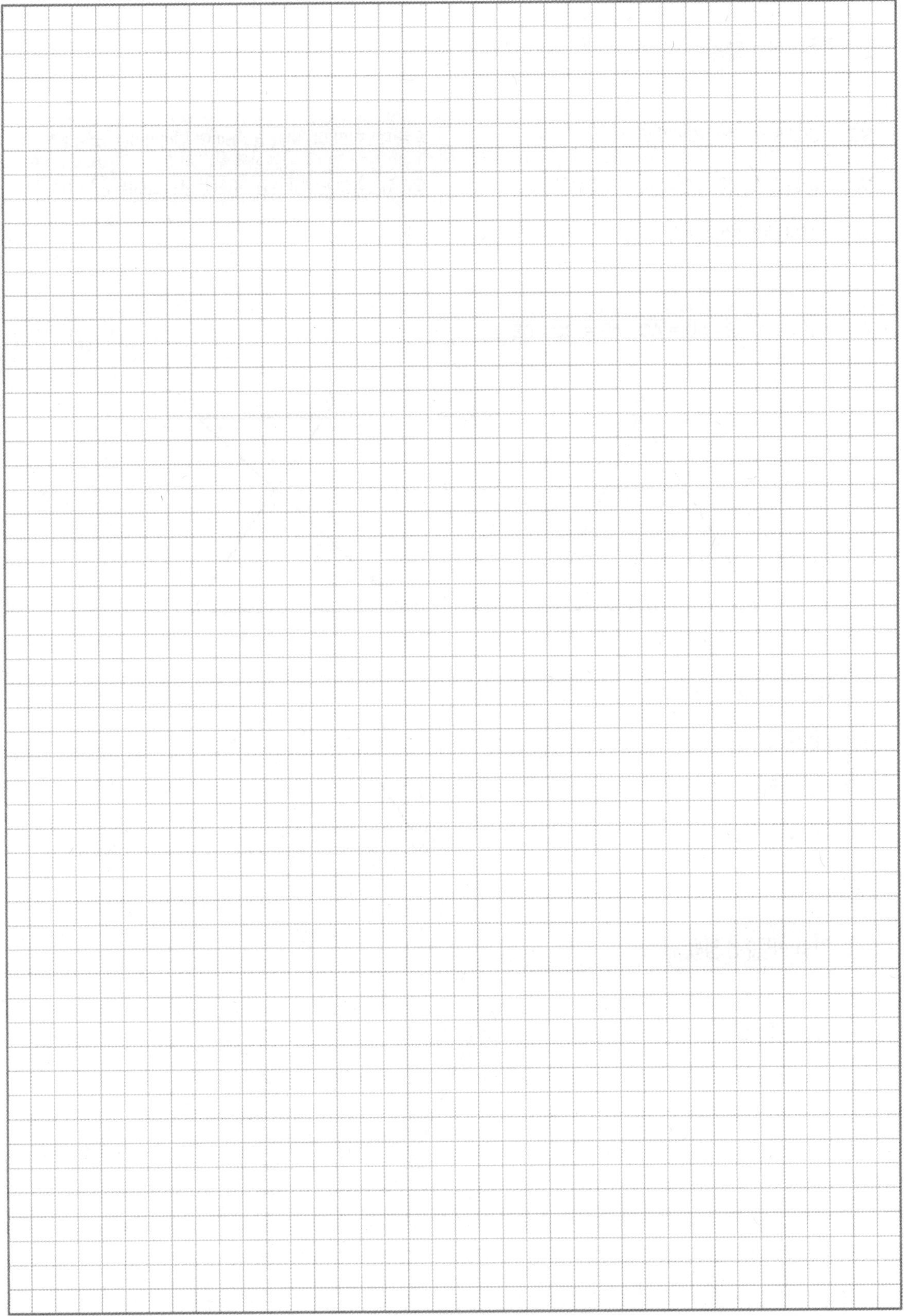

닮음비

SSS : 대응되는 세 변의 길이의 비

SAS : 대응되는 두 변의 길이의 비, 그 끼인각의 크기

AA : 두 쌍의 대응각의 크기

두 평면도형의 닮음비가 $a : b$이면 넓이의 비는 $a^2 : b^2$

두 입체도형의 닮음비가 $a : b$이면 부피의 비는 $a^3 : b^3$

$\ell \parallel m \parallel n \Leftrightarrow \overline{AB} : \overline{AD} = \overline{AC} : \overline{AE} = \overline{BC} : \overline{DE}$

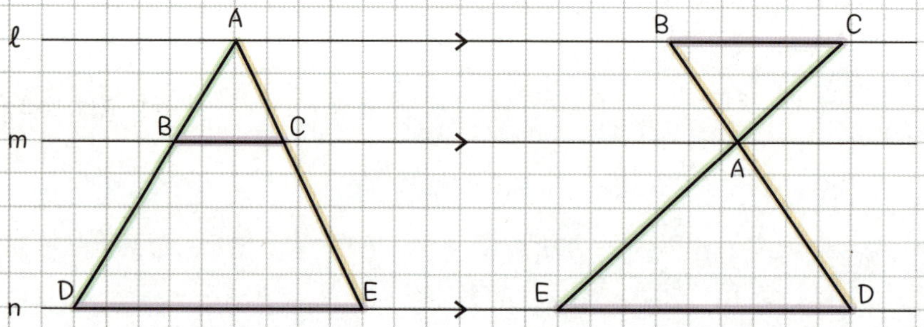

$\triangle ABC \backsim \triangle DBA \backsim \triangle DAC$

$\overline{AB}^2 = \overline{BD} \times \overline{BC}$

$\overline{AC}^2 = \overline{CD} \times \overline{CB}$

$\overline{AD}^2 = \overline{DB} \times \overline{DC}$

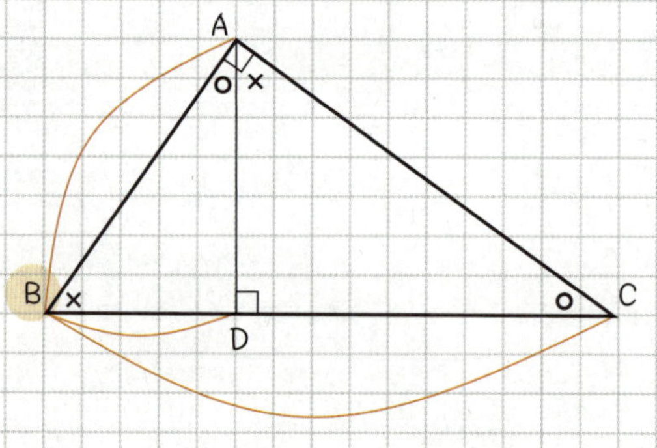

각의 이등분선 정리

$\overline{AB} : \overline{AC} = \overline{BD} : \overline{CD}$

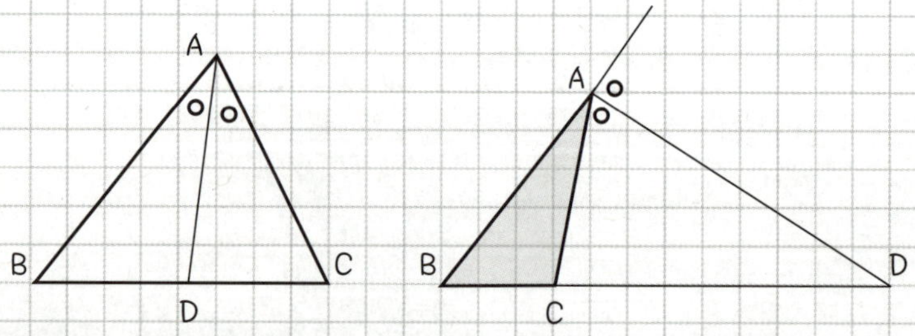

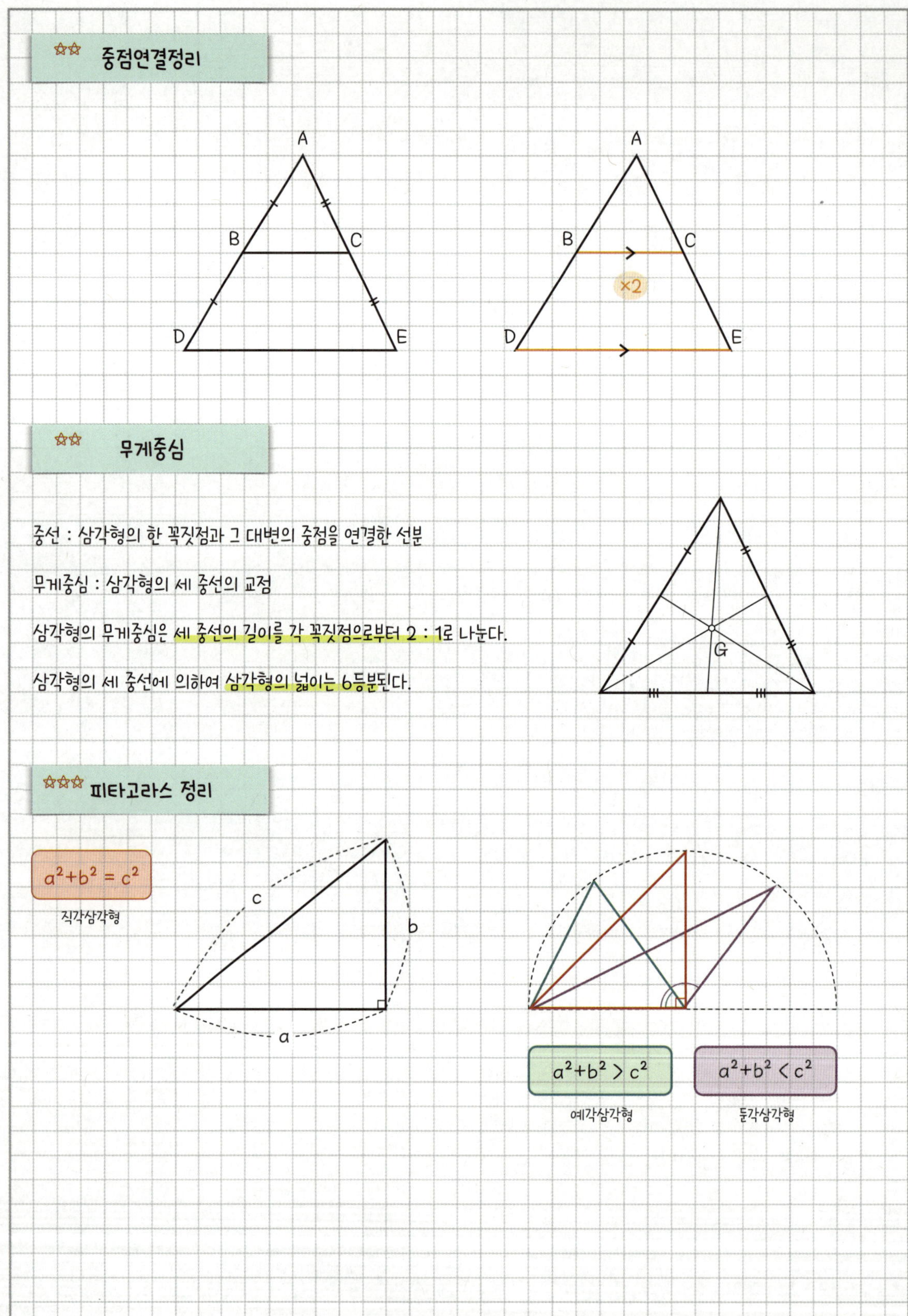

중선 : 삼각형의 한 꼭짓점과 그 대변의 중점을 연결한 선분

무게중심 : 삼각형의 세 중선의 교점

삼각형의 무게중심은 세 중선의 길이를 각 꼭짓점으로부터 2 : 1로 나눈다.

삼각형의 세 중선에 의하여 삼각형의 넓이는 6등분된다.

$a^2 = b^2 + c^2 \qquad c^2 = x^2 + h^2 \qquad b^2 = y^2 + h^2$

$c^2 = ax \qquad\qquad b^2 = ay \qquad\qquad h^2 = xy$

$bc = ah$

$a^2 + b^2 = c^2 + d^2$

$S_1 + S_2 = S_3$

$S_1 + S_2 = \dfrac{1}{2}bc$

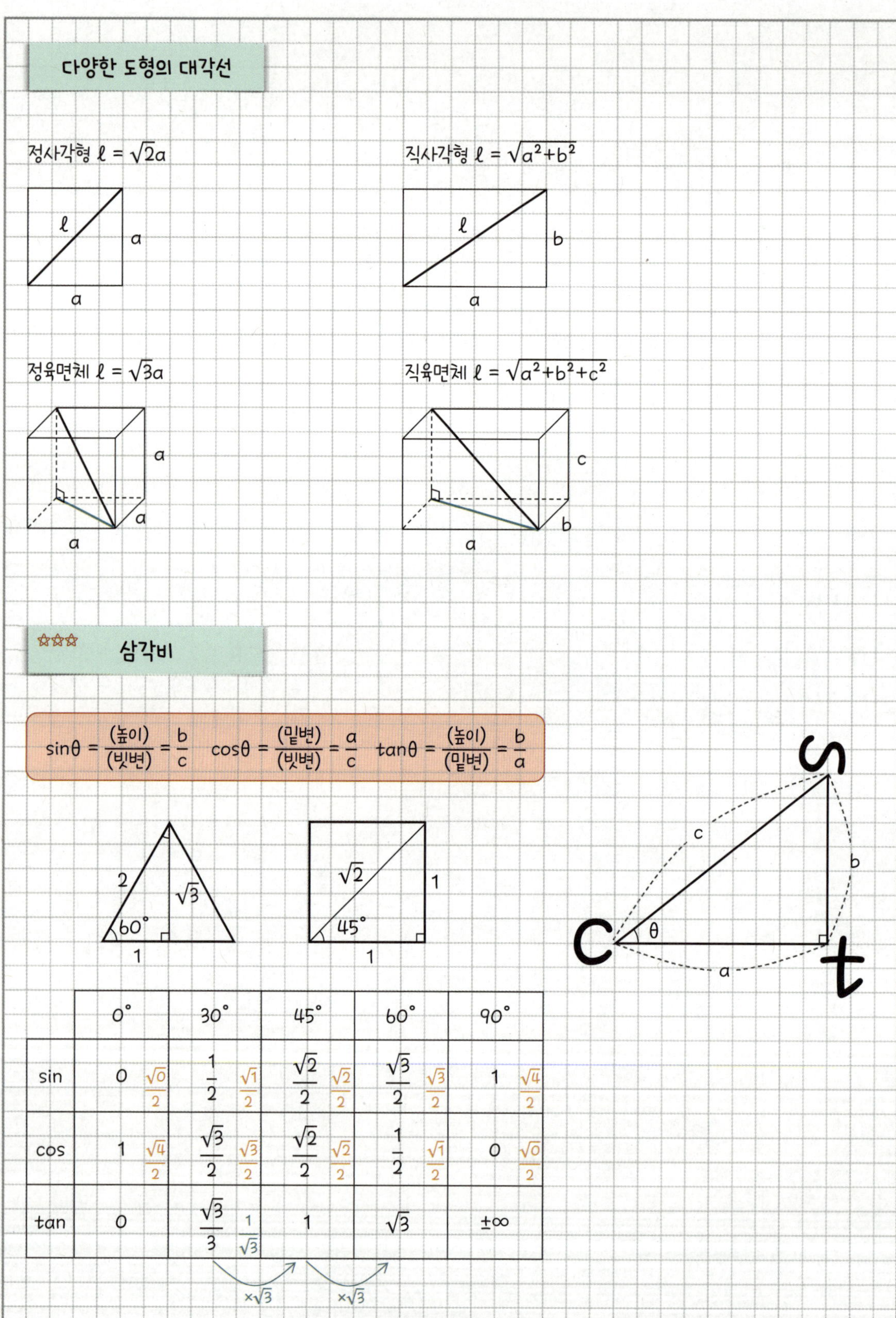

	0°		30°		45°		60°		90°	
sin	0	$\dfrac{\sqrt{0}}{2}$	$\dfrac{1}{2}$	$\dfrac{\sqrt{1}}{2}$	$\dfrac{\sqrt{2}}{2}$	$\dfrac{\sqrt{2}}{2}$	$\dfrac{\sqrt{3}}{2}$	$\dfrac{\sqrt{3}}{2}$	1	$\dfrac{\sqrt{4}}{2}$
cos	1	$\dfrac{\sqrt{4}}{2}$	$\dfrac{\sqrt{3}}{2}$	$\dfrac{\sqrt{3}}{2}$	$\dfrac{\sqrt{2}}{2}$	$\dfrac{\sqrt{2}}{2}$	$\dfrac{1}{2}$	$\dfrac{\sqrt{1}}{2}$	0	$\dfrac{\sqrt{0}}{2}$
tan	0		$\dfrac{\sqrt{3}}{3}$	$\dfrac{1}{\sqrt{3}}$	1		$\sqrt{3}$		$\pm\infty$	

원 : 한 점으로부터 거리가 일정한 점들의 모임

호 : 원 위의 두 점을 양 끝점으로 하는 원의 일부분

현 : 원 위의 두 점을 이은 선분

할선 : 원 위의 두 점을 이은 직선

부채꼴 : 원의 두 반지름과 호로 이루어진 도형

중심각 : 두 반지름이 이루는 각

원주각 : 호를 제외한 부분 위의 한 점과 호의 양 끝 점을 이어 만든 각

활꼴 : 원에서 현과 호로 이루어진 도형

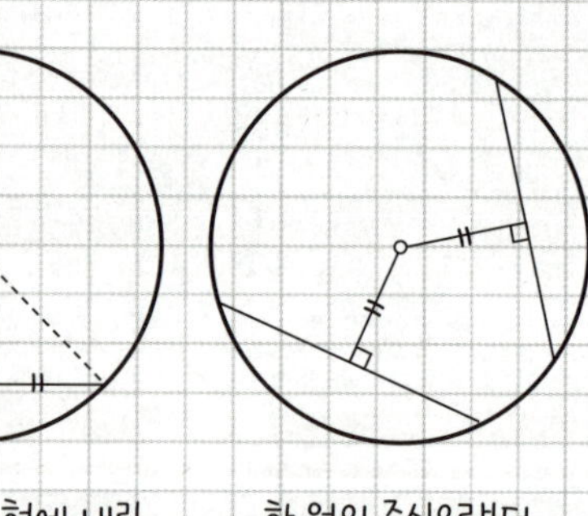

원의 반지름의 길이가 r일 때   (원의 둘레) $\ell = 2\pi r$ (원의 넓이) $S = \pi r^2$

반지름의 길이 r, 중심각의 크기가 $\theta\degree$인 부채꼴에서   (호의 길이) $\ell = 2\pi r \times \dfrac{\theta\degree}{360\degree}$ (부채꼴의 넓이) $S = \pi r^2 \times \dfrac{\theta\degree}{360\degree}$

중심각 $\propto$ 호의 길이 $\propto$ 부채꼴의 넓이

원과 직선

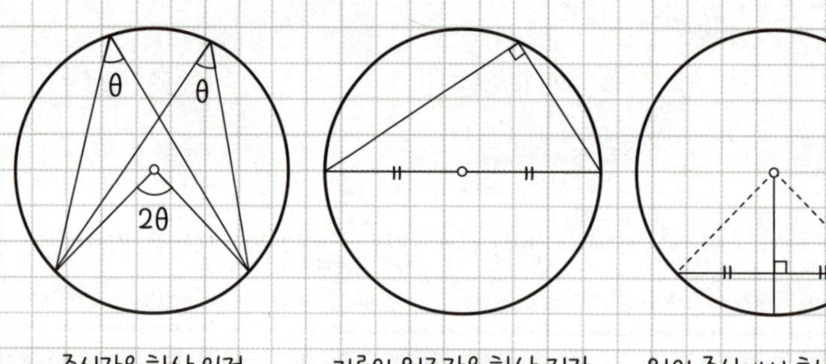

중심각은 항상 일정
중심각은 원주각의 2배

지름의 원주각은 항상 직각

원의 중심에서 현에 내린
수선은 현을 수직이등분

한 원의 중심으로부터
같은 거리에 있는 두 현의
길이는 같다

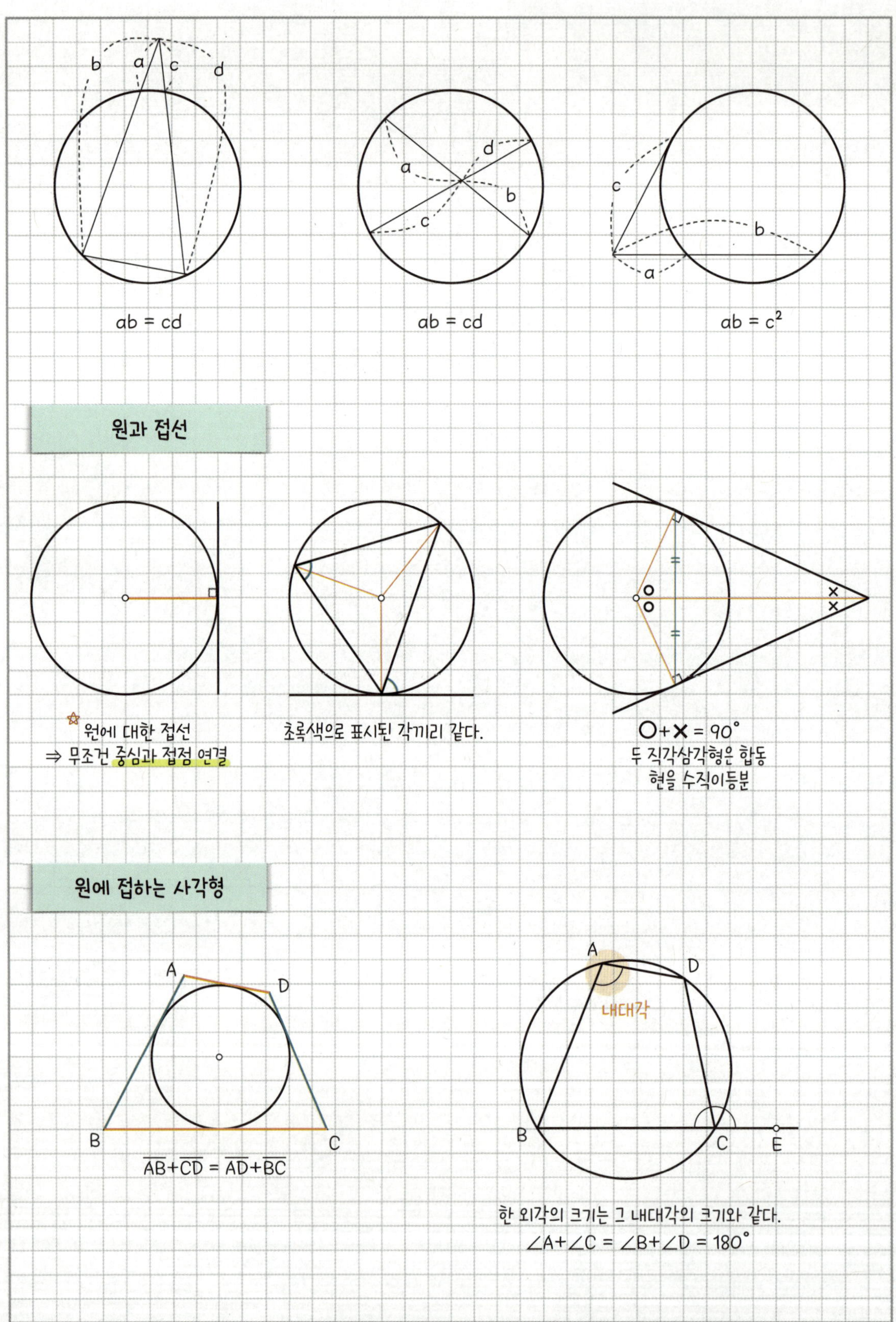

$ab = cd$ $ab = cd$ $ab = c^2$

원과 접선

원에 대한 접선
⇒ 무조건 중심과 접점 연결

초록색으로 표시된 각끼리 같다.

$○ + ✕ = 90°$
두 직각삼각형은 합동
현을 수직이등분

원에 접하는 사각형

$$\overline{AB} + \overline{CD} = \overline{AD} + \overline{BC}$$

한 외각의 크기는 그 내대각의 크기와 같다.
$$\angle A + \angle C = \angle B + \angle D = 180°$$

평면좌표

좌표평면

순서쌍 : 두 수 a, b를 쌍으로 나타낸 (a, b) $\Rightarrow$ x좌표가 a, y좌표가 b

좌표평면의 가로축을 x축, 세로축을 y축

사분면	위치	좌표
제1사분면	오른쪽 위	(양수, 양수)
제2사분면	왼쪽 위	(음수, 양수)
제3사분면	왼쪽 아래	(음수, 음수)
제4사분면	오른쪽 아래	(양수, 음수)

두 점 사이의 거리

수직선 $\quad \overline{AB} = |x_2 - x_1|$

좌표평면 $\quad \overline{AB} = \sqrt{(x_2 - x_1)^2 + (y_2 - y_1)^2}$

피타고라스 정리

파푸스의 중선정리

$$\overline{AB}^2 + \overline{AC}^2 = 2(\overline{AM}^2 + \overline{BM}^2)$$

$\overline{AB}^2 + \overline{AC}^2 = (a+c)^2 + b^2 + (a-c)^2 + b^2$

$\qquad\quad = 2(a^2 + b^2 + c^2)$

$\qquad\quad = 2(\overline{AM}^2 + \overline{BM}^2)$

수직선 $m:n$ ┌ 내분점 $P\left(\dfrac{mx_2+nx_1}{m+n}\right)$

└ 외분점 $Q\left(\dfrac{mx_2-nx_1}{m-n}\right)$

$(m:n\ \text{외분}) = (m:-n\ \text{내분})$

좌표평면 $m:n$ ┌ 내분점 $P\left(\dfrac{mx_2+nx_1}{m+n},\ \dfrac{my_2+ny_1}{m+n}\right)$

└ 외분점 $Q\left(\dfrac{mx_2-nx_1}{m-n},\ \dfrac{my_2-ny_1}{m-n}\right)$

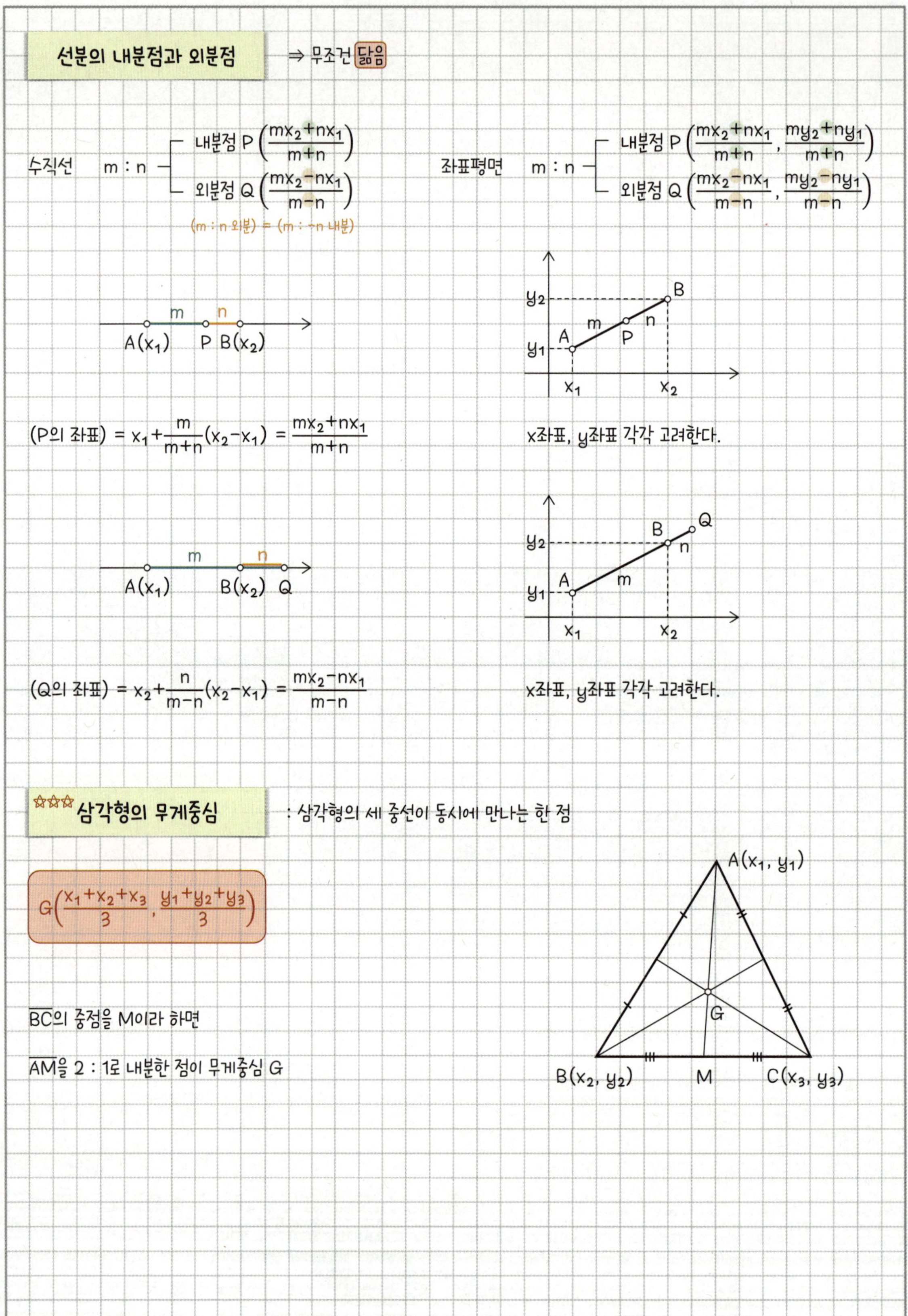

$(P\text{의 좌표}) = x_1 + \dfrac{m}{m+n}(x_2-x_1) = \dfrac{mx_2+nx_1}{m+n}$

x좌표, y좌표 각각 고려한다.

$(Q\text{의 좌표}) = x_2 + \dfrac{n}{m-n}(x_2-x_1) = \dfrac{mx_2-nx_1}{m-n}$

x좌표, y좌표 각각 고려한다.

☆☆☆ 삼각형의 무게중심

: 삼각형의 세 중선이 동시에 만나는 한 점

$$G\left(\dfrac{x_1+x_2+x_3}{3},\ \dfrac{y_1+y_2+y_3}{3}\right)$$

$\overline{BC}$의 중점을 M이라 하면

$\overline{AM}$을 $2:1$로 내분한 점이 무게중심 G

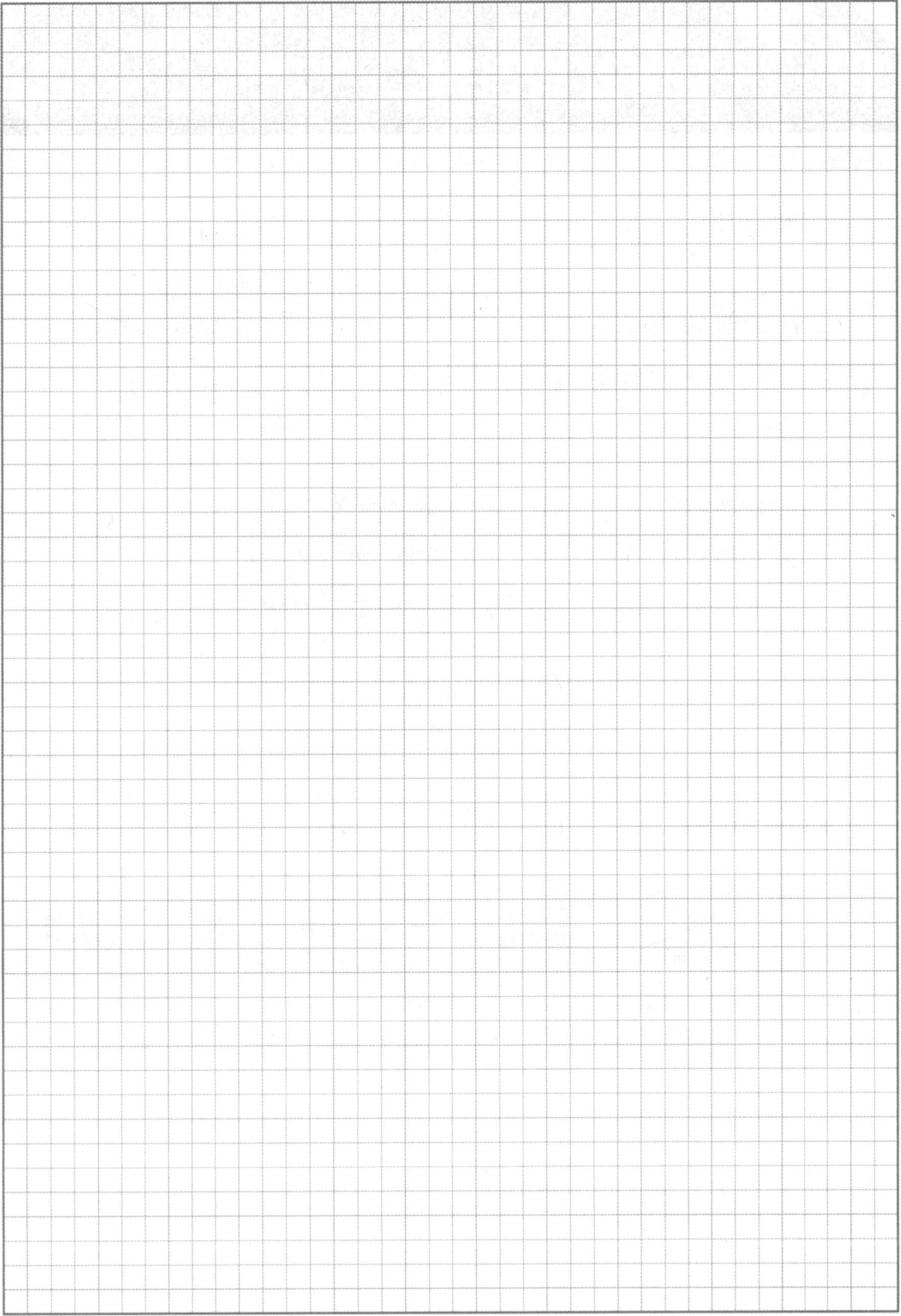

도형의 방정식

직선의 방정식

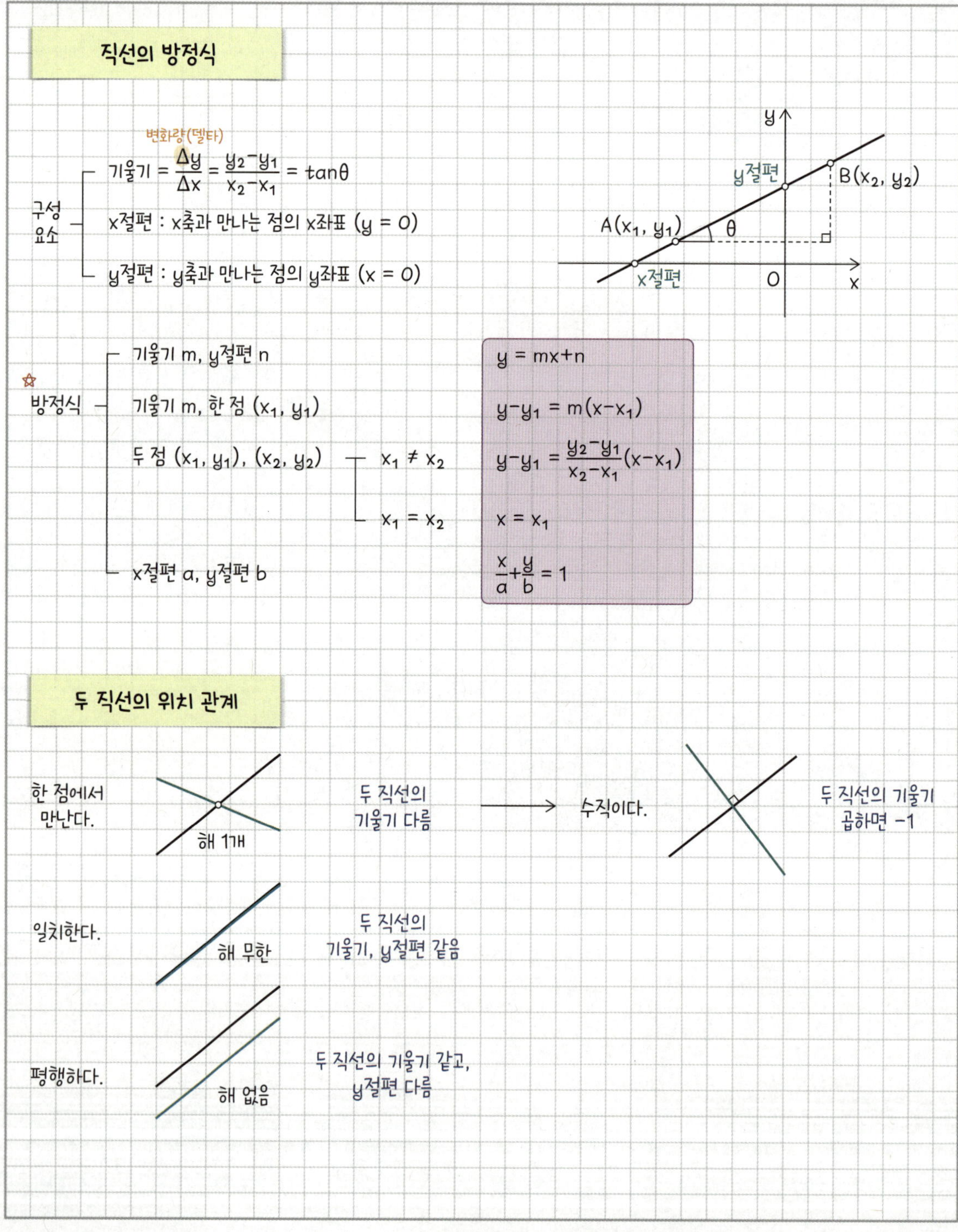

두 직선의 위치 관계

$ax+by+c = 0$

$a'x+b'y+c = 0$

의 교점을 지나는 직선의 방정식 $\boxed{(ax+by+c)+k(a'x+b'y+c) = 0}$ (단, k는 실수)

★★★ 점과 직선 사이의 거리

$P(x_1, y_1)$

$\ell : ax+by+c = 0$

사이의 거리 $\boxed{d = \dfrac{|ax_1+by_1+c|}{\sqrt{a^2+b^2}}}$

$ax+by+c = 0$을 표준형으로 바꾸면 $y = -\dfrac{a}{b}x-\dfrac{c}{b}$

$P(x_1, y_1)$, $Q(x_2, y_2)$라 하면 $\overline{PQ}$의 방정식은 $y-y_1 = \dfrac{b}{a}(x-x_1) \Rightarrow a(y-y_1) = b(x-x_1)$

점 Q는 ℓ과 $\overline{PQ}$의 교점이므로 $a(y_2-y_1) = b(x_2-x_1)$이고

$ax_2+by_2+c = 0 \Rightarrow a(x_2-x_1)+b(y_2-y_1)+ax_1+by_1+c = 0$

두 식을 연립하면 $(a^2+b^2)(x_2-x_1) = -a(ax_1+by_1+c)$, $(a^2+b^2)(y_2-y_1) = -b(ax_1+by_1+c)$

$d^2 = (x_2-x_1)^2+(y_2-y_1)^2 = \dfrac{\{-a(ax_1+by_1+c)\}^2+\{-b(ax_1+by_1+c)\}^2}{(a^2+b^2)^2} = \dfrac{(ax_1+by_1+c)^2}{(a^2+b^2)}$

$\therefore d = \dfrac{|ax_1+by_1+c|}{\sqrt{a^2+b^2}}$

원의 방정식

중심 (a, b), 반지름 r인 원의 방정식은 $(x-a)^2+(y-b)^2 = r^2$

일반형 : $x^2+y^2+Ax+By+C = 0$ $(A^2+B^2-4C > 0)$

중심 : $\left(-\dfrac{A}{2}, -\dfrac{B}{2}\right)$, 반지름 $r = \dfrac{\sqrt{A^2+B^2-4C}}{2}$

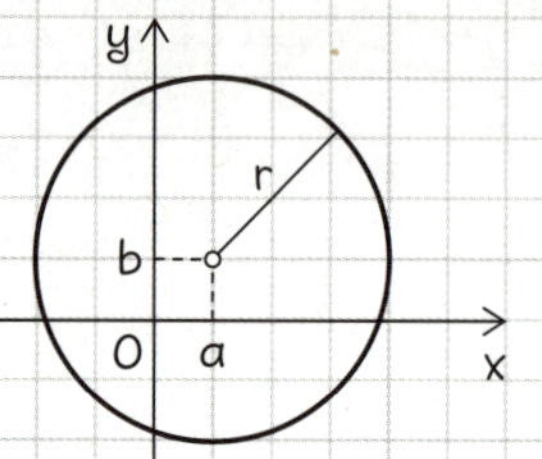

원과 직선의 위치 관계

O : 반지름이 r인 원

ℓ : 직선

d : 원의 중심과 직선 사이의 거리

D : 원의 방정식과 직선의 방정식을 연립하여 얻은 이차방정식의 판별식

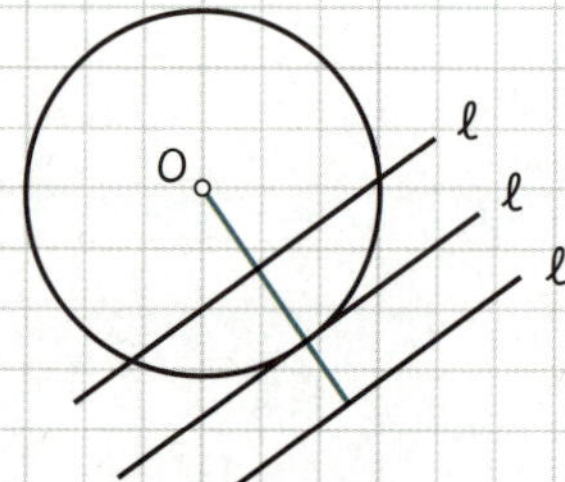

위치 관계	판별식	원의 중심 vs. 직선
두 점에서 만난다.	$D > 0$	$d < r$
한 점에서 만난다.	$D = 0$	$d = r$
만나지 않는다.	$D < 0$	$d > r$

원과 접선의 방정식

원 $x^2+y^2 = r^2$에 접하고 기울기가 m인 접선 $y = mx \pm r\sqrt{m^2+1}$ y절편 $= n = \pm r\sqrt{m^2+1}$ 원에 접하도록 n 결정

원 $x^2+y^2 = r^2$ 위의 한 점 $P(x_1, y_1)$에서 접하는 접선 $x_1 x + y_1 y = r^2$ 점 P를 지나고 $\overline{CP}$에 수직

원 $(x-a)^2+(y-b)^2 = r^2$ 위의 한 점 $P(x_1, y_1)$에서 접하는 접선 $(x_1-a)(x-a)+(y_1-b)(y-b) = r^2$

원 바깥의 점 $P(x_1, y_1)$로부터 원 $(x-a)^2+(y-b)^2 = r^2$에 그은 접선 $y-y_1 = m(x-x_1)$ $\begin{matrix} D = 0 \\ d = r \end{matrix} \Rightarrow m$ 결정

도형의 이동과 영역

평행이동

점 $P(x, y)$ $\xrightarrow{\text{x축 방향으로 } a\text{만큼,}\ \text{y축 방향으로 } b\text{만큼 평행이동}}$ $P'(x+a, y+b)$

도형 $f(x, y) = 0$ $f'(x-a, y-b) = 0$

> 평행이동한 점을 도형의 방정식에 대입했을 때 성립하기 위해서는 도형의 방정식은 평행이동한 만큼 각 좌표를 빼야 한다.

대칭이동

	x축 y에 (−)	y축 x에 (−)	원점 둘 다 (−)	y = x 자리 바꾸기
점 $P(x, y)$	$P'(x, -y)$	$P'(-x, y)$	$P'(-x, -y)$	$P'(y, x)$
도형 $f(x, y) = 0$	$f'(x, -y) = 0$	$f'(-x, y) = 0$	$f'(-x, -y) = 0$	$f'(y, x) = 0$

특정한 점 또는 직선에 대한 대칭이동의 경우 중점, 기울기 간 관계를 가지고 대칭이동한다.

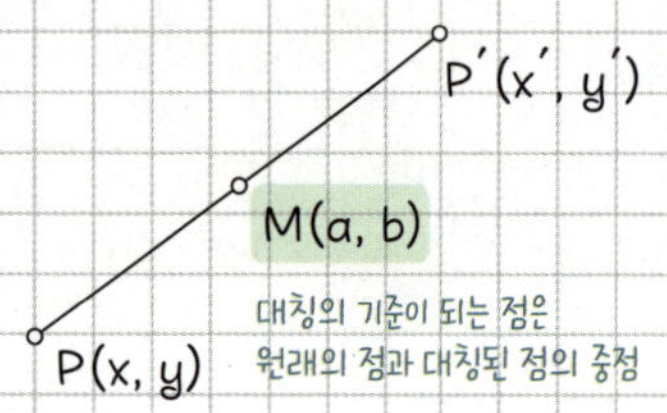

$P'(x', y')$

$M(a, b)$

$P(x, y)$

대칭의 기준이 되는 점은 원래의 점과 대칭된 점의 중점

$$\begin{cases} \dfrac{x+x'}{2} = a \\ \dfrac{y+y'}{2} = b \end{cases} \Rightarrow \begin{cases} x' = -x+2a \\ y' = -y+2b \end{cases} \Rightarrow P'(x', y') = P'(-x+2a, -y+2b)$$

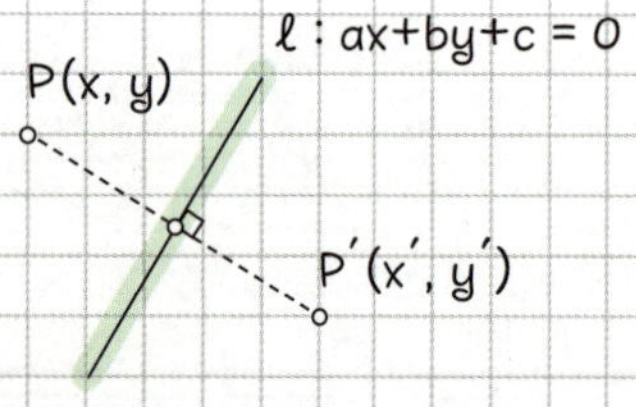

$\ell : ax+by+c = 0$

$P(x, y)$

$P'(x', y')$

$$\begin{cases} \dfrac{y-y'}{x-x'} \times \left(-\dfrac{a}{b}\right) = -1 \\[2mm] a\left(\dfrac{x+x'}{2}\right)+b\left(\dfrac{y+y'}{2}\right)+c = 0 \end{cases}$$

$\overline{PP'}$ 와 ℓ은 서로 수직 ⇒ (기울기의 곱) = −1
원래의 점과 대칭된 점의 중점은 직선 ℓ을 지남

미지수가 하나인 부등식 ⇒ 수직선에 범위를 표시   vs.   미지수가 두 개인 부등식 ⇒ 좌표평면에 영역을 표시

$x > 3$ $f(x, y) > 0$

$y > f(x)$: 곡선 $y = f(x)$의 윗부분   경계 포함되는 경우 : 실선

$y < f(x)$: 곡선 $y = f(x)$의 아랫부분   경계 포함되지 않는 경우 : 점선

$(x-a)^2 + (y-b)^2 < r^2$: 원 $(x-a)^2 + (y-b)^2 = r^2$ 내부

$(x-a)^2 + (y-b)^2 > r^2$: 원 $(x-a)^2 + (y-b)^2 = r^2$ 외부

연립부등식의 영역 ⇒ 각 부등식의 영역이 겹치는 부분

$$f(x, y)g(x, y) > 0 \Rightarrow \begin{cases} f(x, y) = 0 \\ g(x, y) = 0 \end{cases}$$ 으로 나누고 각 영역의 포함 여부 체크

백그라운드
고등수학
필기노트

Chap 4

집합과 명제

집합

집합과 원소

집합 : 어떤 기준에 의하여 그 대상을 분명히 알 수 있는 것들의 모임

원소 : 집합을 구성하고 있는 개개의 대상

공집합 : 원소가 하나도 없는 집합 $\varnothing$, {}

표현 방법
- 원소나열법 $A = \{1, 2, 3, 4, 5\}$
- 조건제시법 $A = \{x \mid 0 < x < 6$인 자연수$\}$
  - 원소 / 조건 / ~에 대하여
- 벤 다이어그램

A
$1\ 2\ 3$
$4\ 5$

원소는 소문자, 집합은 대문자

$a \in A$: 원소 a가 집합 A에 속한다.

$a \notin A$: 원소 a가 집합 A에 속하지 않는다.

집합 A의 원소의 개수 : $n(A)$

$n(\varnothing) = 0$

유한집합 : 원소의 개수가 유한 개인 집합

무한집합 : 원소의 개수가 무한히 많은 집합

집합의 포함 관계

A는 B의 부분집합 : A의 모든 원소가 B의 원소

$A \subset B$, $B \supset A$

진부분집합 : $A \subset B \ \& \ A \neq B$

집합 A, B, C와 공집합 $\varnothing$에 대하여

$\varnothing \subset A$, $A \subset A$ $A \subset B$이고 $B \subset A$이면 $A = B$ $A \subset B$이고 $B \subset C$이면 $A \subset C$

$n(A) = n$인 집합 A에 대하여

(부분집합의 개수) $= 2^n$ (진부분집합의 개수) $= 2^n - 1$ (특정 k개 포함/불포함 집합) $= 2^{n-k}$

항등원과 역원

집합 A는 연산 $\circ$에 대하여 닫혀있다. : 집합 A의 임의의 두 원소 a, b과 어떤 연산 $\circ$에 대하여 $a \circ b \in A$

항등원(e) : $a \circ e = e \circ a = a$, $e \in A$ (a의) 역원 : $a \circ x = x \circ a = e$, $x \in A$

합집합 : $A \cup B = \{x \mid x \in A$ 또는 $x \in B\}$

교집합 : $A \cap B = \{x \mid x \in A$ 그리고 $x \in B\}$

차집합 : $A - B = \{x \mid x \in A$ 그리고 $x \notin B\}$

$A \cup B$ $A \cap B$ $A - B$

전체집합 : 주어진 집합 U에 대하여 그의 부분집합 A를 생각할 때, 처음에 주어진 집합 U

여집합 : $A^C = \{x \mid x \in U, x \notin A\} = U - A$

서로소 : $A \cap B = \varnothing$ 인 두 집합 A, B

$A \subset B$ $\Leftrightarrow$ $A \cup B = B,\ A \cap B = A,\ A - B = \varnothing,\ A \cap B^C = \varnothing,\ B^C \subset A^C,\ n(A \cap B) = n(A),\ \cdots$

$A \cap B = \varnothing$ $\Leftrightarrow$ $A - B = A,\ B - A = B,\ A \subset B^C,\ B \subset A^C,\ n(A \cap B) = 0,\ \cdots$

$(A^C)^C = A$ $\qquad \varnothing^C = U$ $\qquad U^C = \varnothing$

$A \cap U = A$ $\qquad A \cup U = U$ $\qquad A \cap A^C = \varnothing$ $\qquad A \cup A^C = U$

$A - B = A \cap B^C = A - (A \cap B) = (A \cup B) - B$

교환법칙 $\qquad A \cup B = B \cup A,\ A \cap B = B \cap A$

결합법칙 $\qquad (A \cup B) \cup C = A \cup (B \cup C),\ (A \cap B) \cap C = A \cap (B \cap C)$

분배법칙 $\qquad A \cup (B \cap C) = (A \cup B) \cap (A \cup C),\ A \cap (B \cup C) = (A \cap B) \cup (A \cap C)$

☆ 드모르간의 법칙 $\qquad (A \cup B)^C = A^C \cap B^C,\ (A \cap B)^C = A^C \cup B^C$

C 없으면 C 달기

C 있으면 C 없애기

$\cap$ 는 $\cup$ 로

$\cup$ 는 $\cap$ 로

U를 ∩로

(ex) $(A^C \cup B)^C = A \cap B^C$

c 없애기

c 달기

전체집합 U의 세 부분집합 A, B, C에 대하여

포함·배제의 원리 $\begin{cases} n(A \cup B) = n(A) + n(B) - n(A \cap B) \\ n(A \cup B \cup C) = n(A) + n(B) + n(C) - n(A \cap B) - n(B \cap C) - n(C \cap A) + n(A \cap B \cap C) \end{cases}$

$n(A^C) = n(U) - n(A)$ $\qquad\qquad$ $n(A-B) = n(A) - n(A \cap B) = n(A \cup B) - n(B)$

집합 $A = \{a_1, a_2, \cdots, a_n\}$에 대하여

집합 A의 부분집합에 속하는 모든 원소들의 개수 : $n \times 2^{n-1}$

집합 A의 부분집합에 속하는 모든 원소들의 총합 : $2^{n-1} \times (a_1 + a_2 + \cdots + a_n)$

배수집합(A_k) : 자연수 k의 모든 배수의 집합

$\begin{cases} \text{교집합} : A_k \cap A_\ell = A_m \text{이면 } m \text{은 } k \text{와 } \ell \text{의 최소공배수} \\ \text{합집합} : A_k \cup A_\ell \subset A_n \text{이면 } n \text{은 } k \text{와 } \ell \text{의 공약수} \Rightarrow (n \text{의 최댓값}) = (k \text{와 } \ell \text{의 최대공약수}) \end{cases}$

$\qquad\qquad \ell \text{이 } k \text{의 배수이면 } A_k \cup A_\ell = A_k \Rightarrow A_\ell \subset A_k$

대칭차집합($A \triangle B$) : 두 집합 A, B에 대하여 차집합 $A-B$와 $B-A$의 합집합

$A \triangle B = (A-B) \cup (B-A) = (A \cup B) - (A \cap B)$

$\left.\begin{array}{l} A \triangle A = \varnothing \\ A \triangle \varnothing = A \end{array}\right\} \Rightarrow \underbrace{A \triangle A \triangle \cdots \triangle A}_{n\text{개}} = \begin{cases} A & (n \text{이 홀수}) \\ \varnothing & (n \text{이 짝수}) \end{cases}$

$A \triangle B = B \triangle A,\ (A \triangle B) \triangle C = A \triangle (B \triangle C)$ $\qquad\qquad$ $(A \triangle B) \triangle A = B,\ (A \triangle B) \triangle B = A$

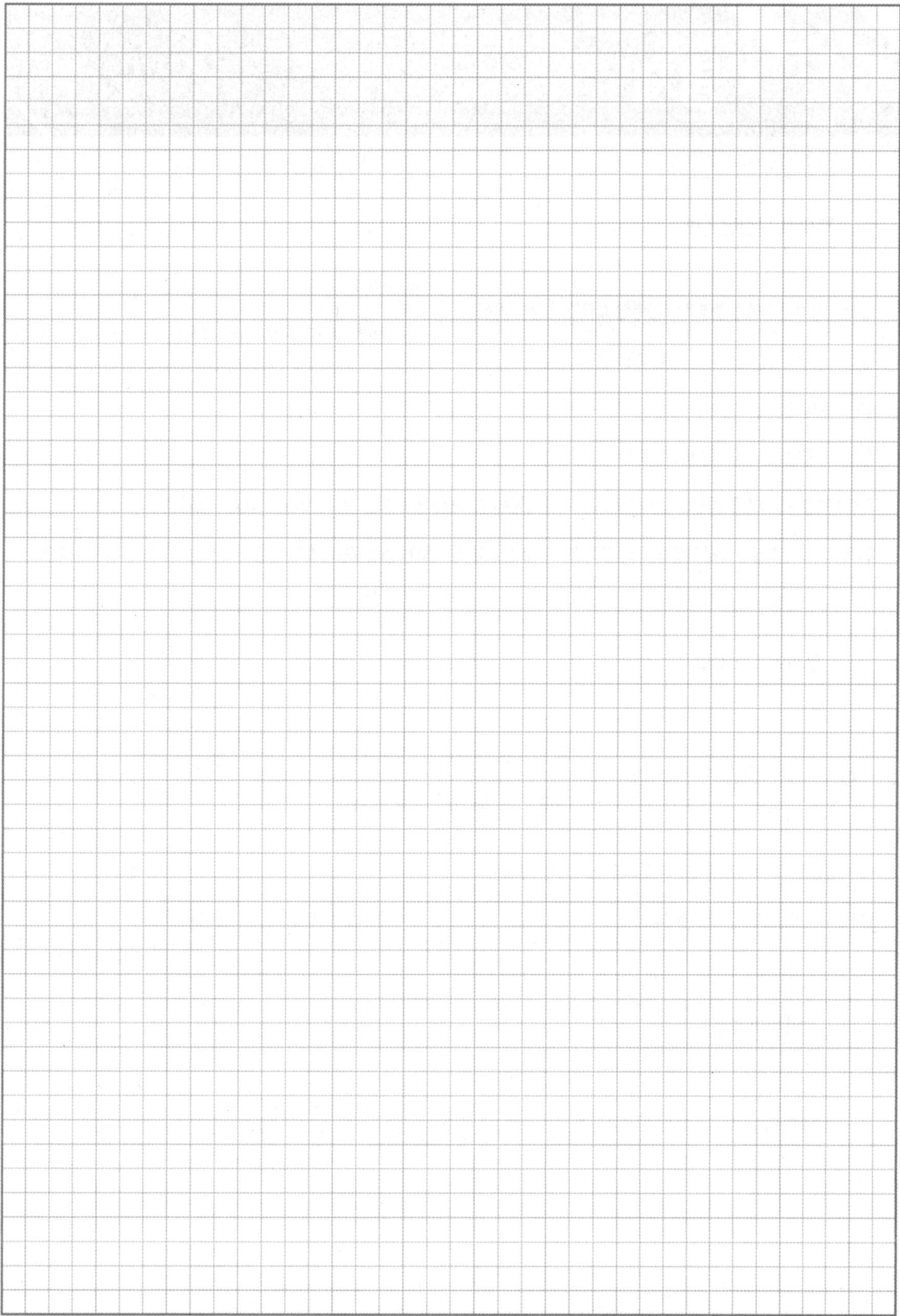

명제에 관련된 용어

명제 : 참 또는 거짓을 분명하게 판별할 수 있는 문장이나 식

 P : P이다.

 ~P : P가 아니다. (명제 p의 부정)

정의 : 용어의 뜻을 명확하게 정한 문장

증명 : 이미 알려진 사실이나 성질을 이용하여 어떤 명제가 참 또는 거짓임을 논리적으로 밝히는 과정

정리 : 증명된 명제 중 기본이 되는 명제

조건 : 변수 x를 포함하는 문장 중에서 x의 값이 결정됨에 따라 명제가 되는 것 $p(x), q(x), r(x), p, q, r, \cdots$

(조건 p의) 진리집합 : 전체집합 U의 원소 중에서 조건 p가 참이 되게 하는 모든 원소의 집합 P   명제, 조건은 소문자 / 집합은 대문자

~p의 진리집합은 P^C

명제와 진리집합

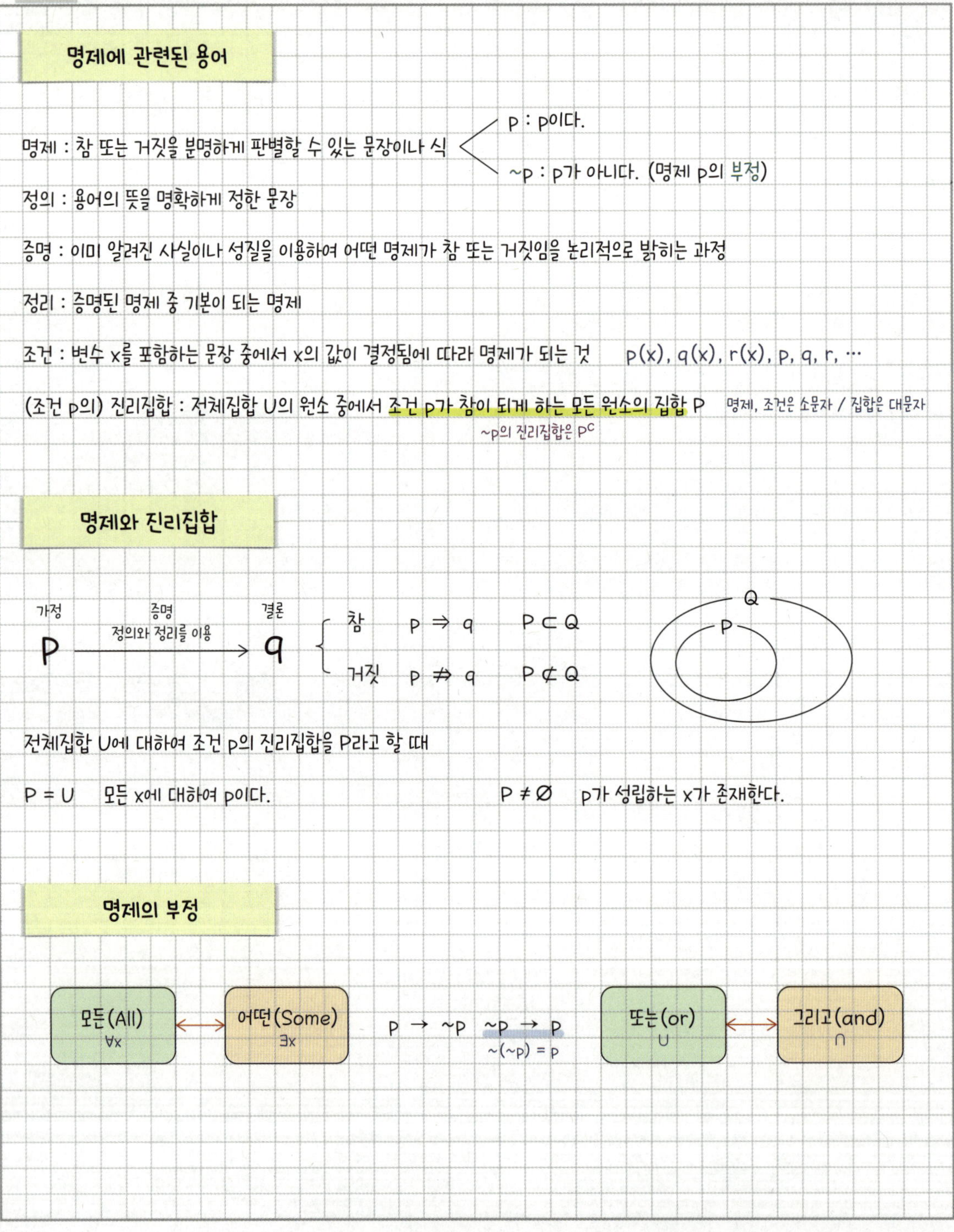

전체집합 U에 대하여 조건 p의 진리집합을 P라고 할 때

$P = U$ 모든 x에 대하여 p이다.

$P \neq \varnothing$ p가 성립하는 x가 존재한다.

명제의 부정

모든(All)
$\forall x$

어떤(Some)
$\exists x$

$P \rightarrow \sim P$ $\sim P \rightarrow P$

$\sim(\sim p) = p$

또는(or)
$\cup$

그리고(and)
$\cap$

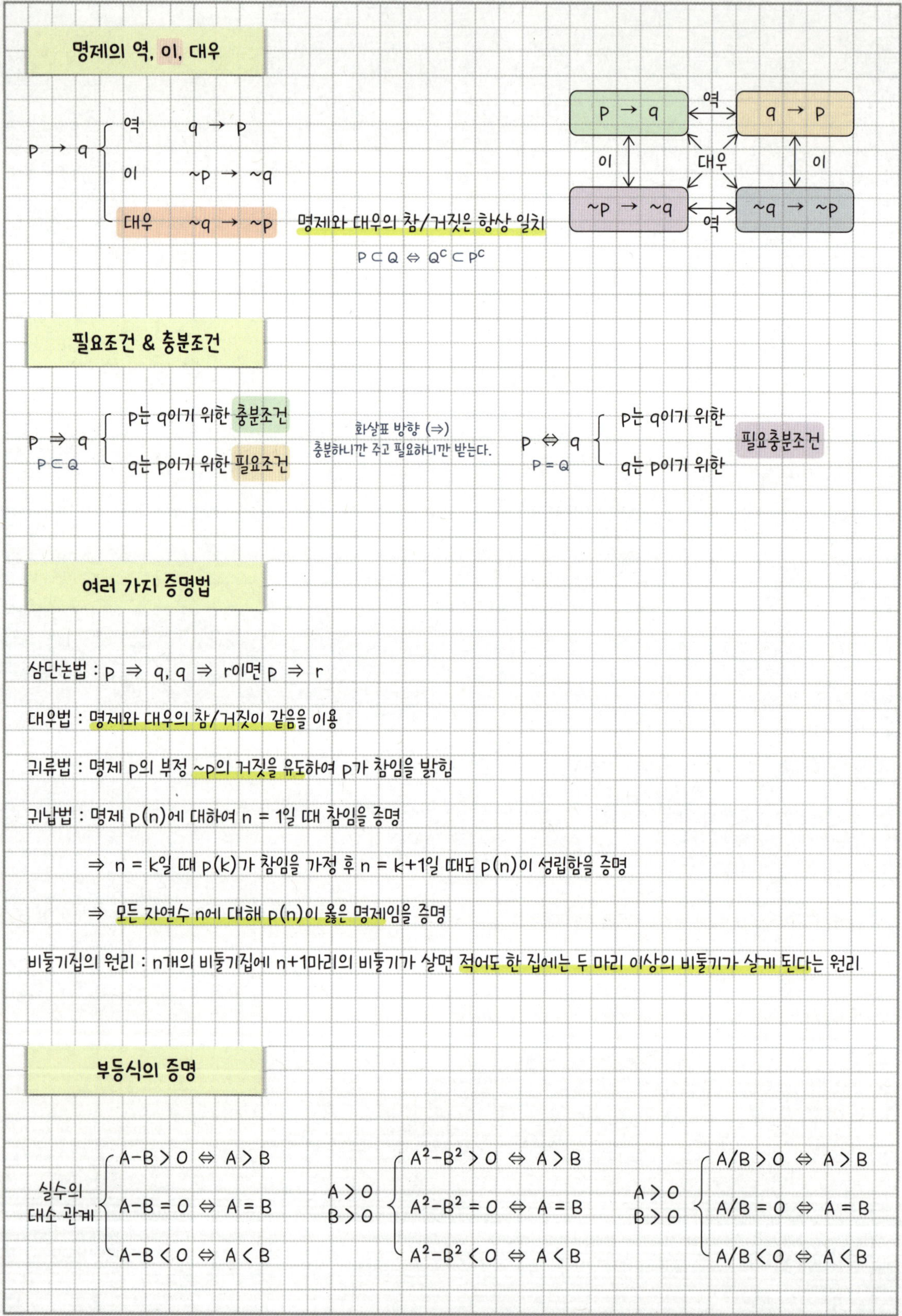

명제의 역, 이, 대우

$$P \to q \begin{cases} \text{역} \quad q \to P \\ \text{이} \quad \sim P \to \sim q \\ \text{대우} \quad \sim q \to \sim P \end{cases}$$

명제와 대우의 참/거짓은 항상 일치

$$P \subset Q \Leftrightarrow Q^c \subset P^c$$

필요조건 & 충분조건

$$P \Rightarrow q$$
$$P \subset Q$$

- P는 q이기 위한 **충분조건**
- q는 P이기 위한 **필요조건**

화살표 방향 (⇒)
충분하니깐 주고 필요하니깐 받는다.

$$P \Leftrightarrow q$$
$$P = Q$$

- P는 q이기 위한
- q는 P이기 위한

필요충분조건

여러 가지 증명법

삼단논법 : $P \Rightarrow q, \ q \Rightarrow r$ 이면 $P \Rightarrow r$

대우법 : 명제와 대우의 참/거짓이 같음을 이용

귀류법 : 명제 P의 부정 $\sim P$의 거짓을 유도하여 P가 참임을 밝힘

귀납법 : 명제 $p(n)$에 대하여 $n = 1$일 때 참임을 증명

　⇒ $n = k$일 때 $p(k)$가 참임을 가정 후 $n = k+1$일 때도 $p(n)$이 성립함을 증명

　⇒ 모든 자연수 n에 대해 $p(n)$이 옳은 명제임을 증명

비둘기집의 원리 : n개의 비둘기집에 n+1마리의 비둘기가 살면 적어도 한 집에는 두 마리 이상의 비둘기가 살게 된다는 원리

부등식의 증명

실수의
대소 관계

$$\begin{cases} A-B > 0 \Leftrightarrow A > B \\ A-B = 0 \Leftrightarrow A = B \\ A-B < 0 \Leftrightarrow A < B \end{cases}$$

$$\begin{matrix} A > 0 \\ B > 0 \end{matrix} \begin{cases} A^2-B^2 > 0 \Leftrightarrow A > B \\ A^2-B^2 = 0 \Leftrightarrow A = B \\ A^2-B^2 < 0 \Leftrightarrow A < B \end{cases}$$

$$\begin{matrix} A > 0 \\ B > 0 \end{matrix} \begin{cases} A/B > 0 \Leftrightarrow A > B \\ A/B = 0 \Leftrightarrow A = B \\ A/B < 0 \Leftrightarrow A < B \end{cases}$$

  : 미지수가 어떤 실숫값을 갖더라도 항상 성립하는 부등식

$a^2 \pm ab + b^2 \geq 0$ (단, 등호는 $a = b = 0$일 때 성립)

$a^2 + b^2 + c^2 - ab - bc - ca \geq 0$ (단, 등호는 $a = b = c$일 때 성립)

$a > 0,\ b > 0,\ c > 0$이면 $a^3 + b^3 + c^3 \geq 3abc$ (단, 등호는 $a = b = c$일 때 성립)

$a^2 + b^2 + c^2 - ab - bc - ca = \dfrac{1}{2}\{(a-b)^2 + (b-c)^2 + (c-a)^2\} \geq 0$

$a,\ b,\ c$가 삼각형의 세 변의 길이일 때, $a^3 + b^3 + c^3 = 3abc$를 만족하면 그 삼각형은 정삼각형

산술·기하·조화평균

$a > 0,\ b > 0$일 때, (등호는 $a = b$일 때 성립)

$$
\underset{\text{산술평균}}{\dfrac{a+b}{2}} \quad \geq \quad \underset{\text{기하평균}}{\sqrt{ab}} \quad \geq \quad \underset{\text{조화평균}}{\dfrac{2ab}{a+b}}
$$

역수의 평균의 역수
$$
\dfrac{1}{\dfrac{1}{2}\left(\dfrac{1}{a}+\dfrac{1}{b}\right)} = \dfrac{2}{\dfrac{1}{a}+\dfrac{1}{b}}
$$

$\dfrac{a+b}{2} - \sqrt{ab} = \dfrac{a+b-2\sqrt{ab}}{2} = \dfrac{(\sqrt{a}-\sqrt{b})^2}{2} \geq 0$

$\sqrt{ab} - \dfrac{2ab}{a+b} = \dfrac{\sqrt{ab}(a+b-2\sqrt{ab})}{a+b} = \dfrac{\sqrt{ab}(\sqrt{a}-\sqrt{b})^2}{a+b} \geq 0$

코시-슈바르츠 부등식

$a,\ b,\ x,\ y$가 실수일 때,

$(a^2+b^2)(x^2+y^2) \geq (ax+by)^2$ (단, 등호는 $bx = ay$일 때 성립)

$(a^2+b^2)(x^2+y^2) - (ax+by)^2$

$= a^2x^2 + b^2x^2 + a^2y^2 + b^2y^2 - a^2x^2 - 2abxy - b^2y^2$

$= b^2x^2 - 2abxy + a^2y^2 = (bx-ay)^2 \geq 0$

백그라운드
고등수학
필기노트

행렬과 벡터

행렬

행렬에 관련된 용어

행렬 : 몇 개의 수 또는 문자를 직사각형 모양으로 배열하여 괄호로 묶어 나타낸 것

성분 : 행렬을 이루는 각각의 수 또는 문자 $\longrightarrow$ (i, j) 성분 a_{ij} : 제i행과 제j열이 만나는 위치에 있는 성분   대각성분 : $i = j$

$m \times n$ 행렬 : m개의 행과 n개의 열로 이루어진 행렬 $\longrightarrow$ n차 정사각행렬 : $n \times n$ 행렬

영행렬 : 모든 성분이 0인 행렬 O 대각행렬 : 대각성분 제외한 성분이 0인 정사각행렬   단위행렬 (E/I) : 대각성분이 모두 1

두 행렬의 상등 : 두 행렬 A, B가 같은 꼴이고 대응하는 성분이 각각 같을 때 $A = B$

전치행렬 : $A \in M_{m \times n}$의 행과 열을 바꾸어 얻어진 $n \times m$ 행렬 A^T 대칭행렬 : $A = A^T$ $A = \begin{pmatrix} 3 & 4 & 9 \\ 1 & 6 & 5 \end{pmatrix}$, $A^T = \begin{pmatrix} 3 & 1 \\ 4 & 6 \\ 9 & 5 \end{pmatrix}$

행렬의 연산

$A = \begin{pmatrix} a_{11} & a_{12} \\ a_{21} & a_{22} \end{pmatrix}$, $B = \begin{pmatrix} b_{11} & b_{12} \\ b_{21} & b_{22} \end{pmatrix}$ 일 때

$A \pm B = \begin{pmatrix} a_{11} \pm b_{11} & a_{12} \pm b_{12} \\ a_{21} \pm b_{21} & a_{22} \pm b_{22} \end{pmatrix}$ (복부호동순) $kA = \begin{pmatrix} ka_{11} & ka_{12} \\ ka_{21} & ka_{22} \end{pmatrix}$ (k는 실수)

$AB = \begin{pmatrix} a_{11}b_{11} + a_{12}b_{21} & a_{11}b_{12} + a_{12}b_{22} \\ a_{21}b_{11} + a_{22}b_{21} & a_{21}b_{12} + a_{22}b_{22} \end{pmatrix} \longrightarrow$ $A = \left(\begin{array}{c|c} a_{11} & a_{12} \\ a_{21} & a_{22} \end{array} \right)$ $B = \left(\begin{array}{c|c} b_{11} & b_{12} \\ b_{21} & b_{22} \end{array} \right)$

행렬의 연산의 성질

세 행렬 A, B, C가 같은 꼴이고, k, ℓ이 실수일 때

교환법칙 $A + B = B + A$ 곱셈은 교환법칙 성립 X $\Rightarrow$ $(A+B)^2 = A^2 + AB + BA + B^2$, $(A+B)(A-B) = A^2 - AB + BA - B^2$

결합법칙 $(A+B) + C = A + (B+C)$ $(k\ell)A = k(\ell A) = \ell(kA)$ $k(AB) = (kA)B = A(kB)$

분배법칙 $(k+\ell)A = kA + \ell A$ $k(A+B) = kA + kB$ $A(B+C) = AB + AC$, $(A+B)C = AC + BC$

거듭제곱 $A^2 = AA$, $A^3 = A^2 A$, $\cdots$, $A^{n+1} = A^n A$ $A^m A^n = A^{m+n}$ $(A^m)^n = A^{mn}$ $E^n = E$

영인자 : $A \neq O$, $B \neq O$이지만 $AB = O$인 행렬 A, B

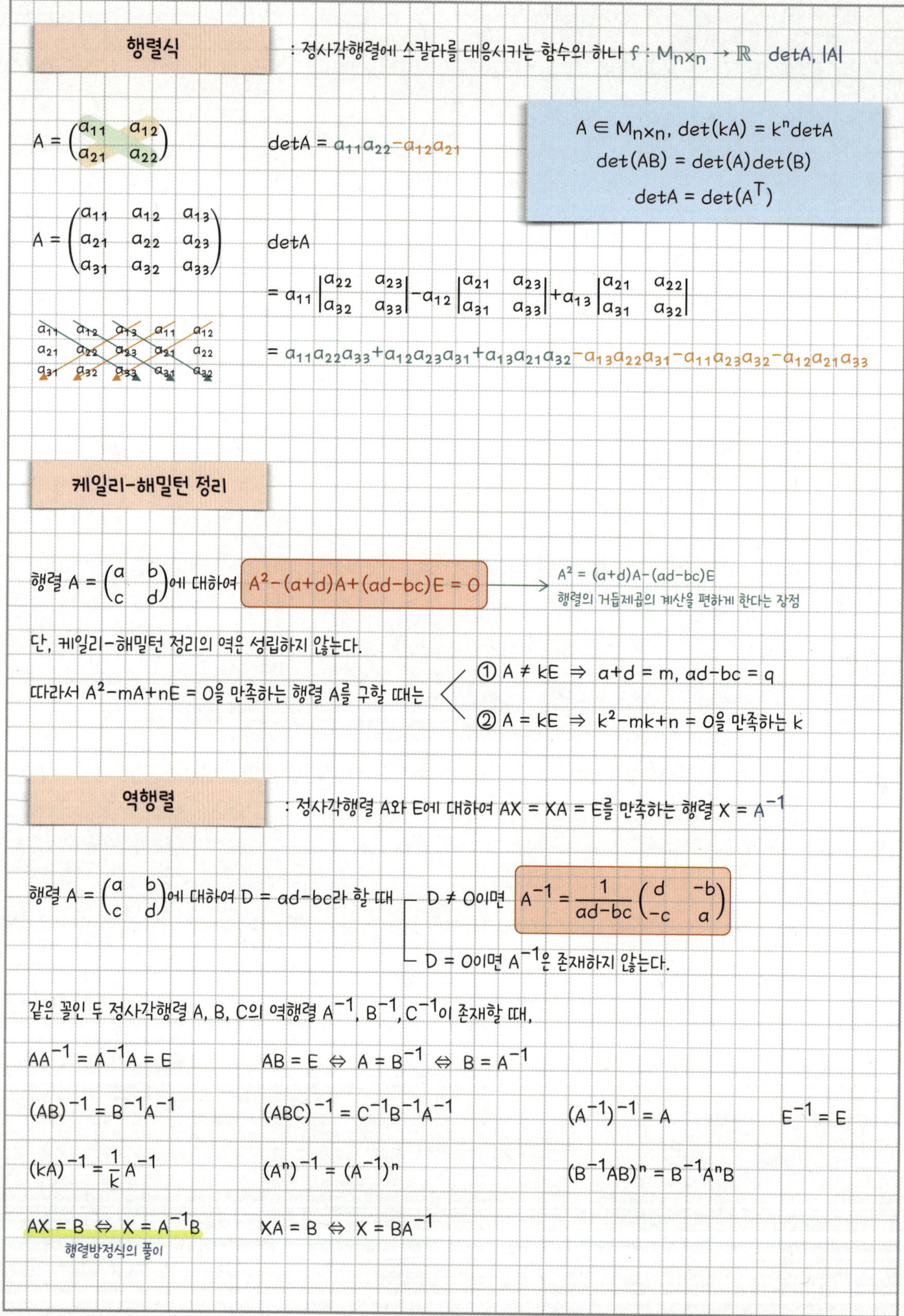

행렬식

: 정사각행렬에 스칼라를 대응시키는 함수의 하나 $f : M_{n \times n} \to \mathbb{R}$ $\det A$, $|A|$

$A = \begin{pmatrix} a_{11} & a_{12} \\ a_{21} & a_{22} \end{pmatrix}$

$\det A = a_{11}a_{22} - a_{12}a_{21}$

$A \in M_{n \times n}$, $\det(kA) = k^n \det A$
$\det(AB) = \det(A)\det(B)$
$\det A = \det(A^T)$

$A = \begin{pmatrix} a_{11} & a_{12} & a_{13} \\ a_{21} & a_{22} & a_{23} \\ a_{31} & a_{32} & a_{33} \end{pmatrix}$

$\det A$

$= a_{11}\begin{vmatrix} a_{22} & a_{23} \\ a_{32} & a_{33} \end{vmatrix} - a_{12}\begin{vmatrix} a_{21} & a_{23} \\ a_{31} & a_{33} \end{vmatrix} + a_{13}\begin{vmatrix} a_{21} & a_{22} \\ a_{31} & a_{32} \end{vmatrix}$

$= a_{11}a_{22}a_{33} + a_{12}a_{23}a_{31} + a_{13}a_{21}a_{32} - a_{13}a_{22}a_{31} - a_{11}a_{23}a_{32} - a_{12}a_{21}a_{33}$

케일리-해밀턴 정리

행렬 $A = \begin{pmatrix} a & b \\ c & d \end{pmatrix}$에 대하여 $A^2 - (a+d)A + (ad-bc)E = 0$

$A^2 = (a+d)A - (ad-bc)E$
행렬의 거듭제곱의 계산을 편하게 한다는 장점

단, 케일리-해밀턴 정리의 역은 성립하지 않는다.

따라서 $A^2 - mA + nE = 0$을 만족하는 행렬 A를 구할 때는

① $A \neq kE \Rightarrow a+d = m$, $ad-bc = q$

② $A = kE \Rightarrow k^2 - mk + n = 0$을 만족하는 k

역행렬

: 정사각행렬 A와 E에 대하여 $AX = XA = E$를 만족하는 행렬 $X = A^{-1}$

행렬 $A = \begin{pmatrix} a & b \\ c & d \end{pmatrix}$에 대하여 $D = ad-bc$라 할 때

$D \neq 0$이면 $A^{-1} = \dfrac{1}{ad-bc}\begin{pmatrix} d & -b \\ -c & a \end{pmatrix}$

$D = 0$이면 A^{-1}은 존재하지 않는다.

같은 꼴인 두 정사각행렬 A, B, C의 역행렬 A^{-1}, B^{-1}, C^{-1}이 존재할 때,

$AA^{-1} = A^{-1}A = E$ $AB = E \Leftrightarrow A = B^{-1} \Leftrightarrow B = A^{-1}$

$(AB)^{-1} = B^{-1}A^{-1}$ $(ABC)^{-1} = C^{-1}B^{-1}A^{-1}$ $(A^{-1})^{-1} = A$ $E^{-1} = E$

$(kA)^{-1} = \dfrac{1}{k}A^{-1}$ $(A^n)^{-1} = (A^{-1})^n$ $(B^{-1}AB)^n = B^{-1}A^nB$

$AX = B \Leftrightarrow X = A^{-1}B$ $XA = B \Leftrightarrow X = BA^{-1}$
행렬방정식의 풀이

미지수가 x, y인 연립일차방정식 $\begin{cases} ax+by = m \\ cx+dy = n \end{cases}$ $\xrightarrow{\text{행렬로 변환}}$ $\begin{pmatrix} a & b \\ c & d \end{pmatrix}\begin{pmatrix} x \\ y \end{pmatrix} = \begin{pmatrix} m \\ n \end{pmatrix}$

① $ad-bc \neq 0$ ⇒ $\begin{pmatrix} x \\ y \end{pmatrix} = \begin{pmatrix} a & b \\ c & d \end{pmatrix}^{-1}\begin{pmatrix} m \\ n \end{pmatrix}$ 　　　두 직선은 한 점에서 만난다.

② $ad-bc = 0$ ⇒
- $a : c = b : d = m : n$이면 해가 무수히 많다. 　두 직선은 일치한다.
- $a : c = b : d \neq m : n$이면 해가 없다. 　　두 직선은 평행하다.

$m = 0$, $n = 0$
- $ad-bc \neq 0$ ⇒ $x = 0$, $y = 0$ 　　　y절편이 0인 두 직선의 기울기가 다르다.
- $ad-bc = 0$ ⇒ 해가 무수히 많다. 　　　y절편이 0인 두 직선은 일치한다.

그래프 : 점과 선으로 이루어진 그림

꼭짓점 : 그래프에서의 점

변 : 그래프에서 꼭짓점을 연결한 선

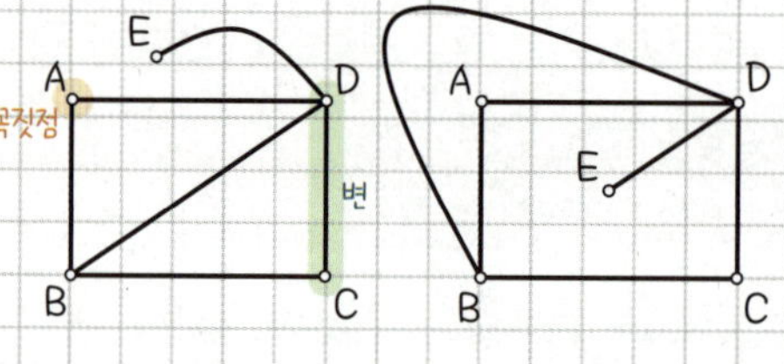

$$\begin{pmatrix} 0 & 1 & 0 & 1 & 0 \\ 1 & 0 & 1 & 1 & 0 \\ 0 & 1 & 0 & 1 & 0 \\ 1 & 1 & 1 & 0 & 1 \\ 0 & 0 & 0 & 1 & 0 \end{pmatrix}$$

같은 그래프 : 꼭짓점의 위치를 바꾸거나 변을 구부리거나 늘이거나 줄여서 같은 그림으로 그려질 수 있는 그래프

꼭짓점의 차수 : 그래프에서 한 꼭짓점에 연결된 변의 개수 (ex. D의 차수는 4)

⇒ (모든 꼭짓점의 차수의 합) = (모든 변의 개수)×2

경로 : 그래프의 한 꼭짓점에서 출발하여 한 번 지나간 변은 다시 지나가지 않으면서 변을 따라 다른 꼭짓점으로 이동하는 길

→ 경로는 출발하는 꼭짓점에서 시작하여 지나가는 꼭짓점을 순서대로 나열하여 나타낸다. 　　시작점과 도착점이 같은 경로 = 회로

한붓그리기 : 그래프에서 모든 변을 단 한 번씩만 지나는 경로를 그리는 것 ⇒ 모든 꼭짓점이 짝수점 or 홀수점이 2개인 경우만 가능

인접행렬 : 그래프의 두 꼭짓점 A_i, A_j 사이에 변이 연결되어 있으면 $a_{ij} = 1$, 그렇지 않으면 $a_{ij} = 0$인 행렬

→ 꼭짓점의 개수가 n인 그래프는 n차 정사각행렬

① (각 행(또는 열)에 있는 성분의 합) = (그 행(또는 열)에 대응하는 꼭짓점의 차수)

② (행렬의 모든 성분의 합) = (모든 변의 개수)×2 = (모든 꼭짓점의 차수의 합)

벡터

벡터에 관련된 용어

벡터($\overrightarrow{AB}$) : 한 점에서 다른 점으로 향하는 방향과 크기가 주어진 선분

단위벡터($\overrightarrow{e_1}$, $\overrightarrow{e_2}$, $\overrightarrow{e_3}$) : 크기가 1인 벡터

영벡터($\overrightarrow{O}$) : 시점과 종점이 일치하는 벡터

두 벡터는 서로 같다. ($\vec{a} = \vec{b}$) : 크기와 방향이 같은 두 벡터
시점과 종점은 상관 없음

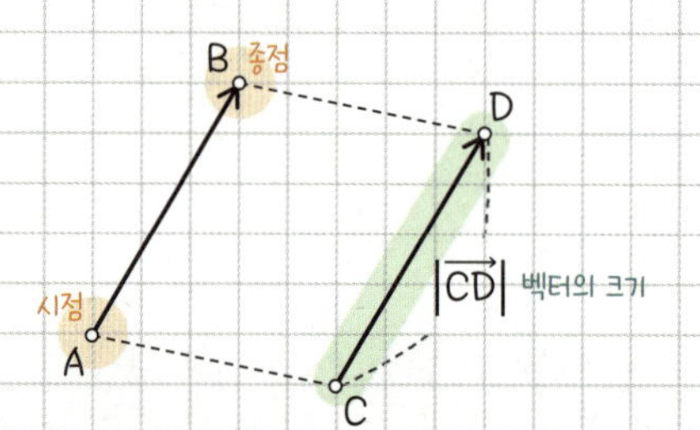

벡터의 연산

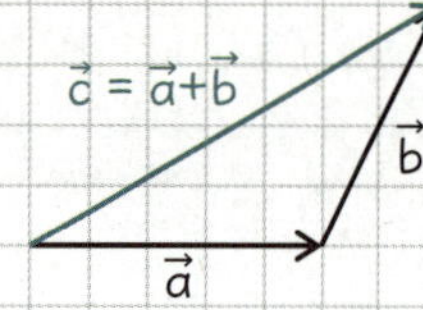

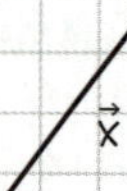

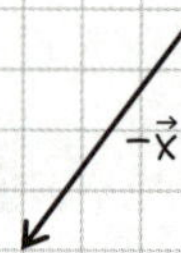

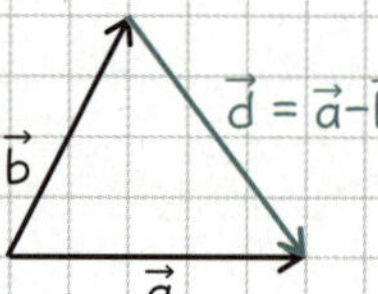

덧셈은 교환법칙 & 결합법칙 성립

실수배

크기는 항상 $|k||\vec{x}|$

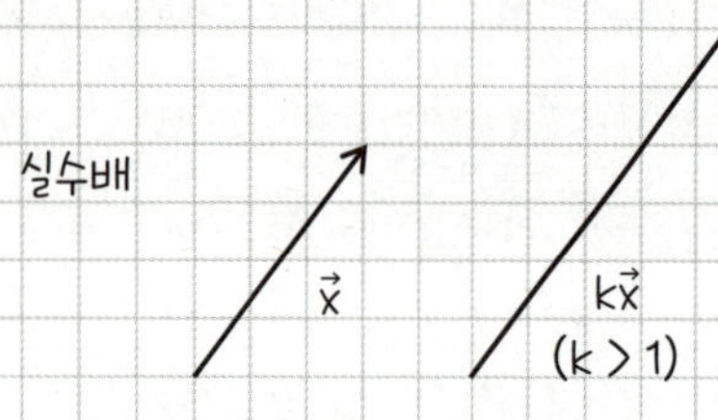

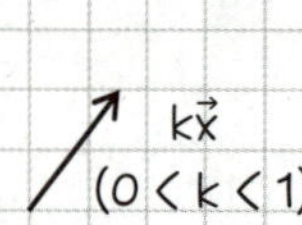

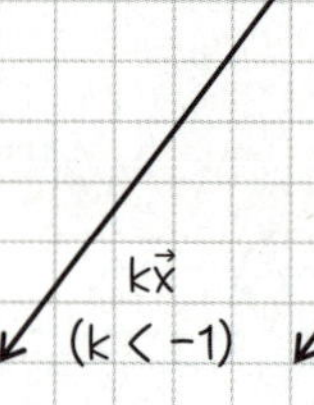

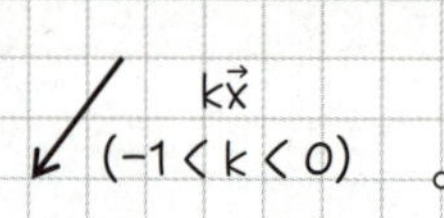

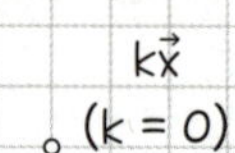

실수 m, n와 벡터 $\vec{x}$, $\vec{y}$에 대하여

$(mn)\vec{x} = m(n\vec{x}) = n(m\vec{x})$

$(m+n)\vec{x} = m\vec{x} + n\vec{x}$

$m(\vec{x} + \vec{y}) = m\vec{x} + m\vec{y}$

영벡터가 아닌 두 벡터 $\vec{a}$, $\vec{b}$에 대하여 $\boxed{\vec{a} \parallel \vec{b} \Leftrightarrow \vec{b} = k\vec{a} \ (k\text{는 실수})}$

서로 다른 세 점 A, B, C가 한 직선 위에 있으면

$$\overrightarrow{AC} = t\overrightarrow{AB}$$

$$\overrightarrow{OC} = (1-t)\overrightarrow{OA} + t\overrightarrow{OB}$$

$$\overrightarrow{OC} = \alpha\overrightarrow{OA} + \beta\overrightarrow{OB} \ (\alpha+\beta = 1)$$

를 만족하는 실수 t, α, β가 존재
(단, t, α, β는 0, 1이 아니다.)

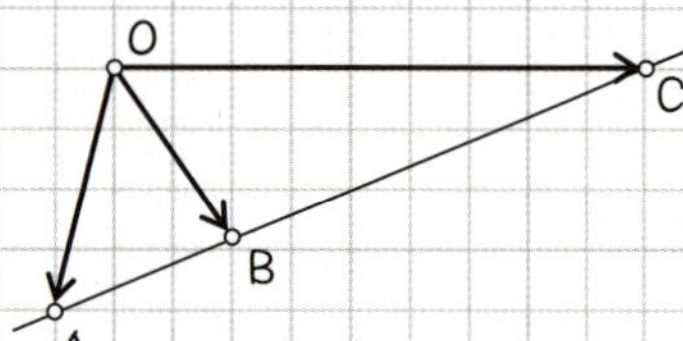

  : 한 점 O를 시점으로 하는 벡터 $\overrightarrow{OA}$

A, B의 위치벡터가 $\vec{a}$, $\vec{b}$일 때, 평면 또는 공간에서 $\overrightarrow{AB}$를 $m:n$으로

내분하는 점 P $\vec{p} = \dfrac{m\vec{b}+n\vec{a}}{m+n}$

외분하는 점 Q $\vec{q} = \dfrac{m\vec{b}-n\vec{a}}{m-n} \ (m \neq n)$

중점 D $\vec{d} = \dfrac{\vec{a}+\vec{b}}{2}$

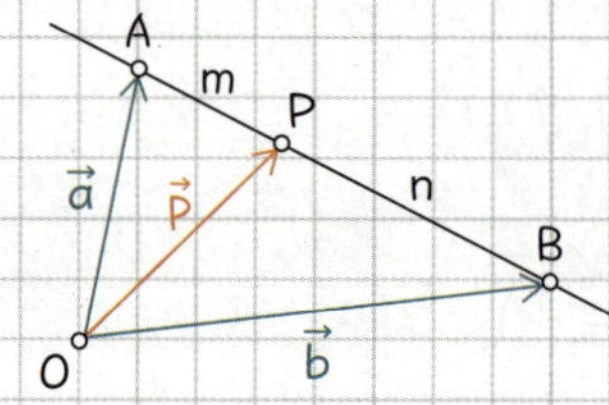

$\triangle ABC$의 무게중심을 G, 점 A, B, C, G의 위치벡터를 각각 $\vec{a}$, $\vec{b}$, $\vec{c}$, $\vec{g}$라고 하면

$$\boxed{\vec{g} = \dfrac{\vec{a}+\vec{b}+\vec{c}}{3}}$$

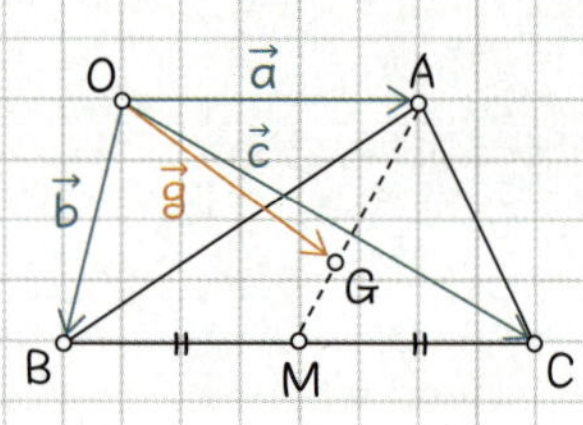

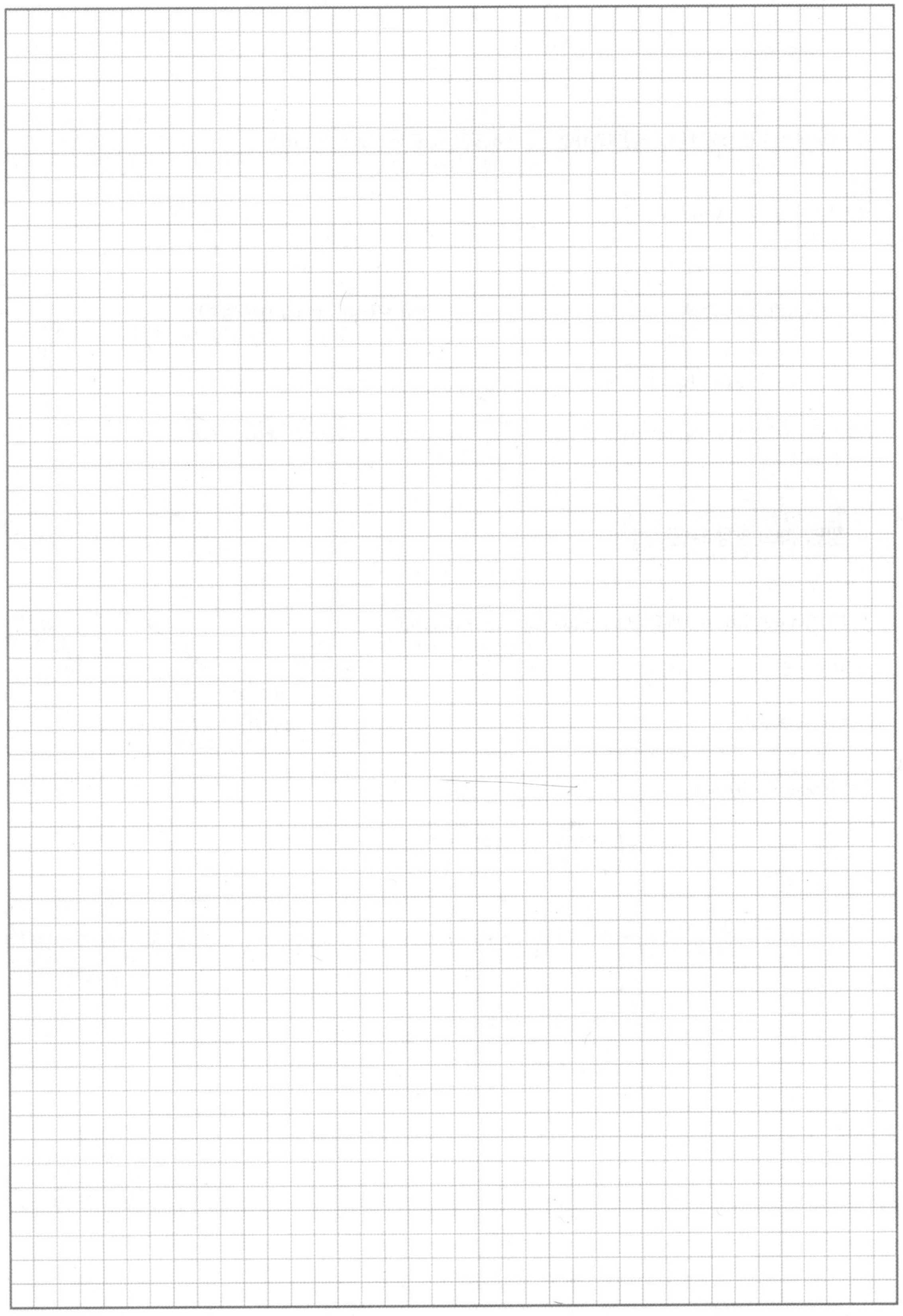

$\vec{a} = \overrightarrow{OA}$에서 $O(0, 0)$, $A(a_1, a_2)$라고 하면 $\vec{a} = a_1\vec{e_1} + a_2\vec{e_2} \Leftrightarrow \vec{a} = (a_1, a_2)$

($\vec{a}$의 성분 / x성분 / y성분)

$\vec{a} = (a_1, a_2)$, $\vec{b} = (b_1, b_2)$일 때

$\vec{a} = \vec{b} \Leftrightarrow a_1 = b_1, a_2 = b_2$ $\qquad\qquad |\vec{a}| = \sqrt{a_1^2 + a_2^2}$

$\vec{a} \pm \vec{b} = (a_1 \pm b_1, a_2 \pm b_2)$ $\qquad\qquad m\vec{a} = (ma_1, ma_2)$ (m은 실수)

두 점 $A(a_1, a_2)$, $B(b_1, b_2)$에 대하여

$\overrightarrow{AB} = \overrightarrow{OB} - \overrightarrow{OA} = (b_1 - a_1, b_2 - a_2)$ $\qquad |\overrightarrow{AB}| = \sqrt{(b_1 - a_1)^2 + (b_2 - a_2)^2}$

임의의 벡터 $\vec{a} = (a_1, a_2)$에 대해 $a_1 = |\vec{a}|\cos\alpha$, $a_2 = |\vec{a}|\cos\beta$

(방향코사인)

단위벡터 : $\vec{e} = (\cos\alpha, \cos\beta)$

$\cos^2\alpha + \cos^2\beta = 1$

$\vec{e} = (\cos\alpha, \cos\beta)$에서

$\vec{e} = \dfrac{\vec{a}}{|\vec{a}|} = \dfrac{1}{\sqrt{a_1^2 + a_2^2}}(a_1, a_2) = \left(\dfrac{a_1}{\sqrt{a_1^2 + a_2^2}}, \dfrac{a_2}{\sqrt{a_1^2 + a_2^2}} \right)$

복소수의 실수부분과 허수부분을 x좌표, y좌표에 대응하여 생각할 수 있다.

복소평면 : $z = a+bi$를 점 (a, b)로 나타내는 평면

절댓값 : $z = a+bi$가 복소평면의 원점으로부터 떨어진 거리 $|z| = \sqrt{a^2+b^2}$

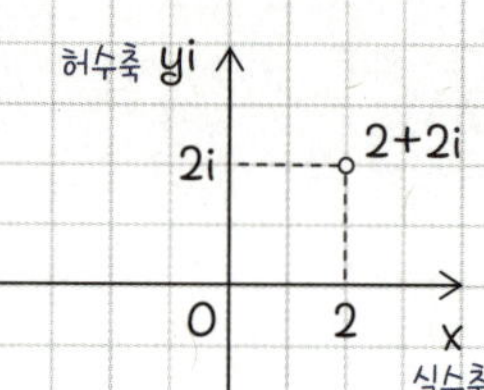

복소수의 극형식

편각 : 복소수 $z = a+bi$가 나타내는 점 P에 대하여 $\overline{OP}$ 를 동경으로 하고 실수축의 양의 방향을 시초선으로 하는 각

복소수 z의 절댓값이 $r = |z|$이고 편각이 θ일 때, z의 극형식은 $\boxed{z = r(\cos\theta+i\sin\theta)}$

복소수 z_1, z_2의 극형식이 $z_1 = r_1(\cos\theta_1+i\sin\theta_1)$, $z_2 = r_2(\cos\theta_2+i\sin\theta_2)$일 때,

$z_1z_2 = r_1r_2\{\cos(\theta_1+\theta_2)+i\sin(\theta_1+\theta_2)\}$

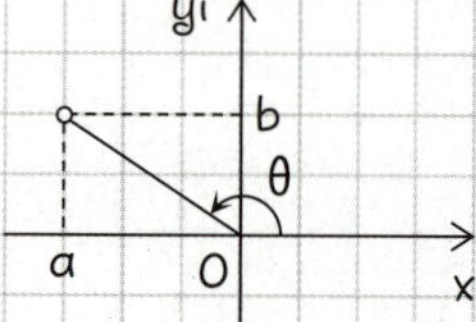

드무아브르의 정리

복소수의 z의 극형식이 $z = r(\cos\theta+i\sin\theta)$일 때 $\boxed{z^n = r^n\{\cos(n\theta)+i\sin(n\theta)\}}$

복소수의 제곱근

복소수의 극형식이 $\omega = r(\cos\theta+i\sin\theta)$일 때 방정식 $z^n = \omega$의 해는

$$z = \sqrt[n]{r}\left\{\cos\left(\frac{\theta+2k\pi}{n}\right)+i\sin\left(\frac{\theta+2k\pi}{n}\right)\right\} \ (k = 0, 1, 2, \cdots, n-1)$$

백그라운드 고등수학 필기노트

Chap 6

함수와 수열

함수의 뜻과 그래프

중학 과정 함수

함수 : x의 값이 하나씩 정해질 때마다 y의 값도 하나씩 정해질 때, y는 x의 함수

$$\boxed{\begin{array}{c} \text{정비례} \\ y = ax \end{array}} \quad vs \quad \boxed{\begin{array}{c} \text{반비례} \\ y = \dfrac{a}{x} \end{array}}$$

$$\begin{cases} \text{일차함수} : y = ax+b \\ \text{이차함수} : y = ax^2+bx+c \end{cases} \quad (a \neq 0)$$

함수의 뜻

함수 : 공집합이 아닌 두 집합 X, Y에 대하여 집합 X의 각 원소에 집합 Y의 원소가 오직 하나씩만 대응할 때의 그 대응
정의역   공역
→ 치역 : 함숫값들의 모임

$$f : X \to Y$$

서로 같은 함수 : 두 함수 f, g에 대하여

① 정의역과 공역이 서로 같고

② 정의역의 모든 원소 x에 대하여 $f(x) = g(x)$

함수의 그래프 : $f : X \to Y$에서 정의역 X의 원소 x와

이에 대응하는 $f(x)$의 순서쌍 $(x, f(x))$ 전체의 집합 $\{(x, f(x)) \mid x \in X\}$

☆ 여러 가지 함수

일대일함수 : $f : X \to Y$에서 정의역 X의 임의의 두 원소 x_1, x_2에 대하여 $x_1 \neq x_2$이면 $f(x_1) \neq f(x_2)$를 만족하는 함수

일대일대응 : $f : X \to Y$가 일대일함수이고 공역과 치역이 같은 함수

항등함수 : $f : X \to X$에서 정의역 X의 각 원소 x에 대하여 $f(x) = x$를 만족하는 함수 I

상수함수 : $f : X \to Y$에서 정의역 X의 모든 원소 x에 대하여 $f(x) = c$ (c는 상수)를 만족하는 함수

일대일함수
일대일대응

합성함수 : 두 함수 $f : X \to Y$, $g : Y \to Z$에 대하여 집합 X의 각 원소 x에 집합 Z의 원소 $g(f(x))$를 대응한 함수

$$g \circ f : X \to Z \qquad (g \circ f)(x) = g(f(x))$$

$$f \circ g \neq g \circ f \qquad h \circ (g \circ f) = (h \circ g) \circ f \qquad f \circ I = I \circ f$$

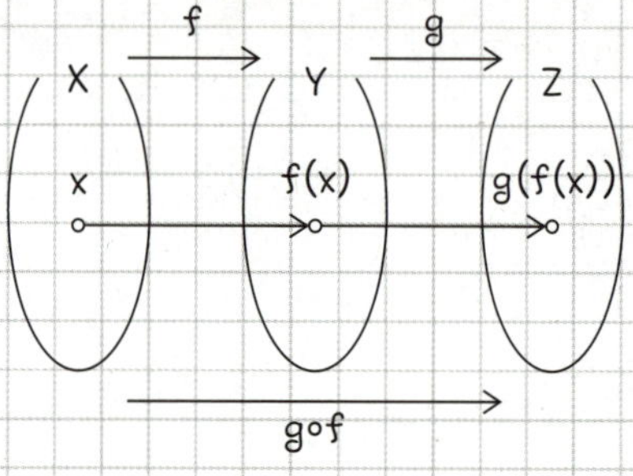

역함수 : 함수 $f : X \to Y$가 일대일대응일 때, 집합 Y의 각 원소 y에 $y = f(x)$인 집합 X의 원소 x를 대응한 함수

$$f^{-1} : Y \to X \qquad x = f^{-1}(y)$$

함수 $y = f(x)$의 역함수가 존재 $\Leftrightarrow$ 함수 $y = f(x)$는 일대일대응

$$f(a) = b \Leftrightarrow f(b) = a \qquad \left(f^{-1}\right)^{-1} = f$$

$$f^{-1} \circ f = I_X \qquad f \circ f^{-1} = I_Y$$

$$(g \circ f)^{-1} = f^{-1} \circ g^{-1}$$

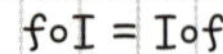

$f(x)$ 역함수
① $y = f(x)$가 일대일대응인지 확인

② $y = f(x)$의 꼴을 $x = f^{-1}(y)$ 꼴로 변형

③ x와 y를 서로 바꾸고 정의역과 치역의 범위도 같이 확인

역함수의 그래프와 원함수의 그래프는 $y = x$에 대해 대칭

하지만 두 함수의 그래프의 교점이 반드시 $y = x$ 위에 존재하는 것은 아니다.

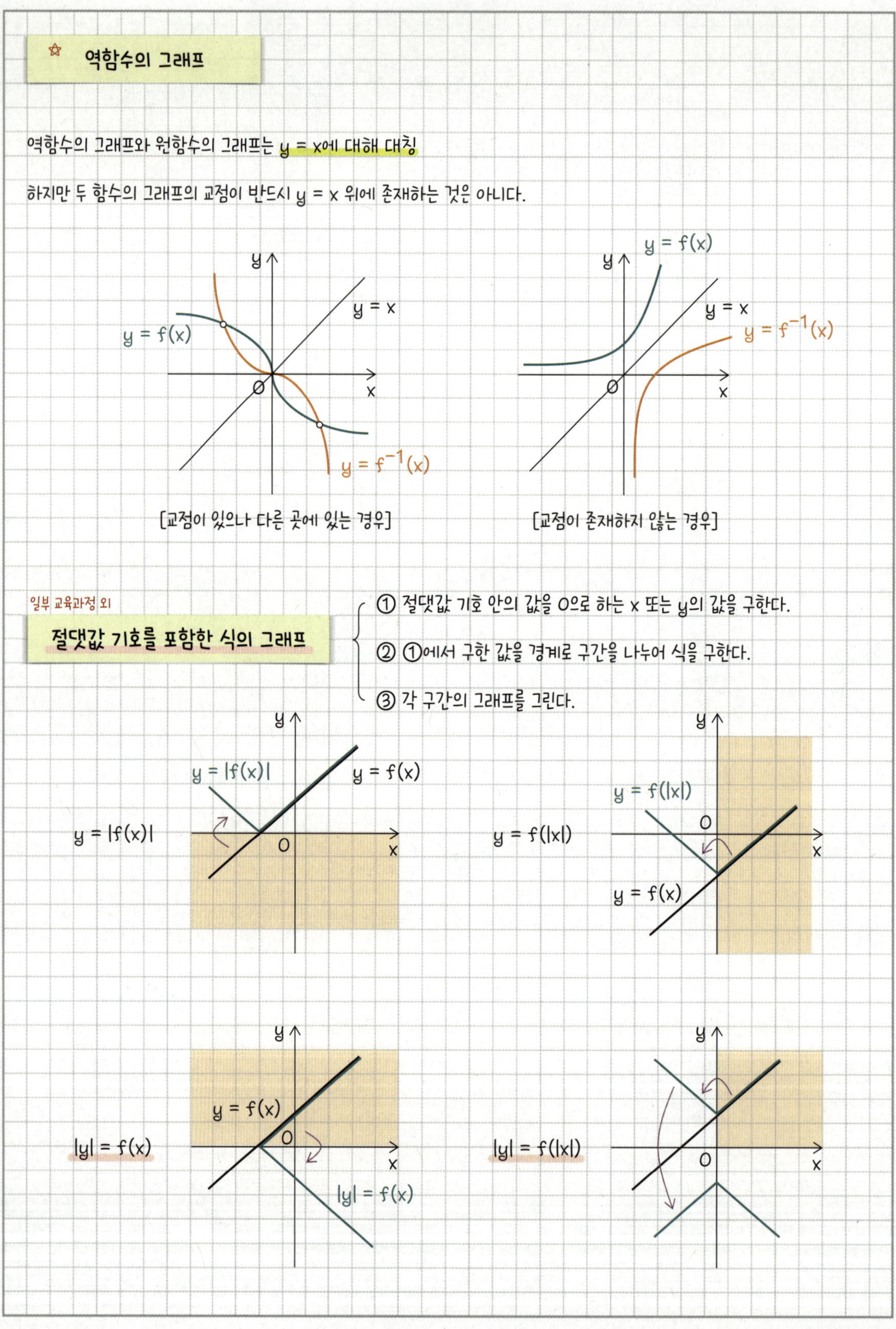

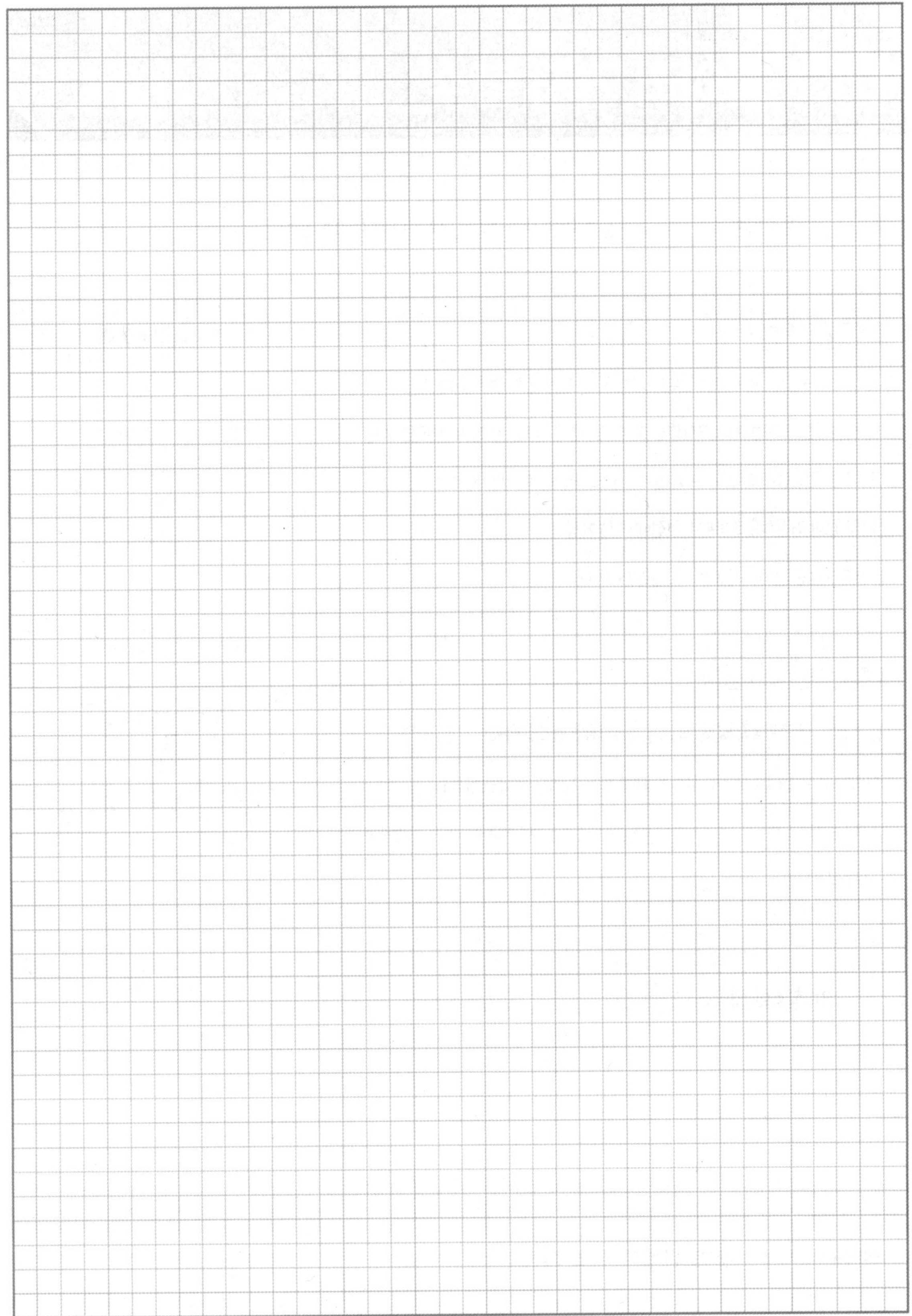

여러 가지 함수

☆ **유리함수** : $y = $ (x에 대한 유리식)으로 나타낼 수 있는 함수

$$y = \frac{k}{x} \ (k \neq 0)$$

정의역 $X = \{x \mid x \neq 0$인 실수$\}$, 치역 $Y = \{y \mid y \neq 0$인 실수$\}$

$k > 0$이면 그래프는 제1, 3사분면, $k < 0$이면 그래프는 제2, 4사분면을 지남

그래프는 원점$(0, 0)$과 $y = x$, $y = -x$에 대하여 대칭인 쌍곡선

$|k|$의 값이 커질수록 그래프가 원점에서 멀어짐

그래프의 점근선은 x축 $(y = 0)$, y축 $(x = 0)$

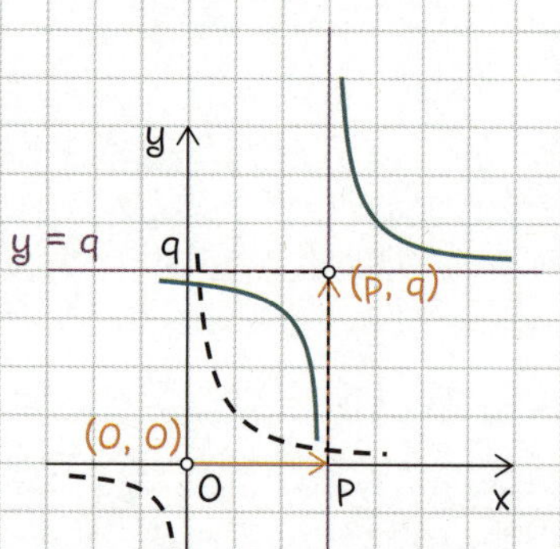

$$y = \frac{k}{x-p} + q \ (k \neq 0)$$

$y = \frac{k}{x}$의 그래프를 x축 방향으로 p, y축 방향으로 q만큼 평행이동한 그래프

정의역 $X = \{x \mid x \neq p$인 실수$\}$, 치역 $Y = \{y \mid y \neq q$인 실수$\}$

그래프는 (p, q)와 $y-q = x-p$, $y-q = -(x-p)$에 대하여 대칭인 쌍곡선

그래프의 점근선은 $x = p$, $y = q$

유리함수의 역함수

$y = \dfrac{k}{x-p} + q$의 역함수는 $y = \dfrac{k}{x-q} + p$ $\Rightarrow$ p, q 위치 바꾸기
(표준형)

$y = \dfrac{cx+d}{ax+b}$의 역함수는 $y = \dfrac{-bx+d}{ax-c}$ $\Rightarrow$ b, c 위치 바꾸고 (−) 붙이기
(일반형)

유리함수의 일반형과 표준형을 왔다 갔다 고치는 연습 필요

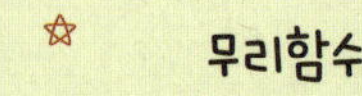
☆ **무리함수** : $y = $ (x에 대한 무리식)으로 나타낼 수 있는 함수

$y = \pm\sqrt{ax}\ (a \neq 0)$

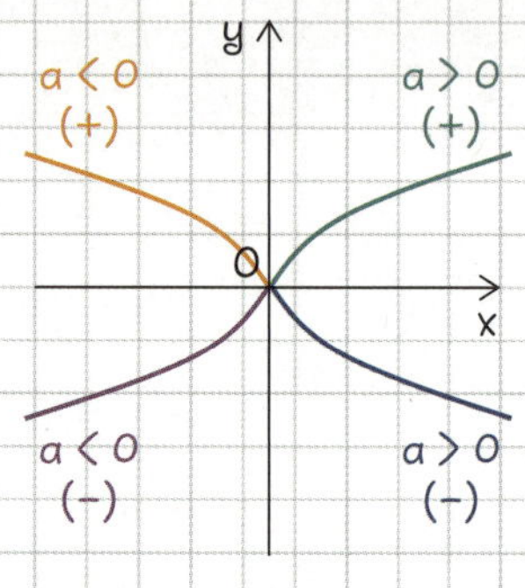

	$a < 0$ $x \leq 0$	$a > 0$ $x \geq 0$
(+) $y \geq 0$	정의역 $\{x \mid x \leq 0\}$ 치역 $\{y \mid y \geq 0\}$	정의역 $\{x \mid x \geq 0\}$ 치역 $\{y \mid y \geq 0\}$
(−) $y \leq 0$	정의역 $\{x \mid x \leq 0\}$ 치역 $\{y \mid y \leq 0\}$	정의역 $\{x \mid x \geq 0\}$ 치역 $\{y \mid y \leq 0\}$

어떤 경우든 $O(0, 0)$을 지난다.

$y = \pm\sqrt{a(x-p)}+q\ (a \neq 0)$

$y = \pm\sqrt{ax}$의 그래프를 x축 방향으로 p, y축 방향으로 q만큼 평행이동한 그래프

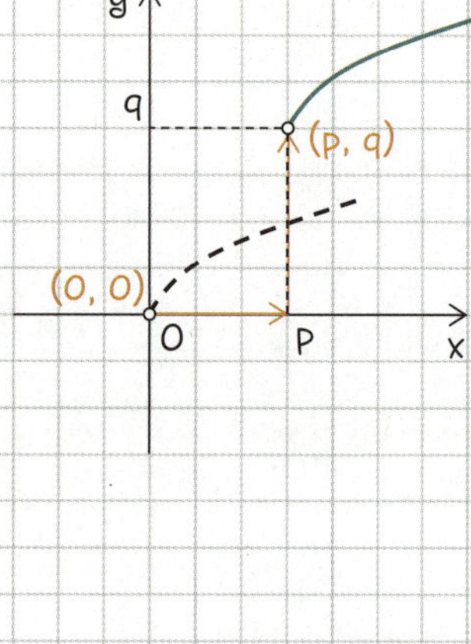

	$a < 0$ $x \leq p$	$a > 0$ $x \geq p$
(+) $y \geq q$	정의역 $\{x \mid x \leq p\}$ 치역 $\{y \mid y \geq q\}$	정의역 $\{x \mid x \geq p\}$ 치역 $\{y \mid y \geq q\}$
(−) $y \leq q$	정의역 $\{x \mid x \leq p\}$ 치역 $\{y \mid y \leq q\}$	정의역 $\{x \mid x \geq p\}$ 치역 $\{y \mid y \leq q\}$

무리함수의 역함수

무리함수의 역함수는 반으로 쪼개진 이차함수

① 무리함수의 정의역과 치역을 구한다.

② x, y를 서로 바꾼다. 이때, 정의역과 치역의 x, y도 서로 바꾼다.

③ $y = f(x)$ (x의 정의역)의 꼴로 정리한다.

$y = -\sqrt{x-3}+2$의 역함수

정의역 $\{x \mid x \geq 3\}$, 치역 $\{y \mid y \leq 2\}$

$x = -\sqrt{y-3}+2$

치역 $\{y \mid y \geq 3\}$, 정의역 $\{x \mid x \leq 2\}$

$x-2 = -\sqrt{y-3} \Rightarrow (x-2)^2 = y-3$

$\therefore y = (x-2)^2+3\ (x \leq 2)$

주의! 정의역 꼭 표시!

a의 n제곱근 : 실수 a와 자연수 n에 대하여 $x^n = a$를 만족하는 실수 x

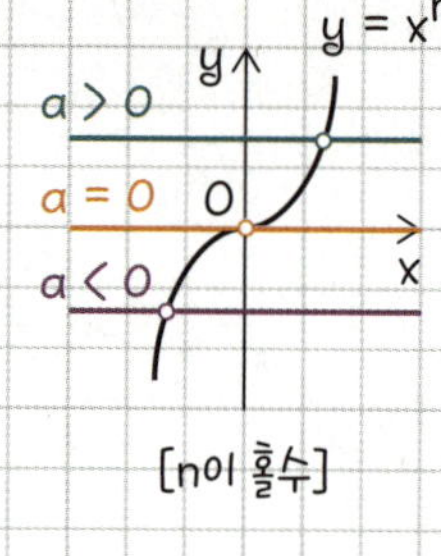
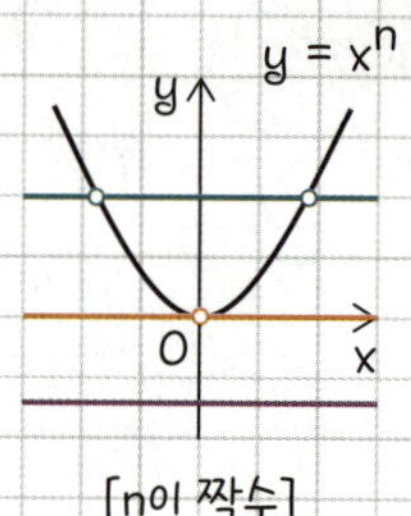

제곱근 중 실수
- n이 짝수
  - $a > 0$: $x = \pm\sqrt[n]{a}$ (2개)
  - $a = 0$: $x = 0$ (1개)
  - $a < 0$: x는 존재하지 않는다. (0개)
- n이 홀수 : $x = \sqrt[n]{a}$ (1개)

$a > 0$, $b > 0$, m, n이 2 이상인 자연수일 때

$$\left(\sqrt[n]{a}\right)^n = a \qquad \sqrt[n]{a}\,\sqrt[n]{b} = \sqrt[n]{ab} \qquad \frac{\sqrt[n]{b}}{\sqrt[n]{a}} = \sqrt[n]{\frac{b}{a}}$$

$$\left(\sqrt[n]{a}\right)^m = \sqrt[n]{a^m} \qquad \sqrt[m]{\sqrt[n]{a}} = \sqrt[mn]{a} = \sqrt[n]{\sqrt[m]{a}} \qquad \sqrt[np]{a^{mp}} = \sqrt[n]{a^m} \ (p\text{는 자연수})$$

$a > 0$, $b > 0$, m, n이 실수일 때

$$a^m \times a^n = a^{m+n} \qquad a^m \div a^n = a^{m-n} \qquad (a^m)^n = a^{mn}$$

$$(ab)^n = a^n b^n \qquad \left(\frac{a}{b}\right)^n = \frac{a^n}{b^n} \qquad a^0 = 1, \ a^{-n} = \frac{1}{a^n} \ (a < 0\text{일 때도 성립})$$

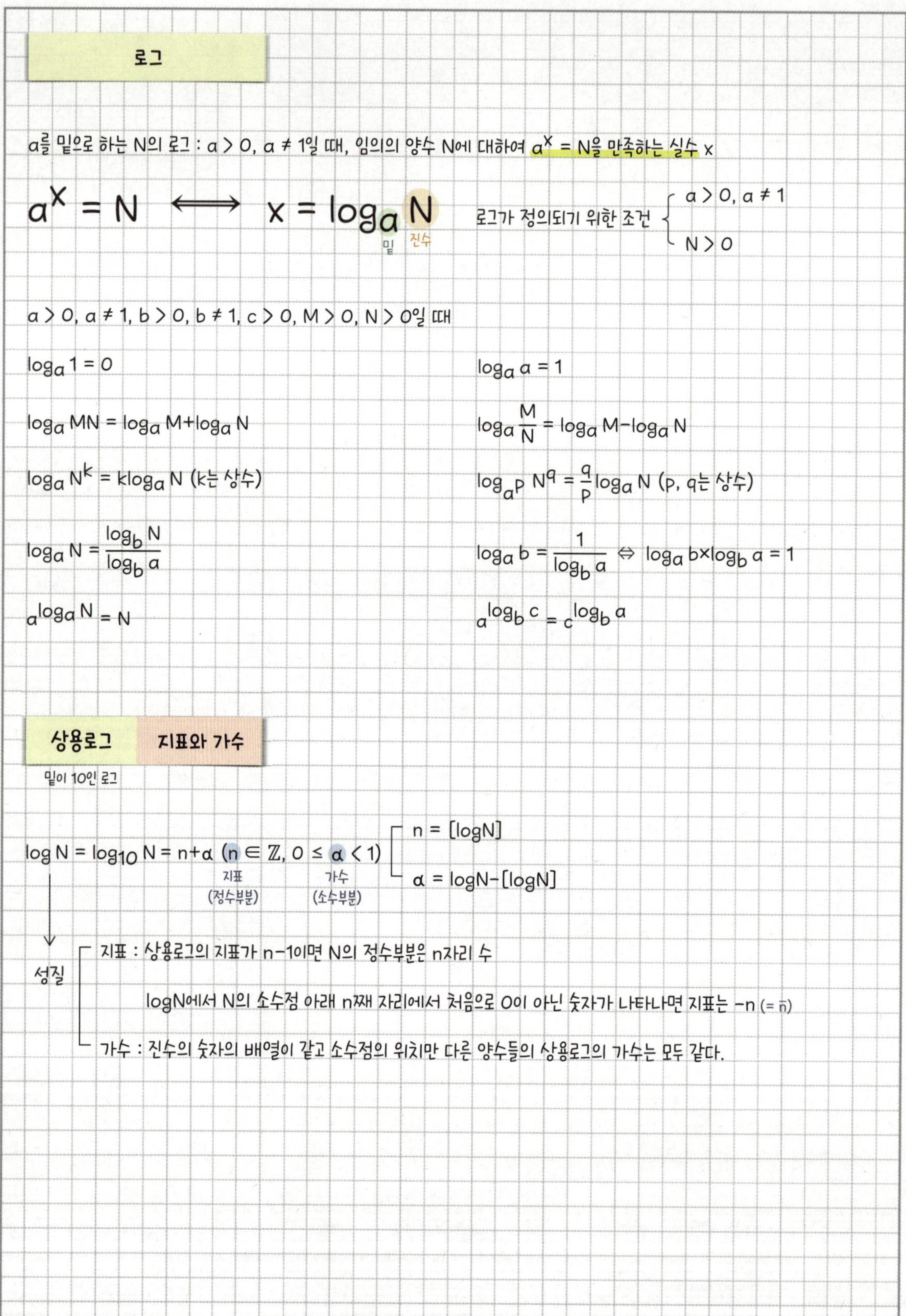

a를 밑으로 하는 N의 로그 : $a > 0$, $a \neq 1$일 때, 임의의 양수 N에 대하여 $a^x = N$을 만족하는 실수 x

$$a^x = N \iff x = \log_a N$$

밑   진수

로그가 정의되기 위한 조건
$$\begin{cases} a > 0, a \neq 1 \\ N > 0 \end{cases}$$

$a > 0$, $a \neq 1$, $b > 0$, $b \neq 1$, $c > 0$, $M > 0$, $N > 0$일 때

$$\log_a 1 = 0$$

$$\log_a MN = \log_a M + \log_a N$$

$$\log_a N^k = k\log_a N \ (k\text{는 상수})$$

$$\log_a N = \frac{\log_b N}{\log_b a}$$

$$a^{\log_a N} = N$$

$$\log_a a = 1$$

$$\log_a \frac{M}{N} = \log_a M - \log_a N$$

$$\log_{a^p} N^q = \frac{q}{p}\log_a N \ (p, q\text{는 상수})$$

$$\log_a b = \frac{1}{\log_b a} \iff \log_a b \times \log_b a = 1$$

$$a^{\log_b c} = c^{\log_b a}$$

밑이 10인 로그

$$\log N = \log_{10} N = n + \alpha \ (n \in \mathbb{Z}, \ 0 \leq \alpha < 1)$$

지표   가수
(정수부분)   (소수부분)

$$\begin{cases} n = [\log N] \\ \alpha = \log N - [\log N] \end{cases}$$

성질

지표 : 상용로그의 지표가 $n-1$이면 N의 정수부분은 n자리 수

$\log N$에서 N의 소수점 아래 n째 자리에서 처음으로 0이 아닌 숫자가 나타나면 지표는 $-n \ (= \bar{n})$

가수 : 진수의 숫자의 배열이 같고 소수점의 위치만 다른 양수들의 상용로그의 가수는 모두 같다.

$y = a^x \ (a > 0, \ a \neq 1)$

정의역 $X = \{x \mid x \in \mathbb{R}\}$, 치역 $Y = \{y \mid y > 0\}$

$a > 1$일 때 증가함수, $0 < a < 1$일 때 감소함수

$(0, 1)$을 항상 지남   x축 $(y = 0)$을 점근선으로 가짐
그래프가 한없이 가까워지는 직선

정의역이 $\{x \mid m \le x \le n\}$일 때 ┬ 최대
                                    └ 최소

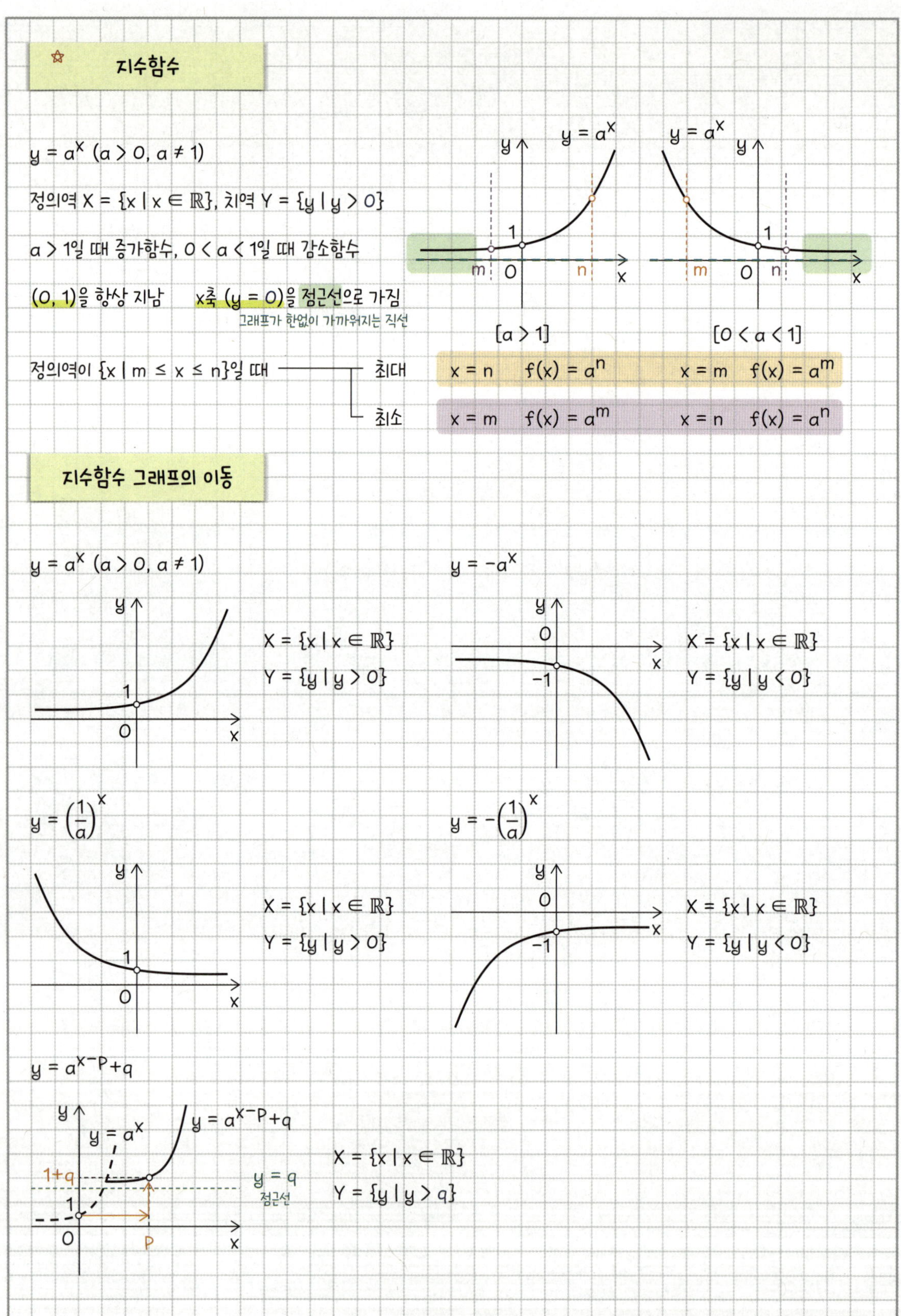

지수함수 그래프의 이동

$y = a^x \ (a > 0, \ a \neq 1)$

$X = \{x \mid x \in \mathbb{R}\}$
$Y = \{y \mid y > 0\}$

$y = -a^x$

$X = \{x \mid x \in \mathbb{R}\}$
$Y = \{y \mid y < 0\}$

$y = \left(\dfrac{1}{a}\right)^x$

$X = \{x \mid x \in \mathbb{R}\}$
$Y = \{y \mid y > 0\}$

$y = -\left(\dfrac{1}{a}\right)^x$

$X = \{x \mid x \in \mathbb{R}\}$
$Y = \{y \mid y < 0\}$

$y = a^{x-P} + q$

$X = \{x \mid x \in \mathbb{R}\}$
$Y = \{y \mid y > q\}$

$a^{f(x)} = a^{g(x)}$ 꼴의 방정식은 $f(x) = g(x)$ 또는 $a = 0$ 또는 $a = 1$

$a^{f(x)} = b^{f(x)}$ 꼴의 방정식은 $a = b$ 또는 $f(x) = 0$

$a^{f(x)} = b^{g(x)}$ 꼴의 방정식은 양변에 로그

a^x의 거듭제곱을 포함한 방정식은 $a^x = t$로 치환
주의! $t > 0$

지수부등식

$a^{f(x)} > a^{g(x)}$ 꼴의 부등식은 $a > 1$이면 $f(x) > g(x)$, $0 < a < 1$이면 $f(x) < g(x)$

$a^{f(x)} > b^{g(x)}$ 꼴의 부등식은 양변에 로그

a^x의 거듭제곱을 포함한 부등식은 $a^x = t$로 치환
주의! $t > 0$

$y = \log_a x \ (a > 0, a \neq 1)$

정의역 $X = \{x \mid x > 0\}$, 치역 $Y = \{y \mid y \in \mathbb{R}\}$

$a > 1$일 때 증가함수, $0 < a < 1$일 때 감소함수

$(1, 0)$을 항상 지남 y축 $(x = 0)$을 점근선으로 가짐

정의역이 $\{x \mid m \leq x \leq n\}$일 때 ── 최대
                                      └─ 최소

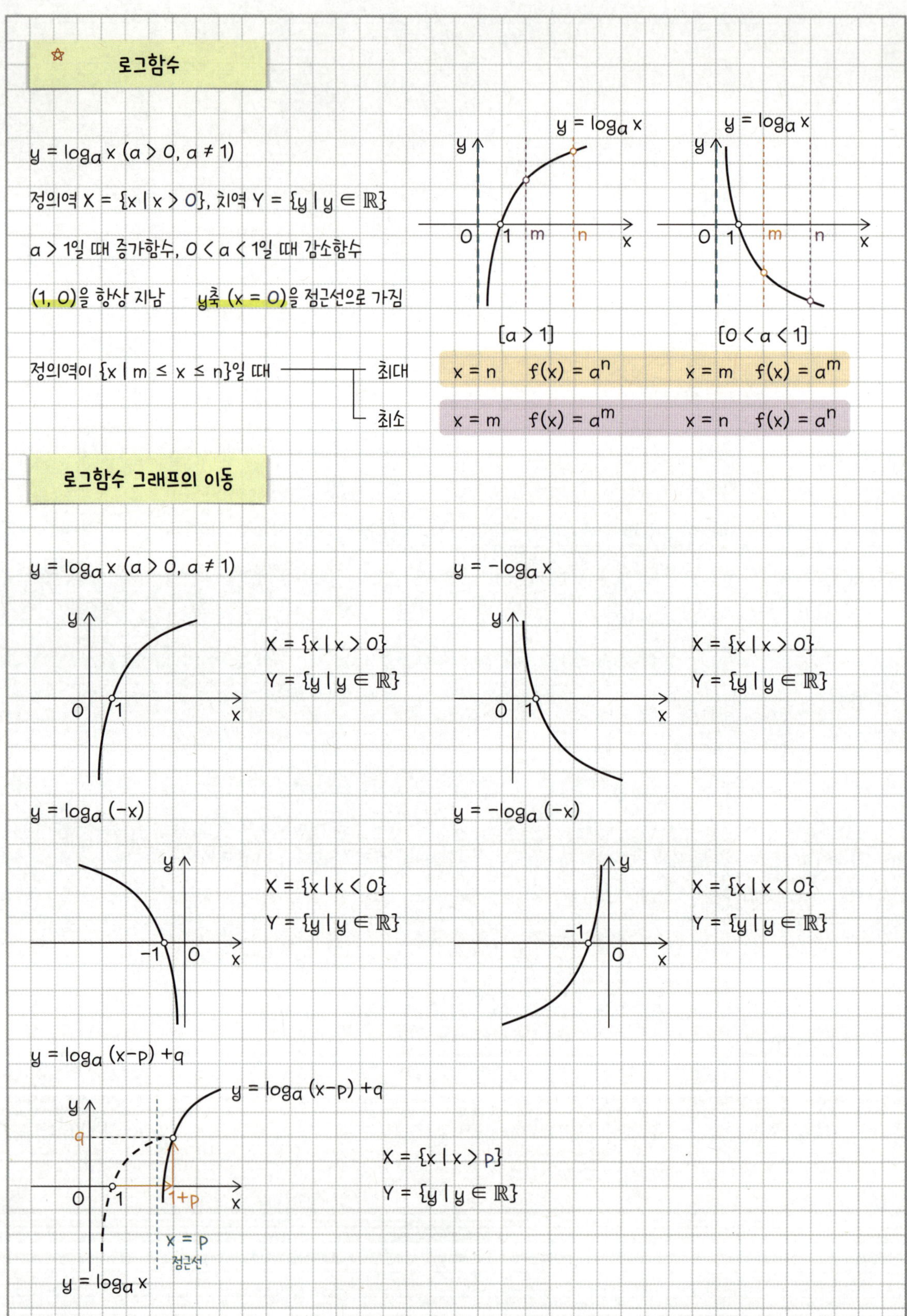

로그함수 그래프의 이동

$y = \log_a x \ (a > 0, a \neq 1)$

$X = \{x \mid x > 0\}$
$Y = \{y \mid y \in \mathbb{R}\}$

$y = -\log_a x$

$X = \{x \mid x > 0\}$
$Y = \{y \mid y \in \mathbb{R}\}$

$y = \log_a (-x)$

$X = \{x \mid x < 0\}$
$Y = \{y \mid y \in \mathbb{R}\}$

$y = -\log_a (-x)$

$X = \{x \mid x < 0\}$
$Y = \{y \mid y \in \mathbb{R}\}$

$y = \log_a (x-p) + q$

$X = \{x \mid x > p\}$
$Y = \{y \mid y \in \mathbb{R}\}$

로그방정식

$\log_a f(x) = \log_a g(x)$ 꼴의 방정식은 $f(x) = g(x)$ (단, $f(x) > 0$, $g(x) > 0$)

$\log_a f(x) = \log_b g(x)$ 꼴의 방정식은 밑을 통일하여 식을 위처럼 바꾸어 푼다.

$\log_a x$의 거듭제곱을 포함한 방정식은 $\log_a x = t$로 치환

$\{f(x)\}^{\log_a x}$와 같이 지수에 로그가 있는 경우 양변에 로그

로그부등식

$\log_a f(x) < \log_a g(x)$ 꼴의 부등식은 $a > 1$인 경우 $0 < f(x) < g(x)$, $0 < a < 1$인 경우 $0 < g(x) < f(x)$

밑이 다른 경우 밑을 통일한다.

$\log_a x$의 거듭제곱을 포함한 부등식은 $\log_a x = t$로 치환

밑이 문자인 경우 (밑) > 1, $0 <$ (밑) < 1의 두 가지 경우로 나누어 푼다.

(동경 OP가 나타내는) 일반각 : $\angle XOP = 360° \times n + \alpha°$

좌표평면의 원점 O에서 x축의 양의 방향을 시초선으로 잡았을 때

동경 OP가 제n사분면에 있으면 동경 OP가 나타내는 각은 제n사분면의 각

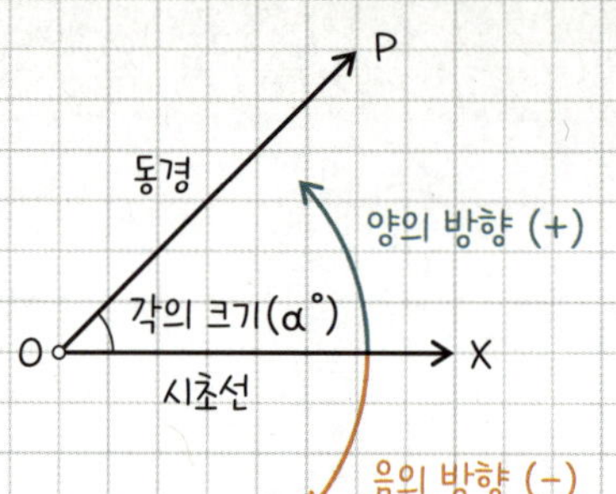

1라디안(radian) : 호의 길이와 반지름의 길이가 같은 부채꼴의 중심각의 크기

호도법 : 라디안을 단위로 각(도)의 크기를 나타내는 방법

$$1rad = \frac{360°}{2\pi} = \frac{180°}{\pi}, \quad 1° = \frac{\pi}{180}rad$$

중심각의 크기와 호의 길이의 비율

육십분법	30°	45°	60°	90°	120°	180°	270°	360°
호도법	$\dfrac{\pi}{6}$	$\dfrac{\pi}{4}$	$\dfrac{\pi}{3}$	$\dfrac{\pi}{2}$	$\dfrac{2}{3}\pi$	π	$\dfrac{3}{2}\pi$	2π

반지름 r, 중심각 θ인 부채꼴에서

호의 길이 $\ell = r\theta$ 　　부채꼴의 넓이 $S = \dfrac{1}{2}r^2\theta = \dfrac{1}{2}r(r\theta) = \dfrac{1}{2}r\ell$

☆☆☆ 삼각함수

$\sin\theta = \dfrac{y}{r}$ 　　$\cos\theta = \dfrac{x}{r}$ 　　$\tan\theta = \dfrac{y}{x}$
사인　　　　코사인　　　　탄젠트

$\csc\theta = \dfrac{r}{y} = \dfrac{1}{\sin\theta}$ 　　$\sec\theta = \dfrac{r}{x} = \dfrac{1}{\cos\theta}$ 　　$\cot\theta = \dfrac{x}{y} = \dfrac{1}{\tan\theta}$
코시컨트　　　　　　시컨트　　　　　　코탄젠트

$\tan\theta = \dfrac{\frac{y}{r}}{\frac{x}{r}} = \dfrac{\sin\theta}{\cos\theta}$ 　　$\cot\theta = \dfrac{\cos\theta}{\sin\theta}$

$\sin^2\theta + \cos^2\theta = 1$ 　　$\tan^2\theta + 1 = \sec^2\theta$ 　　$1 + \cot^2\theta = \csc^2\theta$

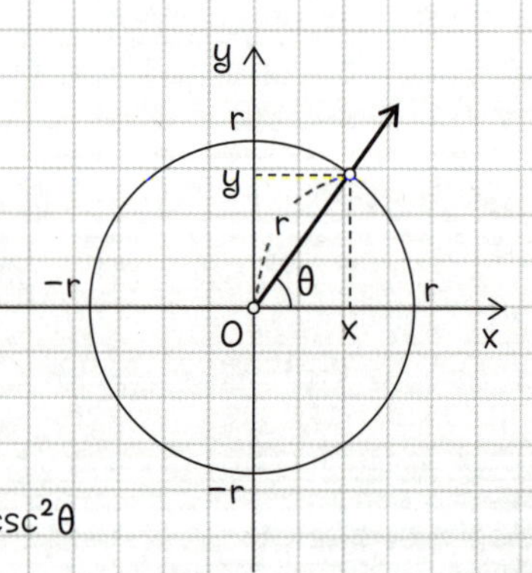

$\sin(2n\pi+\theta) = \sin\theta$ 　주기 2π 　　　$\cos(2n\pi+\theta) = \cos\theta$ 　주기 2π 　　　$\tan(n\pi+\theta) = \tan\theta$ 　주기 π

$\sin(-\theta) = -\sin\theta$ 　기함수 　　　$\cos(-\theta) = \cos\theta$ 　우함수 　　　$\tan(-\theta) = -\tan\theta$ 　기함수

$\sin(\pi-\theta) = \sin\theta$ 　　　　　　$\cos(\pi-\theta) = -\cos\theta$ 　　　　　　$\tan(\pi-\theta) = -\tan\theta$

$\sin\left(\dfrac{\pi}{2}-\theta\right) = \cos\theta$ 　　　　$\cos\left(\dfrac{\pi}{2}-\theta\right) = \sin\theta$ 　　　　$\tan\left(\dfrac{\pi}{2}-\theta\right) = \dfrac{1}{\tan\theta} = \cot\theta$

① 주기 성질과 기/우함수 성질을 이용해 $\theta \to \pi$ 순서로 계수를 모두 양수로 만든다.

② n이 짝수이면 그대로, n이 홀수이면 $\sin \to \cos$, $\cos \to \sin$, $\tan \to \dfrac{1}{\tan}$(cot)으로 바꾼다.

③ 동경이 위치하는 사분면에 따라서 원래 삼각함수 부호가 양이면 (+), 음이면 (−) (θ는 예각 가정)

sin	All
tan	cos

[(+)인 삼각함수]

(ex1) $\sin(7\pi-\theta)$ 　　　　　　　(ex2) $\tan\left(-\dfrac{5}{2}\pi+\theta\right)$

$\quad = -\sin(\theta-7\pi)$ 　$\sin(-\theta)=-\sin\theta$ 　　　$= \tan\left(\theta+\dfrac{1}{2}\pi\right)$ 　$\tan(n\pi+\theta)=\tan\theta$

$\quad = -\sin(\theta+\pi)$ 　$\sin(2n\pi+\theta)=\sin\theta$ 　　$= -\dfrac{1}{\tan\theta}$ 　$\tan \to \dfrac{1}{\tan}$ & 제2사분면에서 $\tan$은 (−)

$\quad = \sin\theta$ 　　그대로 & 제3사분면에서 $\sin$은 (−)

주기함수 : 함수 $f(x)$에 대하여 양수 p가 존재하여 정의역의 모든 점 x에 대하여 $f(x+p) = f(x)$가 성립할 때 f

주기 : 주기함수인 $f(x)$에 대하여 $f(x+p) = f(x)$를 만족하는 양수 p 중에서 가장 작은 값

주의 $f(x+4) = f(x)$이면 $f(x)$의 주기는 4다. (거짓)

$\Rightarrow$ 주기가 2인 주기함수 $f(x)$는 $f(x) = f(x+2) = f(x+4)$이므로 $f(x+4) = f(x)$를 만족.

　즉, 주기가 4라고 할 수 없다. 만약 p가 자연수라는 조건이 있다면 p는 4의 약수임은 알 수 있다.

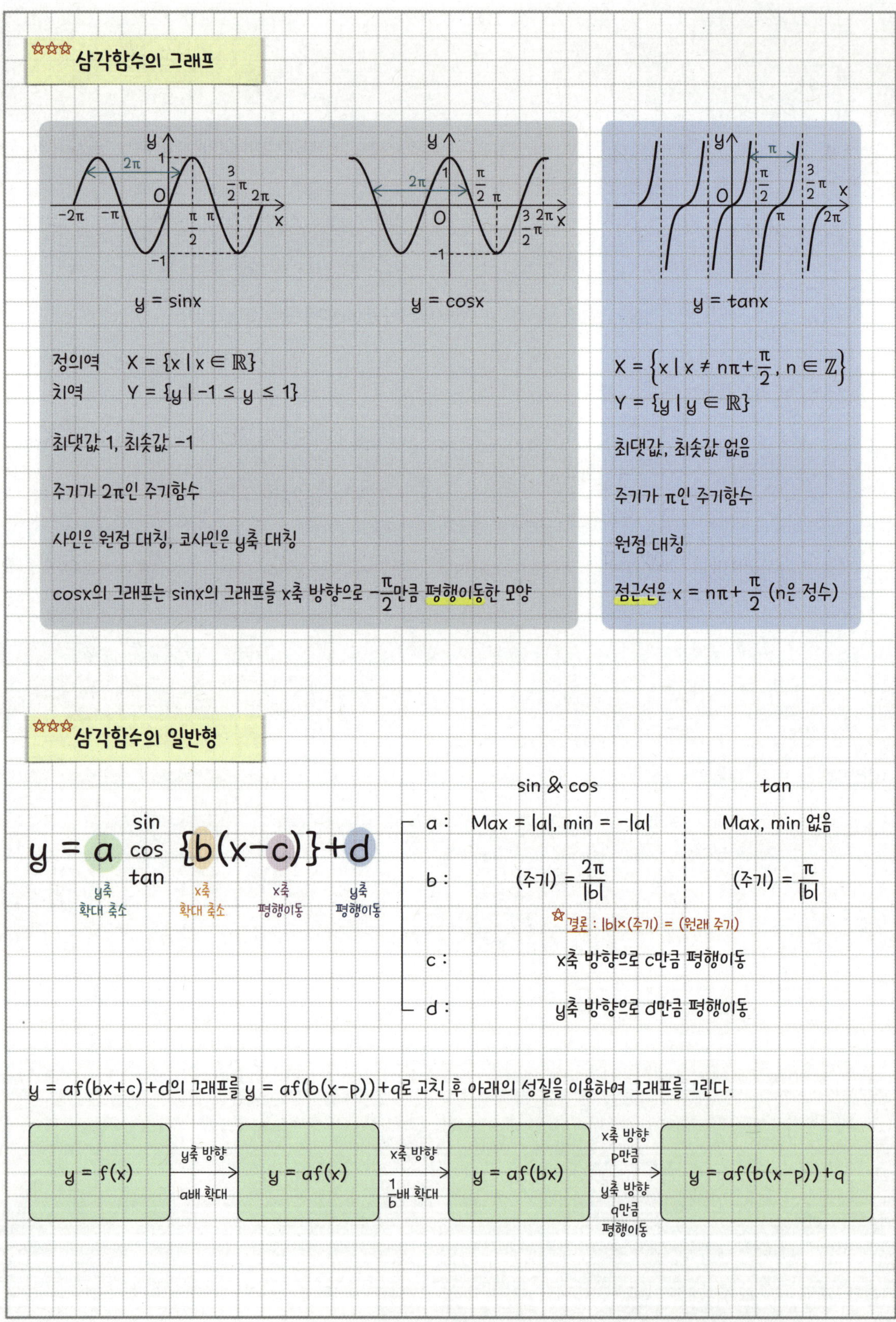

	sin & cos	tan
a :	Max = $\|a\|$, min = $-\|a\|$	Max, min 없음
b :	(주기) = $\dfrac{2\pi}{\|b\|}$	(주기) = $\dfrac{\pi}{\|b\|}$
	☆ 결론 : $\|b\| \times$ (주기) = (원래 주기)	
c :	x축 방향으로 c만큼 평행이동	
d :	y축 방향으로 d만큼 평행이동	

$y = af(bx+c)+d$의 그래프를 $y = af(b(x-p))+q$로 고친 후 아래의 성질을 이용하여 그래프를 그린다.

$$\frac{a}{\sin A} = \frac{b}{\sin B} = \frac{c}{\sin C} = 2R$$

외접원의 반지름의 길이
삼각형의 두 각의 크기
삼각형의 세 변의 비

$$a = 2R\sin A, \quad b = 2R\sin B, \quad c = 2R\sin C$$

$$\sin A = \frac{a}{2R}, \quad \sin B = \frac{b}{2R}, \quad \sin C = \frac{c}{2R}$$

$$a : b : c = \sin A : \sin B : \sin C$$

제2코사인법칙

$$b^2 = a^2 + c^2 - 2ca\cos B$$

삼각형의 두 변의 길이와 그 끼인각의 크기
세 변의 길이

$$\cos B = \frac{a^2 + c^2 - b^2}{2ca}$$

$$a = b\cos C + c\cos B$$

제1코사인법칙

$$S = \frac{1}{2}ac\sin B$$

$$S = \frac{abc}{4R}$$

$$S = 2R^2 \sin A \sin B \sin C$$

$$S = \sqrt{s(s-a)(s-b)(s-c)} \quad \left(\text{단, } s = \frac{a+b+c}{2}\right) \text{ 헤론의 공식}$$

$$S = \frac{1}{2}(a+b+c)r$$

$$S = \frac{1}{2}ab\sin\theta$$

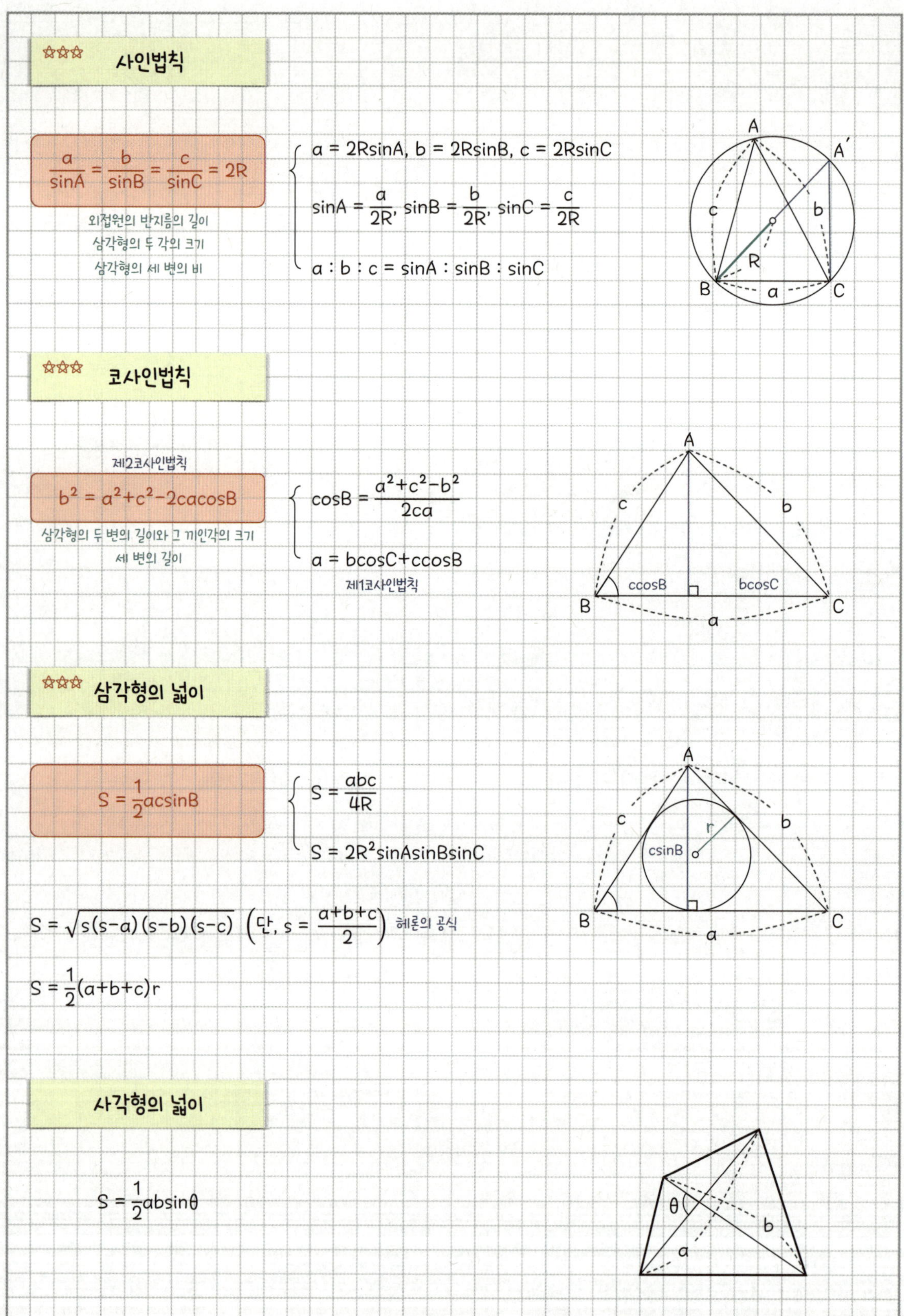

$$\sin(\alpha+\beta) = \sin\alpha\cos\beta+\cos\alpha\sin\beta \qquad \sin(\alpha-\beta) = \sin\alpha\cos\beta-\cos\alpha\sin\beta$$

$$\cos(\alpha+\beta) = \cos\alpha\cos\beta-\sin\alpha\sin\beta \qquad \cos(\alpha-\beta) = \cos\alpha\cos\beta+\sin\alpha\sin\beta$$

$$\tan(\alpha+\beta) = \frac{\tan\alpha+\tan\beta}{1-\tan\alpha\tan\beta} \qquad \tan(\alpha-\beta) = \frac{\tan\alpha-\tan\beta}{1+\tan\alpha\tan\beta}$$

$$\beta \to \alpha \begin{cases} \sin2\alpha = 2\sin\alpha\cos\alpha \\[2mm] \cos2\alpha = \cos^2\alpha-\sin^2\alpha = 2\cos^2\alpha-1 = 1-2\sin^2\alpha \\[2mm] \tan2\alpha = \frac{2\tan\alpha}{1-\tan^2\alpha} \end{cases} \Rightarrow 2\alpha \to \alpha \begin{cases} \sin^2\frac{\alpha}{2} = \frac{1-\cos\alpha}{2} \\[2mm] \cos^2\frac{\alpha}{2} = \frac{1+\cos\alpha}{2} \\[2mm] \tan^2\frac{\alpha}{2} = \frac{1-\cos\alpha}{1+\cos\alpha} \end{cases}$$

$$cf)\ \tan\frac{\alpha}{2} = \frac{\sin\frac{\alpha}{2}}{\cos\frac{\alpha}{2}} = \frac{2\sin\frac{\alpha}{2}\cos\frac{\alpha}{2}}{2\cos^2\frac{\alpha}{2}} = \frac{\sin\alpha}{1+\cos\alpha}$$

$$\sin A+\sin B = 2\sin\left(\frac{A+B}{2}\right)\cos\left(\frac{A-B}{2}\right) \qquad \sin A-\sin B = 2\cos\left(\frac{A+B}{2}\right)\sin\left(\frac{A-B}{2}\right)$$

$$\cos A+\cos B = 2\cos\left(\frac{A+B}{2}\right)\cos\left(\frac{A-B}{2}\right) \qquad \cos A-\cos B = -2\sin\left(\frac{A+B}{2}\right)\sin\left(\frac{A-B}{2}\right)$$

삼각함수의 덧셈정리에서
$$\alpha = \frac{A+B}{2},\ \beta = \frac{A-B}{2}$$

$$a\sin\theta+b\cos\theta = \sqrt{a^2+b^2}\sin(\theta+\alpha) \quad \left(\cos\alpha = \frac{a}{\sqrt{a^2+b^2}},\ \sin\alpha = \frac{b}{\sqrt{a^2+b^2}}\right)$$

$$\begin{cases} \sin x = a \\[2mm] \cos x = a \\[2mm] \tan x = a \end{cases} \text{의 특수해가 } \alpha(\text{rad})\text{일 때 일반해는}$$

$x = 2n\pi+\alpha,\ x = (2n+1)\pi-\alpha$
$x = 2n\pi\pm\alpha$
$x = n\pi+\alpha$

삼각부등식은 삼각함수의 그래프를 그려 해를 구한다.

수열

☆☆☆ 등차수열

수열 : 수의 나열 (보통은 일정한 규칙성 존재)

 ⇒ 정의역이 자연수 집합인 함수

	a_1	a_2	a_3	a_4	
순서	1	2	3	4	⋯
값	2	5	8	11	⋯

$$f : \mathbb{N} \to \mathbb{R}$$

수열 $\{a_n\}$의 첫째항부터 제n항까지의 합을 S_n이라고 하면 $a_1 = S_1,\ S_n - S_{n-1} = a_n\ (n \geq 2)$

등차수열 : 첫째항에 차례로 일정한 수를 더해서 얻어지는 수열
   (a)   공차(d)

일반항 : $a_n = a + (n-1)d$ 합 : $S_n = \dfrac{n\{2a+(n-1)d\}}{2} = \dfrac{a_1 + a_n}{2}$

$a_1 = a$

$a_2 = a + 1d$

$a_3 = a + 2d$

$\vdots$

$a_n = a + (n-1)d$

$S_n = a_1 + a_2 + a_3 + \cdots + a_n$

$2S_n = a_1 + a_2 + a_3 + \cdots + a_n$
$ + a_n + a_{n-1} + a_{n-2} + \cdots + a_1$

$2S_n = a + (a+d) + (a+2d) + \cdots + \{a+(n-1)d\}$
$ + \{a+(n-1)d\} + \{a+(n-2)d\} + \{a+(n-3)d\} + \cdots + a$

$2S_n = \{2a+(n-1)d\} + \{2a+(n-1)d\} + \{2a+(n-1)d\} + \cdots + \{2a+(n-1)d\}$

$2S_n = n\{2a+(n-1)d\}$

$S_n = \dfrac{n\{2a+(n-1)d\}}{2} = \dfrac{n[a+\{a+(n-1)d\}]}{2} = \dfrac{a_1 + a_n}{2}$

등차중항 : 세 수 a, b, c가 이 순서로 등차수열을 이룰 때 b를 a와 c의 등차중항 ⇒ $b = \dfrac{a+c}{2}$

★★★ **등비수열**

등비수열 : 첫째항에 차례로 일정한 수를 곱하여 얻어지는 수열
　　　　　(a)　　　　　　　공비(r)

일반항 : $a_n = ar^{n-1}$　　　　　　　합 : $S_n = \dfrac{a(r^n-1)}{r-1}$ $(r \neq 1)$　　$S_n = na$ $(r = 1)$

$a_1 = a$　　　　　　$S_n = a_1 + a_2 + a_3 + \cdots + a_n$

$a_2 = ar^1$　　　　　$S_n = a + ar + ar^2 + \cdots + ar^{n-1}$

　　　　　　　　　　$rS_n = ar + ar^2 + ar^3 + \cdots + ar^n$

$a_3 = ar^2$　　　　　$(1-r)S_n = a - ar^n$

　　　⋮

$a_n = ar^{n-1}$　　　$S_n = \dfrac{a(1-r^n)}{1-r} = \dfrac{a(r^n-1)}{r-1}$

등비중항 : 세 수 a, b, c가 이 순서로 등비수열을 이룰 때 b를 a와 c의 등비중항 $\Rightarrow$ $b^2 = ac$

시그마(Σ)

$a_1 + a_2 + a_3 + \cdots + a_n =$ $\displaystyle\sum_{k=1}^{n} a_k$

제n항까지 더한다.　제1항부터　제k항을

$$\sum_{k=1}^{n}(a_k \pm b_k) = \sum_{k=1}^{n} a_k \pm \sum_{k=1}^{n} b_k \quad \text{(복부호동순)}$$

시그마끼리의 곱셈은 성립 X

$$\sum_{k=1}^{n} ca_k = c\sum_{k=1}^{n} a_k, \quad \sum_{k=1}^{n} c = cn \quad (c\text{는 상수})$$

여러 가지 수열의 합

$$\sum_{k=1}^{n} k = \frac{n(n+1)}{2} \qquad \sum_{k=1}^{n} k^2 = \frac{n(n+1)(2n+1)}{6} \qquad \sum_{k=1}^{n} k^3 = \left\{\frac{n(n+1)}{2}\right\}^2$$

$$\frac{1}{AB} = \frac{1}{B-A}\left(\frac{1}{A} - \frac{1}{B}\right) \Rightarrow \sum_{k=1}^{n} \frac{1}{k(k+1)} = \sum_{k=1}^{n}\left(\frac{1}{k} - \frac{1}{k+1}\right) = \left(1 - \frac{1}{2}\right) + \left(\frac{1}{2} - \frac{1}{3}\right) + \cdots + \left(\frac{1}{n} - \frac{1}{n+1}\right) = 1 - \frac{1}{n+1}$$

부분분수

소거형 수열로 변환 ① 부분분수 ② 무리식 유리화 ③ 로그

<table>
<tr><td style="background:#e8c9a8;padding:8px">조화수열</td><td>: 각 항의 역수가 등차수열을 이루는 수열</td></tr>
</table>

조화수열	12	6	4	3	$\cdots$
조화수열의 역수 $=$	$\dfrac{1}{12}$	$\dfrac{1}{6}$	$\dfrac{1}{4}$	$\dfrac{1}{3}$	$\cdots$
등차수열	$\dfrac{1}{12}$	$\dfrac{2}{12}$	$\dfrac{3}{12}$	$\dfrac{4}{12}$	$\cdots$

일반항 : $a_n = \dfrac{1}{\frac{1}{a}+(n-1)d}$

<table><tr><td style="background:#e8c9a8;padding:8px">계차수열</td></tr></table>

계차 : 수열 $\{a_n\}$에 대하여 $b_n = a_{n+1} - a_n$ $(n = 1, 2, 3, \cdots)$

계차수열 : 이때 수열 $\{b_n\}$

수열 $\{a_n\}$의 계차수열을 $\{b_n\}$이라 하면 $a_n = a_1 + \displaystyle\sum_{k=1}^{n-1} b_k$ (단, $n = 2, 3, 4, \cdots$)

$\{a_n\}$ 1 3 7 13 21 $\cdots$

$\{b_n\}$ 2 4 6 8 $\cdots$

<table><tr><td style="background:#e8c9a8;padding:8px">군수열</td><td>: 주어진 수열에서 몇 개씩의 항을 적당히 묶어 일정한 규칙으로 군을 나눌 수 있는 수열</td></tr></table>

① 수열에 각 항이 갖는 규칙성을 파악하여 군을 나눈다.

② 찾고자 하는 항이 제몇군의 제몇항인지 알아낸다.

③ 각 군의 첫째항이 갖는 규칙성과 항의 개수를 파악한다.

참고 분수로 나타내어진 수열의 경우 분모 또는 분자가 같은 것끼리 군으로 묶거나 (분모) + (분자)가 같은 것끼리 군으로 묶는다.

<table><tr><td style="background:#e8c9a8;padding:8px">멱급수</td><td>: 일반항이 (등차수열)×(등비수열) 꼴인 수열의 합</td></tr></table>

① 주어진 수열의 합 S의 양변에 등비수열의 공비 r을 곱한다.

② 주어진 식을 $S - rS$의 꼴로 만들고, 이 식으로부터 S의 값을 구한다.

$\left\{\begin{array}{l} \text{첫째항} \\ \text{이웃하는 항 사이의 관계식} \end{array}\right.$

점화식

첫째항이 a이고 공차가 d인 등차수열 : $a_1 = a,\ a_{n+1} - a_n = d$

첫째항이 a이고 공비가 r인 등비수열 : $a_1 = a,\ a_{n+1} = ra_n$

등차수열 $\left[\begin{array}{l} a_{n+1} - a_n = d \\ 2a_{n+1} = a_n + a_{n+2} \end{array}\right.$ 등비수열 $\left[\begin{array}{l} a_{n+1} \div a_n = r \\ (a_{n+1})^2 = a_n \times a_{n+2} \end{array}\right.$ 조화수열 : $\dfrac{2}{a_{n+1}} = \dfrac{1}{a_n} - \dfrac{1}{a_{n+2}}$

점화식을 통한 일반항 도출

① $a_{n+1} = a_n + f(n)$ $\Rightarrow a_n = a_1 + \displaystyle\sum_{k=1}^{n-1} f(k)$

② $a_{n+1} = a_n f(n)$ $\Rightarrow a_n = a_1 f(1) f(2) f(3) \cdots f(n-1) = a_1 \displaystyle\prod_{k=1}^{n-1} f(k)$

③ $a_{n+1} = pa_n + q$ $(n = 1, 2, 3, \cdots)$ $\Rightarrow a_n = \alpha + p^{n-1}(a_1 - \alpha)$ (α는 $x = px + q$의 근)

특성방정식

④ $pa_{n+2} + qa_{n+1} + ra_n = 0,\ p \neq 0,\ p+q+r = 0$

$\Rightarrow \left\{\begin{array}{l} p = r : \text{공차가 } a_2 - a_1 \text{인 등차수열} \Rightarrow a_n = a_1 + (n-1)(a_2 - a_1) \\[2mm] p \neq r : \text{공비가 } \dfrac{r}{p} \text{인 등비수열} \Rightarrow a_n = a_1 + (a_2 - a_1)\dfrac{\left(\frac{r}{p}\right)^{n-1} - 1}{\frac{r}{p} - 1} \end{array}\right.$

⑤ $pa_{n+2} + qa_{n+1} + ra_n = 0,\ p \neq 0,\ p+q+r \neq 0$

$\Rightarrow a_n = \left\{\begin{array}{l} A\alpha^n + B\beta^n \quad (\alpha \neq \beta) \\ A\alpha^n + Bn\beta^n \quad (\alpha = \beta) \end{array}\right.$ (α, β는 $px^2 + qx + r = 0$의 두 근)

백그라운드
고등수학
필기노트

Chap 7

미적분

수열의 극한과 급수

수열의 극한

수열
- 수렴 : 무한수열 $\{a_n\}$에서 n의 값이 한없이 커질 때 일반항 a_n의 값이 α에 한없이 가까워지는 수열
  $$\lim_{n \to \infty} a_n = \alpha, \ n \to \infty 일 \ 때 \ a_n \to \alpha$$
  (극한값)

- 발산
  - 양의 무한대 : 무한수열 $\{a_n\}$에서 n의 값이 한없이 커질 때 일반항 a_n의 값이 한없이 커지는 수열
    $$\lim_{n \to \infty} a_n = \infty, \ n \to \infty 일 \ 때 \ a_n \to \infty$$

  - 음의 무한대 : 무한수열 $\{a_n\}$에서 n의 값이 한없이 커질 때 일반항 a_n의 값이 한없이 작아지는 수열
    $$\lim_{n \to \infty} a_n = -\infty, \ n \to \infty 일 \ 때 \ a_n \to -\infty$$

  - 진동 : 수렴하지도 않고 양 또는 음의 무한대로 발산하지도 않는 수열

수렴하는 두 수열 $\{a_n\}$, $\{b_n\}$에 대하여 $\displaystyle\lim_{n \to \infty} a_n = \alpha$, $\displaystyle\lim_{n \to \infty} b_n = \beta$일 때 두 수열 중 하나라도 수렴하지 않으면 성립하지 않는다.

$$\lim_{n \to \infty} (a_n \pm b_n) = \alpha \pm \beta \ (복부호동순) \qquad \lim_{n \to \infty} (ca_n) = c\alpha \ \ (단, \ c는 \ 상수)$$

$$\lim_{n \to \infty} a_n b_n = \alpha\beta \qquad\qquad a_n \neq 0, \ \alpha \neq 0일 \ 때 \ \lim_{n \to \infty} \frac{b_n}{a_n} = \frac{\beta}{\alpha}$$

부정형의 극한값

$\{a_n\}$의 극한이 $\dfrac{\infty}{\infty}$꼴인 경우, a_n의 분모와 분자가 n에 대한 다항식이면 분자와 분모를 분모의 최고차항으로 나누어 계산

$\{a_n\}$의 극한이 $\infty - \infty$꼴인 경우, 유리화하여 $\dfrac{\infty}{\infty}$꼴로 바꾸어 계산

$$a_n = \frac{A}{B} \Rightarrow \lim_{n \to \infty} a_n = \begin{cases} \pm\infty & (A의 \ 차수) > (B의 \ 차수) \\ 0 & (A의 \ 차수) < (B의 \ 차수) \\ \dfrac{(A의 \ 최고차항의 \ 계수)}{(B의 \ 최고차항의 \ 계수)} & (A의 \ 차수) = (B의 \ 차수) \end{cases}$$

(A의 차수) > (B의 차수) : A, B의 최고차항 계수의 부호 같으면 (+), 다르면 (−)

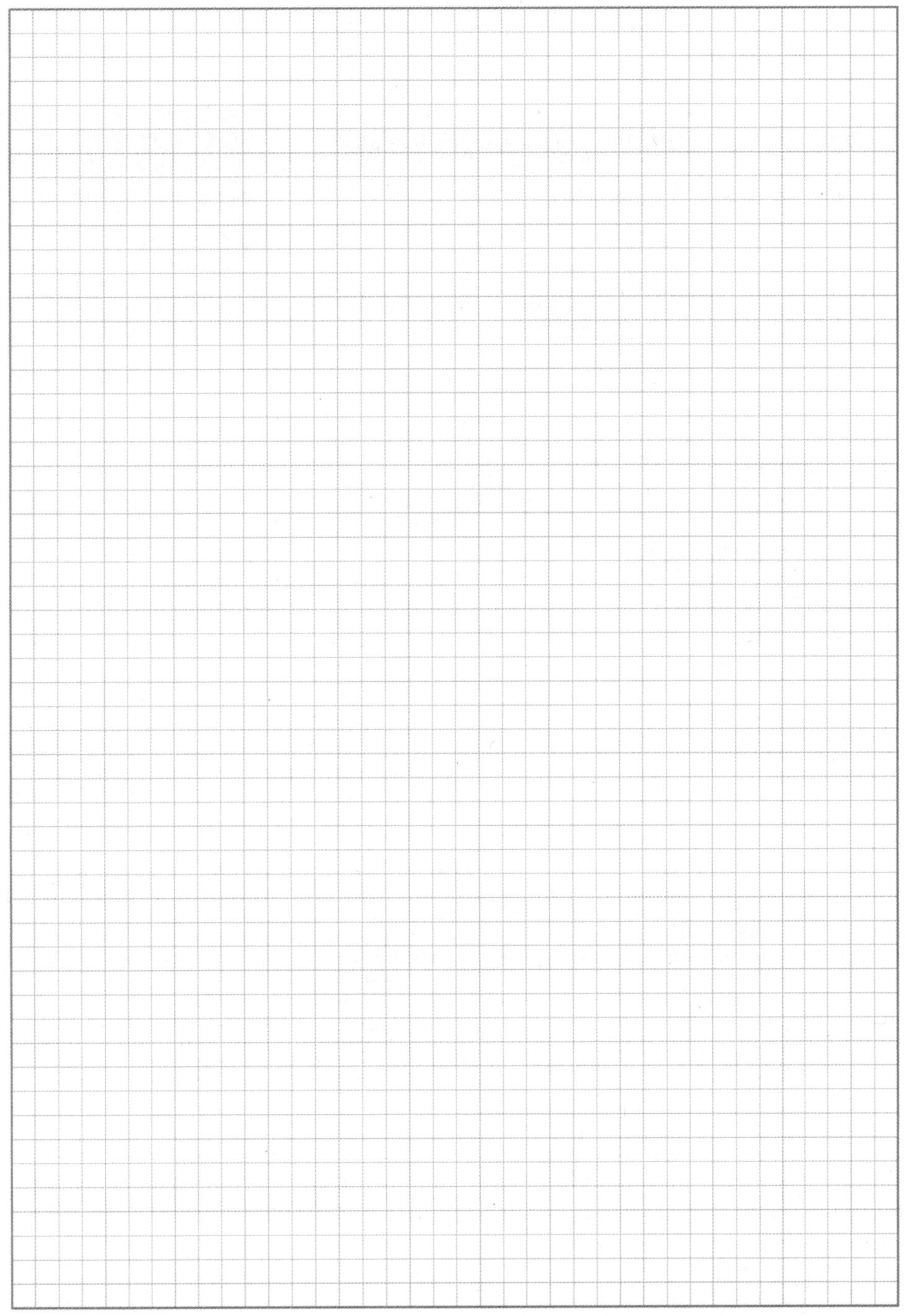

수렴하는 두 수열 $\{a_n\}$, $\{b_n\}$에 대하여 $\lim\limits_{n\to\infty} a_n = \alpha$, $\lim\limits_{n\to\infty} b_n = \beta$일 때

모든 자연수 n에 대하여 $a_n \leq b_n \Rightarrow \alpha \leq \beta$

수열 $\{c_n\}$이 모든 자연수 n에 대하여

$a_n \leq c_n \leq b_n$이고 $\alpha = \beta \Rightarrow \lim\limits_{n\to\infty} c_n = \alpha$
$-1 \leq \sin\theta,\ \cos\theta \leq 1$

$a_n < b_n \to \alpha < \beta$?

$a_n = \dfrac{1}{n+1},\ b_n = \dfrac{1}{n}$일 때

$a_n < b_n$이지만 $\alpha = \beta = 0$

$$\lim_{n\to\infty} r^n = \begin{cases} 0 & |r| < 1 \\ 1 & r = 1 \\ \infty & r > 1 \\ \text{진동} & r < -1 \end{cases}$$

등비수열 $\{r^n\}$이 수렴할 조건 : $-1 < r \leq 1$

급수 : $\displaystyle\sum_{n=1}^{\infty} a_n = a_1 + a_2 + a_3 + \cdots + a_n + \cdots$ 부분합 : $S_n = \displaystyle\sum_{k=1}^{n} a_k = a_1 + a_2 + a_3 + \cdots + a_n$

부분합의 극한이 수렴
급수의 수렴 : $\lim\limits_{n\to\infty} S_n = S \Rightarrow a_1 + a_2 + a_3 + \cdots + a_n + \cdots = S,\ \displaystyle\sum_{n=1}^{\infty} a_n = S$ $\{S_n\}$이 발산하면 급수가 발산
급수의 합

$\displaystyle\sum_{n=1}^{\infty} a_n = S,\ \sum_{n=1}^{\infty} b_n = T$일 때, $\displaystyle\sum_{n=1}^{\infty}(a_n \pm b_n) = S \pm T$ (복부호동순), $\displaystyle\sum_{n=1}^{\infty} ka_n = kS$ (단, k는 상수) 곱셈, 나눗셈은 적용 X

$\{a_n\}$의 모든 항이 양수이고 부분합이 $S_n = \displaystyle\sum_{k=1}^{n} a_k$ 일 때,

$\lim\limits_{n\to\infty} S_n$ 이 수렴 $\Leftrightarrow \lim\limits_{n\to\infty} S_{pn}$ 이 수렴 (단, p는 2 이상의 자연수)

☆ 급수와 수열의 극한

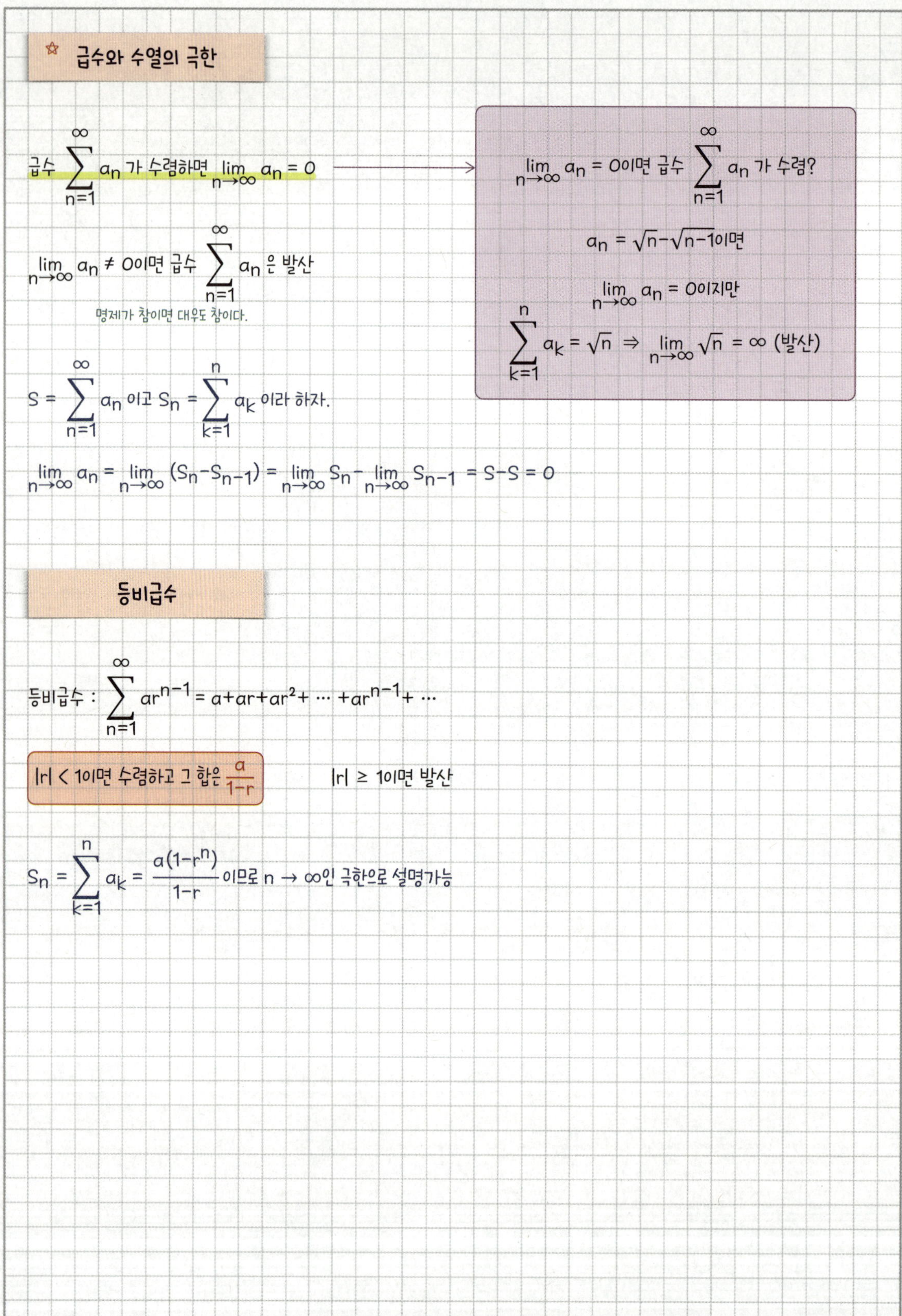

급수 $\displaystyle\sum_{n=1}^{\infty} a_n$ 가 수렴하면 $\displaystyle\lim_{n\to\infty} a_n = 0$

$\displaystyle\lim_{n\to\infty} a_n = 0$이면 급수 $\displaystyle\sum_{n=1}^{\infty} a_n$ 가 수렴?

$a_n = \sqrt{n} - \sqrt{n-1}$이면

$\displaystyle\lim_{n\to\infty} a_n = 0$이지만

$\displaystyle\sum_{k=1}^{n} a_k = \sqrt{n} \Rightarrow \lim_{n\to\infty} \sqrt{n} = \infty$ (발산)

$\displaystyle\lim_{n\to\infty} a_n \neq 0$이면 급수 $\displaystyle\sum_{n=1}^{\infty} a_n$ 은 발산

명제가 참이면 대우도 참이다.

$S = \displaystyle\sum_{n=1}^{\infty} a_n$ 이고 $S_n = \displaystyle\sum_{k=1}^{n} a_k$ 이라 하자.

$\displaystyle\lim_{n\to\infty} a_n = \lim_{n\to\infty} (S_n - S_{n-1}) = \lim_{n\to\infty} S_n - \lim_{n\to\infty} S_{n-1} = S - S = 0$

등비급수

등비급수 : $\displaystyle\sum_{n=1}^{\infty} ar^{n-1} = a + ar + ar^2 + \cdots + ar^{n-1} + \cdots$

$|r| < 1$이면 수렴하고 그 합은 $\dfrac{a}{1-r}$ 　　　$|r| \geq 1$이면 발산

$S_n = \displaystyle\sum_{k=1}^{n} a_k = \dfrac{a(1-r^n)}{1-r}$ 이므로 $n \to \infty$인 극한으로 설명가능

함수의 극한과 연속

함수의 극한

함수 $y = f(x)$에서 x의 값이 a가 아니면서 a에 한없이 가까워질 때 a는 실수, $\pm\infty$ 모두 가능

함수 ⎰ 수렴 : $f(x)$의 값이 일정한 값 L에 한없이 가까워지는 경우 $\lim\limits_{x \to a} f(x) = L$, $x \to a$일 때 $f(x) \to L$
　　　　　　　　극한값 / 극한
　　　　　　$\forall \varepsilon > 0, \exists \delta > 0$ s.t. if $0 < |x-a| < \delta$, then $|f(x)-L| < \varepsilon$

　　　발산 ⎾ 양의 무한대 : $f(x)$의 값이 한없이 커지는 경우 $\lim\limits_{x \to a} f(x) = \infty$, $x \to a$일 때 $f(x) \to \infty$

　　　　　 ⎿ 음의 무한대 : $f(x)$의 값이 한없이 작아지는 경우 $\lim\limits_{x \to a} f(x) = L$, $x \to a$일 때 $f(x) \to \infty$

좌극한 : $x \to a$, $x < a$　$\lim\limits_{x \to a-} f(x) = L$, $x \to a-$일 때 $f(x) \to L$

우극한 : $x \to a$, $x > a$　$\lim\limits_{x \to a+} f(x) = L$, $x \to a+$일 때 $f(x) \to L$

$$\lim\limits_{x \to a} f(x) = L \Leftrightarrow \begin{cases} \exists \ \lim\limits_{x \to a-} f(x) & \text{좌극한 존재} \\ \exists \ \lim\limits_{x \to a+} f(x) & \text{우극한 존재} \\ \lim\limits_{x \to a-} f(x) = \lim\limits_{x \to a+} f(x) & \text{(좌극한) = (우극한)} \end{cases}$$

$\lim\limits_{x \to a} f(x) = \alpha$, $\lim\limits_{x \to a} g(x) = \beta$일 때

$\lim\limits_{x \to a} \{f(x) \pm g(x)\} = \lim\limits_{x \to a} f(x) \pm \lim\limits_{x \to a} g(x) = \alpha \pm \beta$ (복부호동순)

$\lim\limits_{x \to a} kf(x) = k \lim\limits_{x \to a} f(x) = k\alpha$ (단, k는 상수)

$\lim\limits_{x \to a} f(x)g(x) = \lim\limits_{x \to a} f(x) \lim\limits_{x \to a} g(x) = \alpha\beta$

$\lim\limits_{x \to a} \dfrac{f(x)}{g(x)} = \dfrac{\lim\limits_{x \to a} f(x)}{\lim\limits_{x \to a} g(x)} = \dfrac{\alpha}{\beta}$ $(g(x) \neq 0, \beta \neq 0)$

$$\lim_{x \to a} \frac{f(x)}{g(x)} = L \ (L은 \ 상수)일 \ 때$$

$$\lim_{x \to a} g(x) = 0 \ \Rightarrow \ \lim_{x \to a} f(x) = 0 \qquad\qquad \lim_{x \to a} f(x) = \lim_{x \to a} \frac{f(x)}{g(x)} \times \lim_{x \to a} g(x) = L \times 0 = 0$$

$$L \neq 0, \ \lim_{x \to a} f(x) = 0 \ \Rightarrow \ \lim_{x \to a} g(x) = 0 \qquad\qquad \lim_{x \to a} g(x) = \lim_{x \to a} f(x) \div \lim_{x \to a} \frac{f(x)}{g(x)} = 0 \div L = 0$$

$$L \neq 0, \ \lim_{x \to a} f(x) = \infty \ \Rightarrow \ \lim_{x \to a} g(x) = \infty$$

$$\lim_{x \to a} f(x) = \alpha, \ \lim_{x \to a} g(x) = \beta \ 일 \ 때 \ a에 \ 가까운 \ 모든 \ x에 \ 대하여$$

$$f(x) \leq g(x)이면 \ \alpha \leq \beta \qquad f(x) < g(x)이면 \ \alpha < \beta? \ \Rightarrow \ No! \left(\because f(x) = \frac{1}{x+1}, \ g(x) = \frac{1}{x}, \ x \to \infty \right)$$

$$f(x) \leq h(x) \leq g(x)이고 \ \alpha = \beta이면 \ \lim_{x \to a} h(x) = \alpha$$
$$-1 \leq \sin\theta, \ \cos\theta \leq 1$$

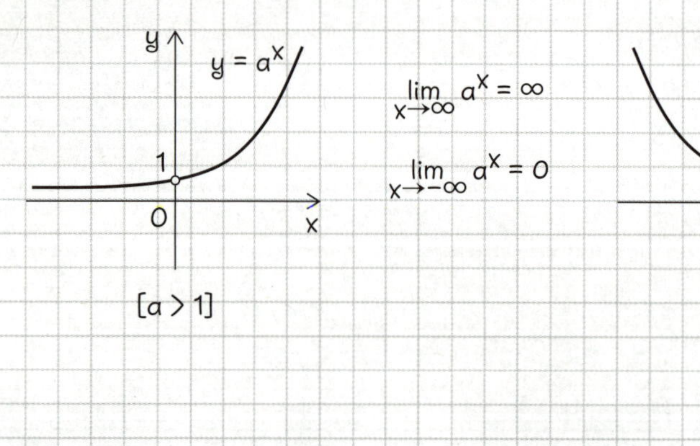

$$\lim_{x \to \infty} a^x = \infty$$
$$\lim_{x \to -\infty} a^x = 0$$

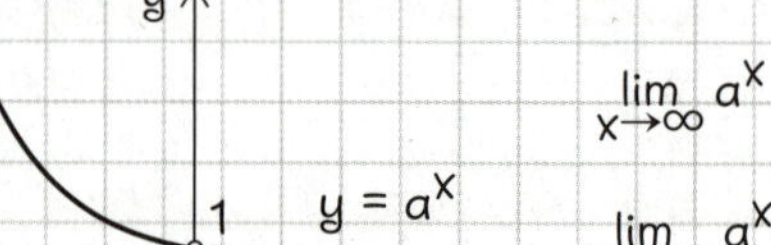

$$\lim_{x \to \infty} a^x = 0$$
$$\lim_{x \to -\infty} a^x = \infty$$

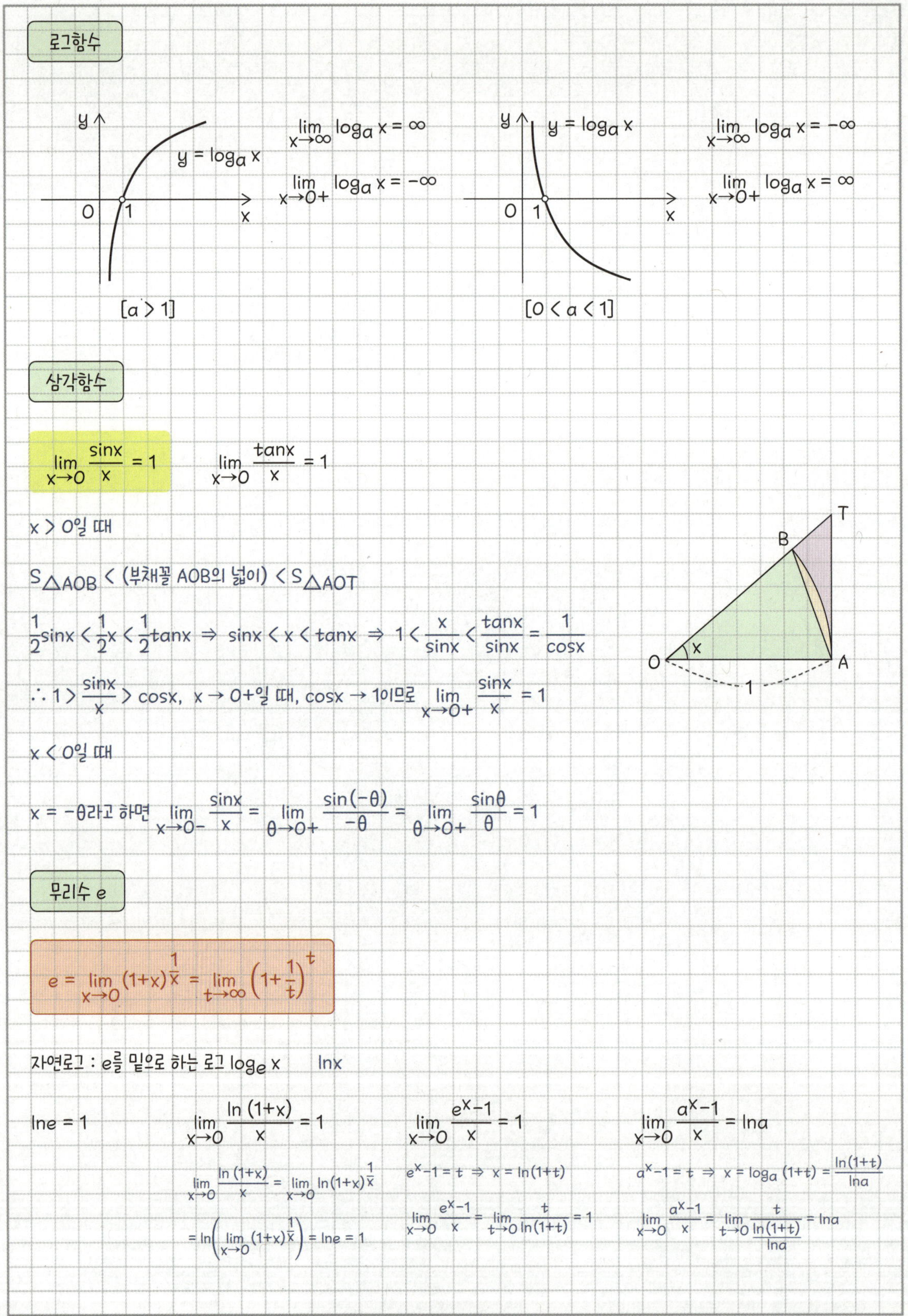

$$\lim_{x \to 0} \frac{\sin x}{x} = 1 \qquad \lim_{x \to 0} \frac{\tan x}{x} = 1$$

$x > 0$일 때

$$S_{\triangle AOB} < (\text{부채꼴 AOB의 넓이}) < S_{\triangle AOT}$$

$$\frac{1}{2}\sin x < \frac{1}{2}x < \frac{1}{2}\tan x \Rightarrow \sin x < x < \tan x \Rightarrow 1 < \frac{x}{\sin x} < \frac{\tan x}{\sin x} = \frac{1}{\cos x}$$

$$\therefore 1 > \frac{\sin x}{x} > \cos x, \quad x \to 0+\text{일 때, } \cos x \to 1\text{이므로} \quad \lim_{x \to 0+} \frac{\sin x}{x} = 1$$

$x < 0$일 때

$$x = -\theta\text{라고 하면} \quad \lim_{x \to 0-} \frac{\sin x}{x} = \lim_{\theta \to 0+} \frac{\sin(-\theta)}{-\theta} = \lim_{\theta \to 0+} \frac{\sin\theta}{\theta} = 1$$

$$e = \lim_{x \to 0} (1+x)^{\frac{1}{x}} = \lim_{t \to \infty} \left(1 + \frac{1}{t}\right)^t$$

자연로그 : e를 밑으로 하는 로그 $\log_e x$ $\ln x$

$$\ln e = 1 \qquad \lim_{x \to 0} \frac{\ln(1+x)}{x} = 1 \qquad \lim_{x \to 0} \frac{e^x - 1}{x} = 1 \qquad \lim_{x \to 0} \frac{a^x - 1}{x} = \ln a$$

$$\lim_{x \to 0} \frac{\ln(1+x)}{x} = \lim_{x \to 0} \ln(1+x)^{\frac{1}{x}}$$
$$= \ln\left(\lim_{x \to 0} (1+x)^{\frac{1}{x}}\right) = \ln e = 1$$

$$e^x - 1 = t \Rightarrow x = \ln(1+t)$$
$$\lim_{x \to 0} \frac{e^x - 1}{x} = \lim_{t \to 0} \frac{t}{\ln(1+t)} = 1$$

$$a^x - 1 = t \Rightarrow x = \log_a(1+t) = \frac{\ln(1+t)}{\ln a}$$
$$\lim_{x \to 0} \frac{a^x - 1}{x} = \lim_{t \to 0} \frac{t}{\frac{\ln(1+t)}{\ln a}} = \ln a$$

①, ②, ③ 중 하나라도 만족하지 않으면 불연속

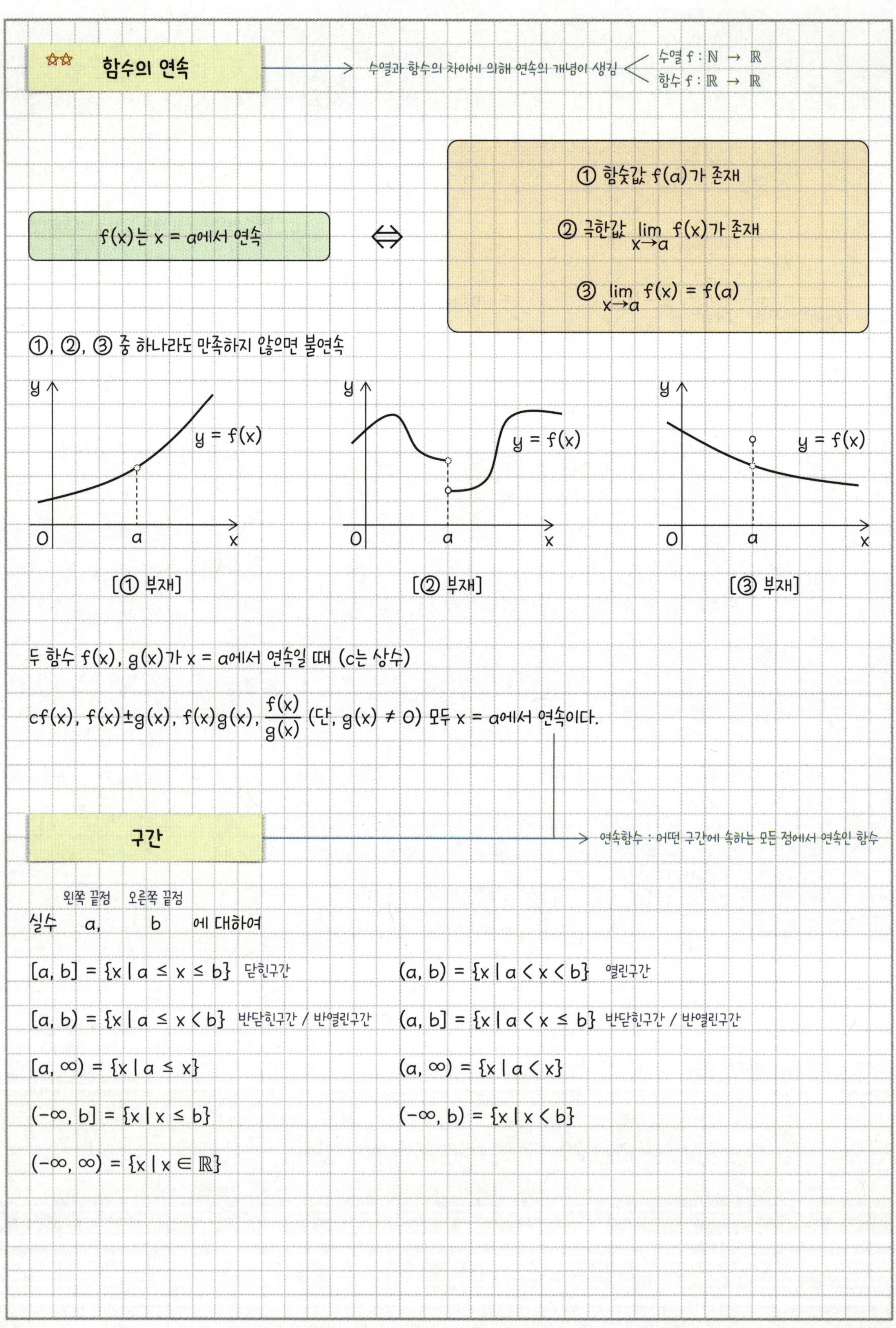

두 함수 $f(x)$, $g(x)$가 $x = a$에서 연속일 때 (c는 상수)

$cf(x)$, $f(x) \pm g(x)$, $f(x)g(x)$, $\dfrac{f(x)}{g(x)}$ (단, $g(x) \neq 0$) 모두 $x = a$에서 연속이다.

연속함수 : 어떤 구간에 속하는 모든 점에서 연속인 함수

왼쪽 끝점   오른쪽 끝점
실수 a, b 에 대하여

$[a, b] = \{x \mid a \leq x \leq b\}$ 닫힌구간 $(a, b) = \{x \mid a < x < b\}$ 열린구간

$[a, b) = \{x \mid a \leq x < b\}$ 반닫힌구간 / 반열린구간 $(a, b] = \{x \mid a < x \leq b\}$ 반닫힌구간 / 반열린구간

$[a, \infty) = \{x \mid a \leq x\}$ $(a, \infty) = \{x \mid a < x\}$

$(-\infty, b] = \{x \mid x \leq b\}$ $(-\infty, b) = \{x \mid x < b\}$

$(-\infty, \infty) = \{x \mid x \in \mathbb{R}\}$

함수 $f(x)$가 닫힌구간 $[a, b]$에서 연속이면

$f(x)$는 이 구간에서 반드시 최댓값과 최솟값을 갖는다.

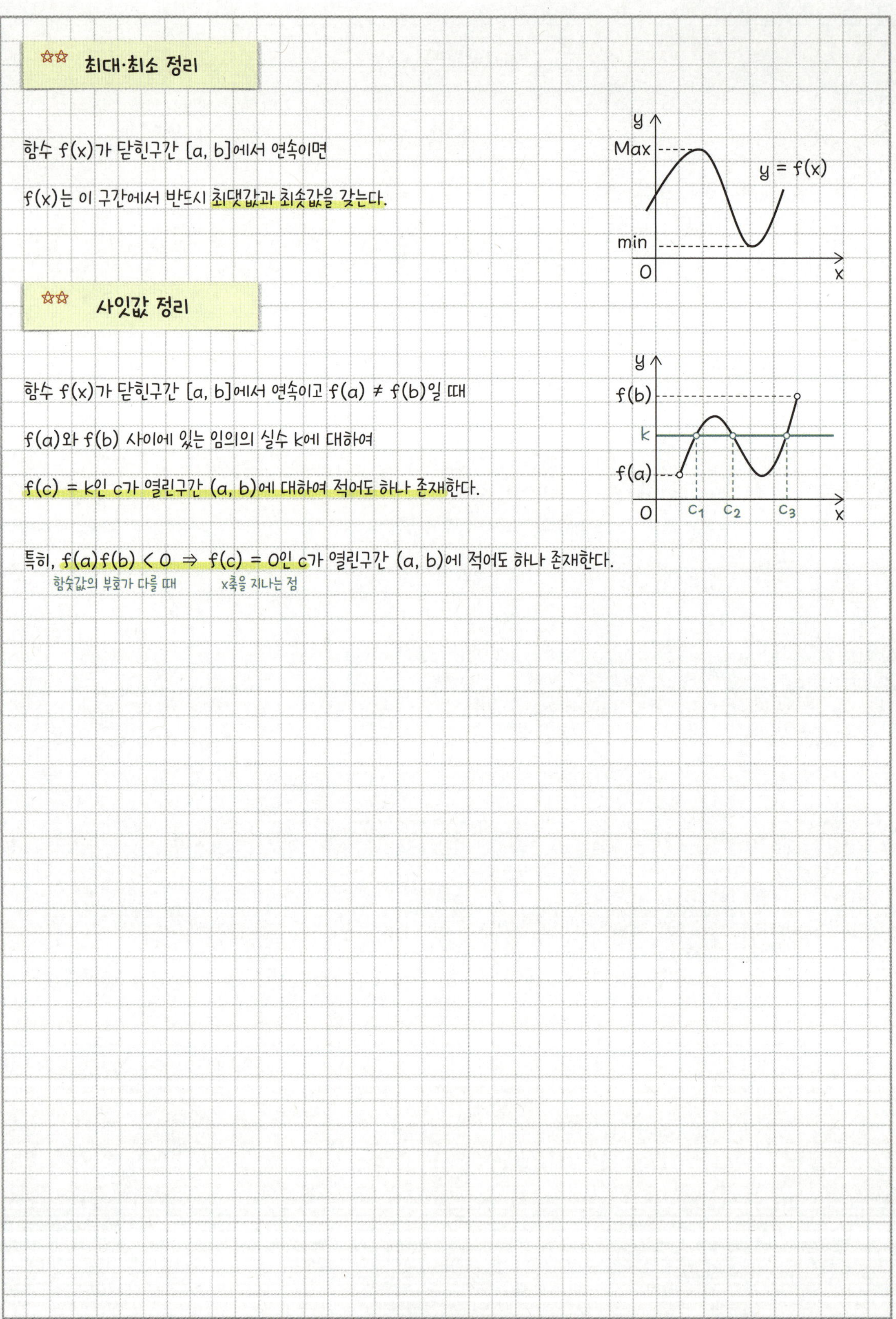

함수 $f(x)$가 닫힌구간 $[a, b]$에서 연속이고 $f(a) \neq f(b)$일 때

$f(a)$와 $f(b)$ 사이에 있는 임의의 실수 k에 대하여

$f(c) = k$인 c가 열린구간 (a, b)에 대하여 적어도 하나 존재한다.

특히, $f(a)f(b) < 0 \Rightarrow f(c) = 0$인 c가 열린구간 (a, b)에 적어도 하나 존재한다.
함숫값의 부호가 다를 때 x축을 지나는 점

미분계수와 도함수

☆☆☆☆☆ 변화율

평균변화율 : x의 값의 변화량에 대한 함숫값 $f(x)$의 변화량의 비율 $\dfrac{\Delta y}{\Delta x} = \dfrac{f(b)-f(a)}{b-a} = \dfrac{f(a+\Delta x)-f(a)}{\Delta x}$

Δ : 델타

y의 증분 / x의 증분

$\Rightarrow$ 함수 $y = f(x)$의 그래프 위의 점 $A(a, f(a))$, $B(b, f(b))$를 지나는 직선의 기울기

미분계수 : 평균변화율에서 Δx가 0에 한없이 가까워질 때의 극한값

순간변화율

$\Rightarrow \quad f'(a) = \lim\limits_{\Delta x \to 0} \dfrac{f(a+\Delta x)-f(a)}{\Delta x} = \lim\limits_{x \to a} \dfrac{f(x)-f(a)}{x-a}$

$\Delta x = h$로 쓰기도 한다.

$\Delta x = x-a$

$\Delta x \to 0 \Rightarrow x-a \to 0 \Rightarrow x \to a$

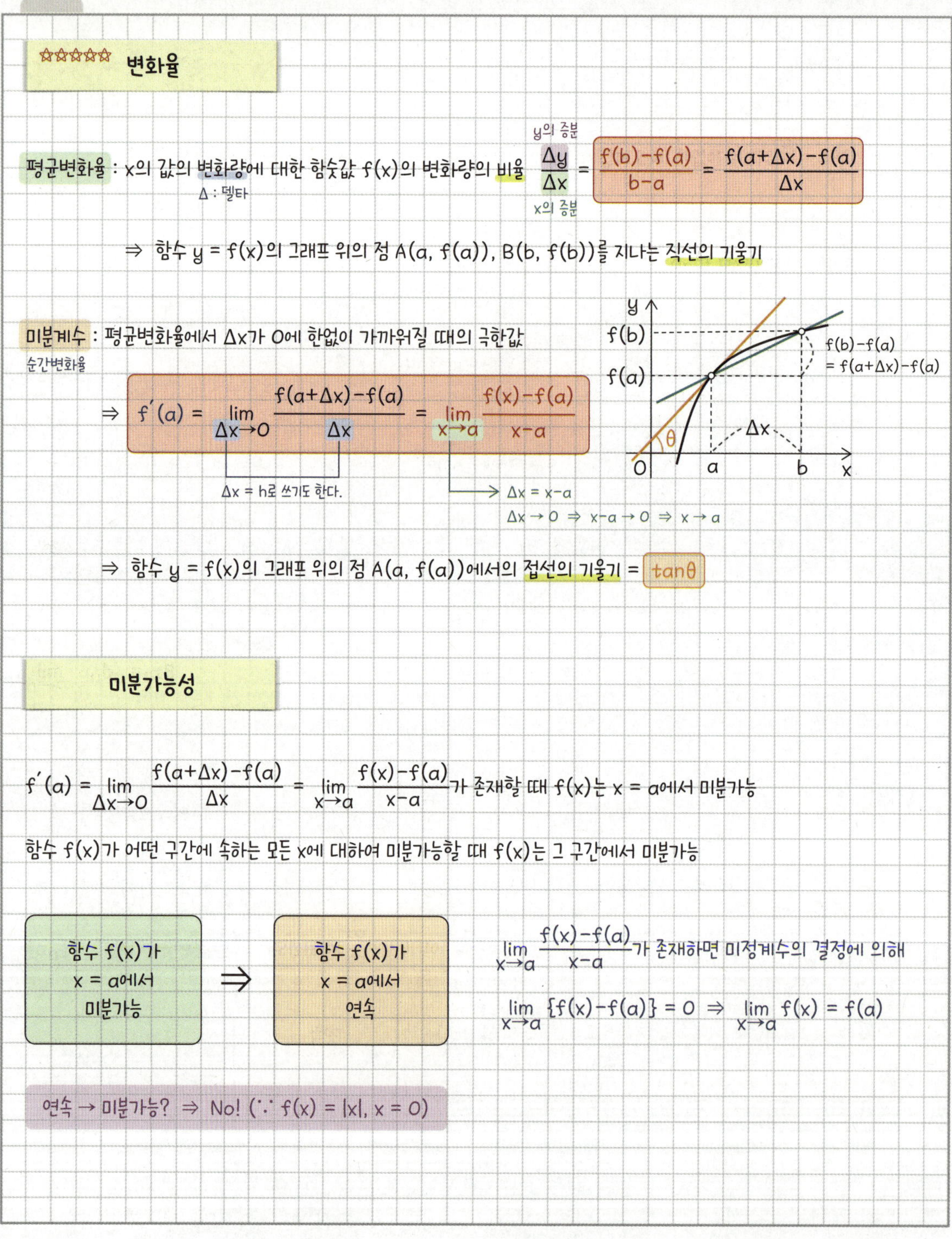

$\Rightarrow$ 함수 $y = f(x)$의 그래프 위의 점 $A(a, f(a))$에서의 접선의 기울기 $= \tan\theta$

미분가능성

$f'(a) = \lim\limits_{\Delta x \to 0} \dfrac{f(a+\Delta x)-f(a)}{\Delta x} = \lim\limits_{x \to a} \dfrac{f(x)-f(a)}{x-a}$ 가 존재할 때 $f(x)$는 $x = a$에서 미분가능

함수 $f(x)$가 어떤 구간에 속하는 모든 x에 대하여 미분가능할 때 $f(x)$는 그 구간에서 미분가능

함수 $f(x)$가 $x = a$에서 미분가능	$\Rightarrow$	함수 $f(x)$가 $x = a$에서 연속

$\lim\limits_{x \to a} \dfrac{f(x)-f(a)}{x-a}$ 가 존재하면 미정계수의 결정에 의해

$\lim\limits_{x \to a} \{f(x)-f(a)\} = 0 \Rightarrow \lim\limits_{x \to a} f(x) = f(a)$

연속 $\to$ 미분가능? $\Rightarrow$ No! ($\because f(x) = |x|$, $x = 0$)

도함수 : 어떤 구간에서 미분가능한 $y = f(x)$에서 그 구간 안의 x에 대해 미분계수 $f'(x)$를 대응시킨 함수

$$f'(x),\ y',\ \frac{dy}{dx},\ \frac{d}{dx}f(x)\ =\ \lim_{h \to 0}\frac{f(x+h)-f(x)}{h}$$

(x에 대하여) 미분 : 함수 $y = f(x)$에서 도함수 $f'(x)$를 구하는 것

미분법 : $f'(x)$를 구하는 계산법

　　　(c는 상수, n은 실수)　증명은 도함수의 정의와 여러 가지 미분법을 가지고 가능

☆ 필수 암기!

원함수	도함수	원함수	도함수
c	0	$\sin x$	$\cos x$
x^n	nx^{n-1}	$\cos x$	$-\sin x$
$cf(x)$	$cf'(x)$	$\tan x$	$\sec^2 x$
$f(x)+g(x)$	$f'(x)+g'(x)$	$\sec x$	$\sec x \tan x$
$f(x)-g(x)$	$f'(x)-g'(x)$	$\csc x$	$-\csc x \cot x$
곱 $f(x)g(x)$	$f'(x)g(x)+f(x)g'(x)$	$\cot x$	$-\csc^2 x$
몫 $\dfrac{f(x)}{g(x)}$	$\dfrac{f'(x)g(x)-f(x)g'(x)}{\{g(x)\}^2}$	e^x	e^x
합성함수 $f(g(x))$	$f'(g(x))g'(x)$	a^x	$a^x \ln a$
매개변수 $x = f(t),\ y = g(t)$	$\dfrac{dy}{dx} = \dfrac{g'(t)}{f'(t)}$	$\ln x$	$\dfrac{1}{x}$
역함수 $f^{-1}(x)$	$\dfrac{1}{f'(y)} = \dfrac{1}{f'(f^{-1}(x))}$	$\log_a x$	$\dfrac{1}{x \ln a}$

(1) $f(x) = c$

$$f'(x) = \lim_{h \to 0} \frac{f(x+h)-f(x)}{h} = \lim_{h \to 0} \frac{c-c}{h} = 0$$

(2) $f(x) = x^n$ (n은 자연수)

$$f'(x) = \lim_{h \to 0} \frac{f(x+h)-f(x)}{h}$$

확률과 통계에서의 이항정리를 이용하여 증명할 수도 있다.

$$= \lim_{h \to 0} \frac{(x+h)^n - x^n}{h} \qquad \to a^n - b^n = (a-b)(a^{n-1}+a^{n-2}b+\cdots+b^{n-1})$$

$$= \lim_{h \to 0} \frac{(x^n + nx^{n-1}h + \cdots + h^n) - x^n}{h}$$

$$= \lim_{h \to 0} \frac{h\{(x+h)^{n-1}+(x+h)^{n-2}x+\cdots+x^{n-1}\}}{h}$$

$$= \lim_{h \to 0} \frac{nx^{n-1}h + \cdots + h^n}{h}$$

$$= \lim_{h \to 0} \{(x+h)^{n-1}+(x+h)^{n-2}x+\cdots+x^{n-1}\}$$

$$= \lim_{h \to 0} nx^{n-1} + h\{\cdots\}$$

$$= nx^{n-1}$$

$$= nx^{n-1}$$

(3) $y = cf(x)$

$$y' = \lim_{h \to 0} \frac{cf(x+h)-cf(x)}{h}$$

$$= c \times \lim_{h \to 0} \frac{f(x+h)-f(x)}{h}$$

$$= cf'(x)$$

(4) $y = f(x) \pm g(x)$

$$y' = \lim_{h \to 0} \frac{f(x+h) \pm g(x+h) - \{f(x) \pm g(x)\}}{h}$$

$$= \lim_{h \to 0} \left\{ \frac{f(x+h)-f(x)}{h} \pm \frac{g(x+h)-g(x)}{h} \right\}$$

$$= f'(x) \pm g'(x) \ \text{(복부호동순)}$$

(5) $y = f(x)g(x)$

$$y' = \lim_{h \to 0} \frac{f(x+h)g(x+h)-f(x)g(x)}{h}$$

$$= \lim_{h \to 0} \frac{f(x+h)g(x+h)-f(x+h)g(x)+f(x+h)g(x)-f(x)g(x)}{h}$$

$$= \lim_{h \to 0} \frac{f(x+h)\{g(x+h)-g(x)\}+g(x)\{f(x+h)-f(x)\}}{h}$$

$$= \lim_{h \to 0} \left\{ f(x+h)\frac{g(x+h)-g(x)}{h} + g(x)\frac{f(x+h)-f(x)}{h} \right\}$$

$$= f'(x)g(x)+f(x)g'(x)$$

(b) $y = \dfrac{f(x)}{g(x)}$

$$y' = \lim_{h \to 0} \frac{\dfrac{f(x+h)}{g(x+h)} - \dfrac{f(x)}{g(x)}}{h}$$

$$= \lim_{h \to 0} \frac{f(x+h)g(x) - f(x)g(x+h)}{hg(x+h)g(x)}$$

$$= \lim_{h \to 0} \frac{f(x+h)g(x) - f(x)g(x) + f(x)g(x) - f(x)g(x+h)}{hg(x+h)g(x)}$$

$$= \lim_{h \to 0} \frac{g(x)\{f(x+h) - f(x)\} - f(x)\{g(x+h) - g(x)\}}{hg(x+h)g(x)}$$

$$= \lim_{h \to 0} \frac{g(x)\dfrac{f(x+h) - f(x)}{h} - f(x)\dfrac{g(x+h) - g(x)}{h}}{g(x+h)g(x)}$$

$$= \frac{f'(x)g(x) - f(x)g'(x)}{\{g(x)\}^2}$$

(7) $f(x) = x^n$ (n은 정수)

$n > 0$일 때 $f'(x) = nx^{n-1}$

$n = 0$일 때 $f'(x) = 0 = nx^{n-1}$

$n < 0$일 때 $m = -n \ (m > 0)$으로 놓으면 $f(x) = x^n = x^{-m} = \dfrac{1}{x^m}$

$$f'(x) = \left(\frac{1}{x^m}\right)' = -\frac{(x^m)'}{x^{2m}} = -\frac{mx^{m-1}}{x^{2m}} = -mx^{-m-1} = nx^{n-1}$$

(8) $f(x) = \sin x$

$$f'(x) = \lim_{h \to 0} \frac{f(x+h) - f(x)}{h}$$

$$= \lim_{h \to 0} \frac{\sin(x+h) - \sin x}{h}$$

$$= \lim_{h \to 0} \frac{2\cos\left(x + \dfrac{h}{2}\right)\sin\dfrac{h}{2}}{h}$$

$$= \lim_{h \to 0} \frac{\sin\dfrac{h}{2}}{\dfrac{h}{2}}\cos\left(x + \frac{h}{2}\right)$$

$$= \cos x$$

$\sin(\alpha+\beta) = \sin\alpha\cos\beta + \cos\alpha\sin\beta$

$\sin(\alpha-\beta) = \sin\alpha\cos\beta - \cos\alpha\sin\beta$

$\sin(\alpha+\beta) - \sin(\alpha-\beta) = 2\cos\alpha\sin\beta$

$\alpha = x + \dfrac{h}{2}$, $\beta = \dfrac{h}{2}$ 대입

(9) $f(x) = \cos x$

$$f'(x) = \lim_{h \to 0} \frac{f(x+h) - f(x)}{h}$$

$$= \lim_{h \to 0} \frac{\cos(x+h) - \cos x}{h}$$

$$= \lim_{h \to 0} \frac{-2\sin\left(x + \frac{h}{2}\right)\sin\frac{h}{2}}{h}$$

$$= \lim_{h \to 0} -\frac{\sin\frac{h}{2}}{\frac{h}{2}}\sin\left(x + \frac{h}{2}\right)$$

$$= -\sin x$$

$\cos(\alpha+\beta) = \cos\alpha\cos\beta - \sin\alpha\sin\beta$

$\cos(\alpha-\beta) = \cos\alpha\cos\beta + \sin\alpha\sin\beta$

$\cos(\alpha+\beta) - \cos(\alpha-\beta) = -2\sin\alpha\sin\beta$

$\alpha = x + \frac{h}{2}$, $\beta = \frac{h}{2}$ 대입

(10) $f(x) = \tan x = \frac{\sin x}{\cos x}$

$$f'(x) = \frac{(\sin x)'\cos x - \sin x(\cos x)'}{\cos^2 x}$$

$$= \frac{(\cos x)\cos x - \sin x(-\sin x)}{\cos^2 x}$$

$$= \frac{\cos^2 x + \sin^2 x}{\cos^2 x}$$

$$= \frac{1}{\cos^2 x}$$

$$= \sec^2 x$$

(11) $f(x) = e^x$

$$f'(x) = \lim_{h \to 0} \frac{f(x+h) - f(x)}{h}$$

$$= \lim_{h \to 0} \frac{e^{x+h} - e^x}{h}$$

$$= \lim_{h \to 0} \frac{e^x(e^h - 1)}{h}$$

$$= e^x$$

(12) $f(x) = a^x = e^{x\ln a}$

$$f'(x) = (e^{x\ln a})' = e^{x\ln a}(x\ln a)' = a^x \ln a$$

(13) $f(x) = \ln x$

$$f'(x) = \lim_{h \to 0} \frac{f(x+h) - f(x)}{h}$$

$$= \lim_{h \to 0} \frac{\ln(x+h) - \ln x}{h}$$

$$= \lim_{h \to 0} \frac{\ln\left(1 + \frac{h}{x}\right)}{h}$$

$$= \lim_{h \to 0} \frac{\ln\left(1 + \frac{h}{x}\right)}{\frac{h}{x}} \times \frac{1}{x}$$

$$= \frac{1}{x}$$

(14) $f(x) = \log_a x = \dfrac{\ln x}{\ln a}$

$$f'(x) = \left(\frac{\ln x}{\ln a}\right)' = \frac{1}{\ln a}(\ln x)' = \frac{1}{x \ln a}$$

(15) 합성함수 미분법 $y = f(g(x))$

$y = f(u)$, $u = g(x)$가 미분가능하면 $\dfrac{dy}{du} = \lim\limits_{\Delta u \to 0} \dfrac{\Delta y}{\Delta u}$, $\dfrac{du}{dx} = \lim\limits_{\Delta x \to 0} \dfrac{\Delta u}{\Delta x}$

미분가능한 함수는 연속이므로 $\Delta x \to 0$이면 $\Delta u \to 0$

$$\frac{dy}{dx} = \lim_{\Delta x \to 0} \frac{\Delta y}{\Delta x} = \lim_{\Delta x \to 0} \left(\frac{\Delta u}{\Delta x} \times \frac{\Delta y}{\Delta u}\right) = \lim_{\Delta u \to 0} \frac{\Delta y}{\Delta u} \times \lim_{\Delta x \to 0} \frac{\Delta u}{\Delta x} = \frac{dy}{du}\frac{du}{dx} = f'(g(x))g'(x)$$

(16) 매개변수로 나타낸 함수의 미분법 $x = f(t)$, $y = g(t)$, $f'(t) \neq 0$

$x = f(t)$, $y = g(t)$가 미분가능하면 $\dfrac{dx}{dt} = \lim\limits_{\Delta t \to 0} \dfrac{\Delta x}{\Delta t}$, $\dfrac{dy}{dt} = \lim\limits_{\Delta t \to 0} \dfrac{\Delta y}{\Delta t}$

미분가능한 함수는 연속이므로 $\Delta x \to 0$이면 $\Delta t \to 0$이고 $f'(t) \neq 0$이므로 $\Delta x \to 0$이면 $\Delta y \to 0$

$$\frac{dy}{dx} = \lim_{\Delta x \to 0} \frac{\Delta y}{\Delta x} = \lim_{\Delta t \to 0} \frac{\frac{\Delta y}{\Delta t}}{\frac{\Delta x}{\Delta t}} = \frac{\lim\limits_{\Delta t \to 0} \frac{\Delta y}{\Delta t}}{\lim\limits_{\Delta t \to 0} \frac{\Delta x}{\Delta t}} = \frac{\frac{dy}{dt}}{\frac{dx}{dt}} = \frac{g'(t)}{f'(t)}$$

음함수의 미분법

x의 함수 y가 $f(x, y) = 0$의 꼴로 주어졌을 때, y를 x의 함수라고 생각하고 각 항을 x에 대해 미분하여 $\dfrac{dy}{dx}$를 구한다.

음함수
ex. $x^2 + y^2 - 9 = 0$

(17) $y = x^r$ (r은 유리수)

$r = \dfrac{n}{m}$ ($\{m, n\} \subset \mathbb{Z}$)이라 하면 $y = x^{\frac{n}{m}} \Rightarrow y^m = x^n$

양변을 미분하면 $my^{m-1}\dfrac{dy}{dx} = nx^{n-1}$

$\dfrac{dy}{dx} = \dfrac{nx^{n-1}}{my^{m-1}} = \dfrac{n}{m}\cdot x^{n-1}\cdot y^{1-m} = \dfrac{n}{m}\cdot x^{n-1}\cdot x^{\frac{n}{m}(1-m)} = \dfrac{n}{m}\cdot x^{n-1}\cdot x^{\frac{n}{m}-n} = \dfrac{n}{m}\cdot x^{\frac{n}{m}-1} = rx^{r-1}$

(18) 역함수 $y = f^{-1}(x)$

$x = f(y)$이므로 양변을 미분하면 $1 = f'(y)\times\dfrac{dy}{dx} \Rightarrow \dfrac{dy}{dx} = \dfrac{1}{f'(y)} = \dfrac{1}{f'(f^{-1}(x))}$

(19) $f(x) = \sec x = \dfrac{1}{\cos x}$ $\qquad f'(x) = \dfrac{(1)'\cos x - 1(\cos x)'}{\cos^2 x} = \dfrac{\sin x}{\cos^2 x} = \dfrac{1}{\cos x}\dfrac{\sin x}{\cos x} = \sec x\tan x$

(20) $f(x) = \csc x = \dfrac{1}{\sin x}$ $\qquad f'(x) = \dfrac{(1)'\sin x - 1(\sin x)'}{\sin^2 x} = \dfrac{-\cos x}{\sin^2 x} = -\dfrac{1}{\sin x}\dfrac{\cos x}{\sin x} = -\csc x\cot x$

(21) $f(x) = \cot x = \dfrac{\cos x}{\sin x}$ $\qquad f'(x) = \dfrac{(\cos x)'\sin x - \cos x(\sin x)'}{\sin^2 x}$

$$= \dfrac{-\sin^2 x - \cos^2 x}{\sin^2 x}$$

$$= -\dfrac{1}{\sin^2 x}$$

$$= -\csc^2 x$$

이계도함수 : 함수 $f(x)$의 도함수 $f'(x)$가 미분가능할 때 $f'(x)$의 도함수

$$f''(x),\ y'',\ \dfrac{d^2 y}{dx^2},\ \dfrac{d^2}{dx^2}f(x) = \lim_{h\to 0}\dfrac{f'(x+h) - f'(x)}{h}$$

고계도함수
n계도함수 : 양수 n에 대하여 함수 $f(x)$를 n번 미분하여 얻은 함수

$$f^{(n)}(x),\ y^{(n)},\ \dfrac{d^n y}{dx^n},\ \dfrac{d^n}{dx^n}f(x)$$

미분의 활용

접선의 방정식

$y = f(x)$ 위의 점 $P(p, f(p))$에서의 접선의 방정식

$$y = f'(p)(x-p) + f(p)$$

미분계수   x좌표   y좌표

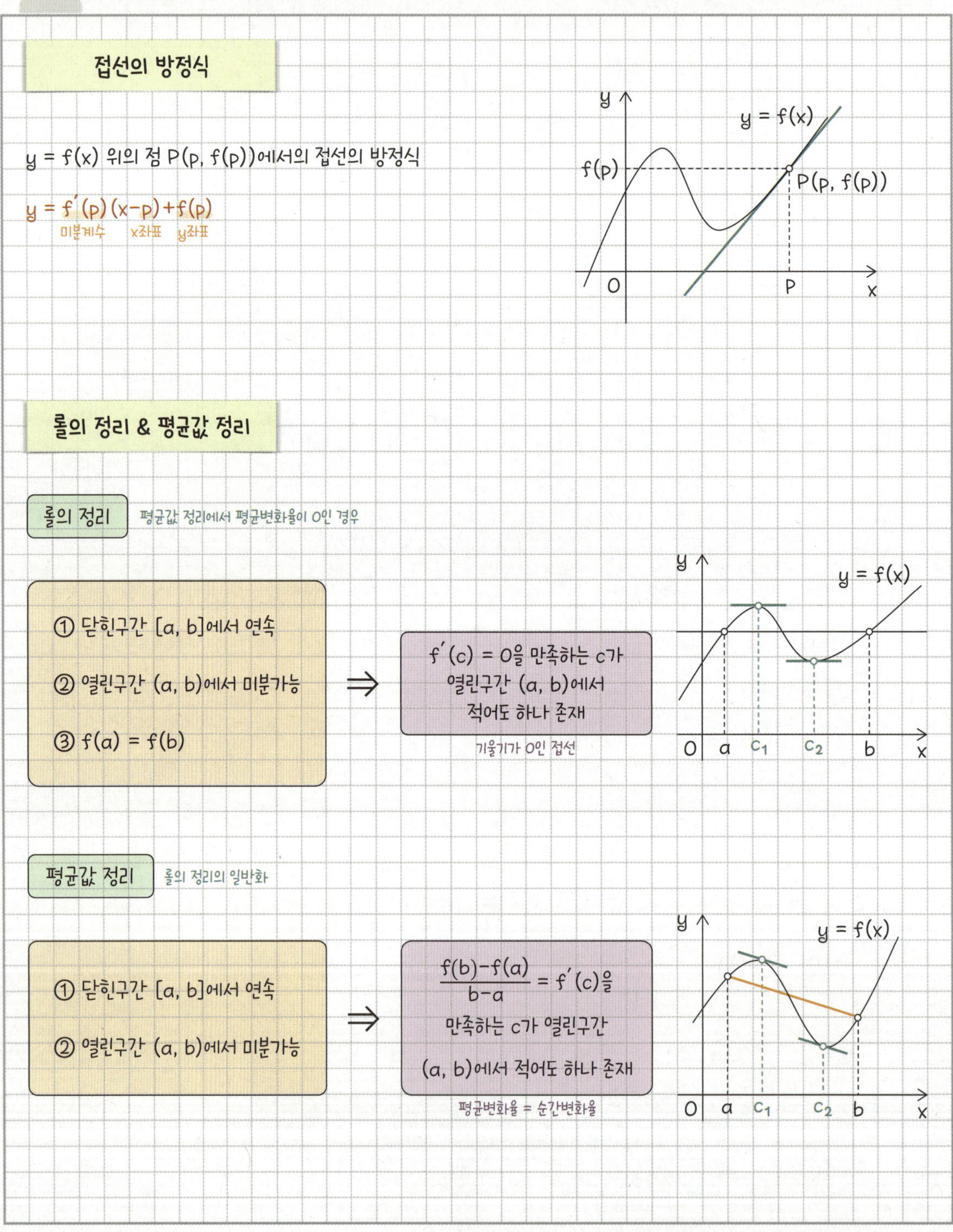

롤의 정리 & 평균값 정리

롤의 정리   평균값 정리에서 평균변화율이 0인 경우

① 닫힌구간 $[a, b]$에서 연속

② 열린구간 (a, b)에서 미분가능

③ $f(a) = f(b)$

$\Rightarrow$

$f'(c) = 0$을 만족하는 c가 열린구간 (a, b)에서 적어도 하나 존재

기울기가 0인 접선

평균값 정리   롤의 정리의 일반화

① 닫힌구간 $[a, b]$에서 연속

② 열린구간 (a, b)에서 미분가능

$\Rightarrow$

$\dfrac{f(b)-f(a)}{b-a} = f'(c)$을 만족하는 c가 열린구간 (a, b)에서 적어도 하나 존재

평균변화율 = 순간변화율

어떤 구간의 임의의 두 수 x_1, x_2에 대해

┌ 증가 : $x_1 < x_2$일 때, $f(x_1) < f(x_2)$

└ 감소 : $x_1 < x_2$일 때, $f(x_1) > f(x_2)$

만약 어떤 구간에서

┌ $f'(x) > 0$이면 f는 그 구간에서 증가

└ $f'(x) < 0$이면 f는 그 구간에서 감소

함수의 극대와 극소

함수 $f(x)$가 $x = a$를 포함하는 어떤 열린 구간에서

┌ 극대 : $f(x) \leq f(a)$이면 $f(x)$는 $x = a$에서 극대, $f(a)$는 극댓값

└ 극소 : $f(x) \geq f(a)$이면 $f(x)$는 $x = a$에서 극소, $f(a)$는 극솟값

미분가능한 함수 $f(x)$가 $x = a$에서 극값을 가지면 $f'(a) = 0$

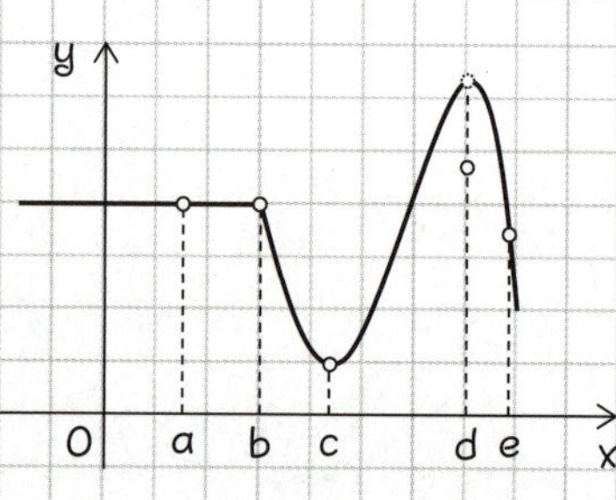

$f'(a) = 0$이면 $f(x)$가 $x = a$에서 극값? $\Rightarrow$ No! ($\because f(x) = x^3$, $x = 0$)

$x = a$에서 미분불가능한 함수 $f(x)$는 $x = a$에서 극값을 가지지 않는다? $\Rightarrow$ No! ($\because f(x) = |x|$, $x = 0$)

미분가능한 함수 $f(x)$에서 $f'(a) = 0$이고 $x = a$ 양 옆에서

┌ $f'(x) > 0$에서 $f'(x) < 0$으로 바뀌면 $f(x)$는 $x = a$에서 극대, $f(a)$는 극댓값

└ $f'(x) < 0$에서 $f'(x) > 0$으로 바뀌면 $f(x)$는 $x = a$에서 극소, $f(a)$는 극솟값

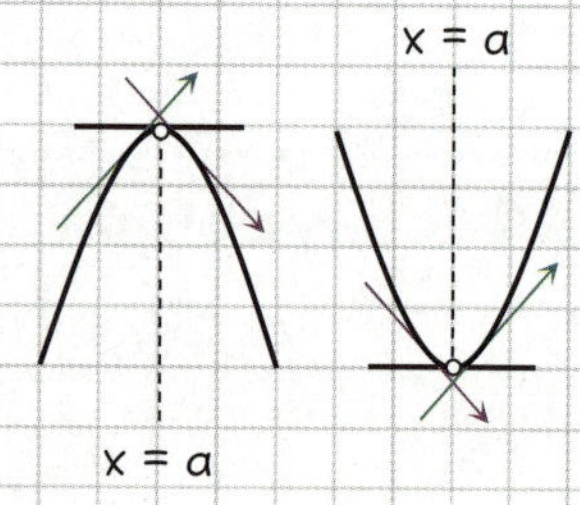

함수 $f(x)$가 이계도함수를 갖고 $f'(a) = 0$일 때

┌ $f''(a) < 0$이면 $f(x)$는 $x = a$에서 극대 $f''(a) < 0 \Rightarrow f'$ 감소 $\Rightarrow f'$의 부호가 $(+) \to (-)$

└ $f''(a) > 0$이면 $f(x)$는 $x = a$에서 극소 $f''(a) > 0 \Rightarrow f'$ 증가 $\Rightarrow f'$의 부호가 $(-) \to (+)$

함수 $f(x)$가 닫힌구간 $[a, b]$에서 연속이면 최대·최소 정리에 의해 $f(x)$는 반드시 최댓값, 최솟값을 가진다.

$$y = f(x) \begin{cases} 극댓값 \\ 극솟값 \\ f(a) \\ f(b) \end{cases}$$ 중 가장 큰 값이 최댓값, 가장 작은 값이 최솟값

Max : $f(a)$ 끝   Max : $f(a)$ 끝   Max : $f(c)$ 극대   Max : $f(c_1)$ 극대

min : $f(b)$ 끝   min : $f(c)$ 극소   min : $f(a)$ 끝   min : $f(c_2)$ 극소

함수 $f(x)$의 그래프가 임의의 구간 내의 모든 접선보다

— 위에 있다면   아래로 볼록 (위로 오목)   Concave Upward $f(x) > f'(p)(x-p) + f(p)$

— 아래에 있다면   위로 볼록 (아래로 오목)   Concave Downward $f(x) < f'(p)(x-p) + f(p)$

이계도함수를 갖는 $f(x)$가 어떤 구간에서 항상

— $f''(x) > 0 \Rightarrow y = f(x)$의 그래프는 구간 내에서 아래로 볼록
   $f'(x)$ 증가

— $f''(x) < 0 \Rightarrow y = f(x)$의 그래프는 구간 내에서 위로 볼록
   $f'(x)$ 감소

변곡점 : 곡선 $y = f(x)$ 위에 있는 점 $P(p, f(p))$에 대하여 $x = a$의 좌우에서 곡선의 모양이

위로 볼록 → 아래로 볼록 or 아래로 볼록 → 위로 볼록일 때의 점 P

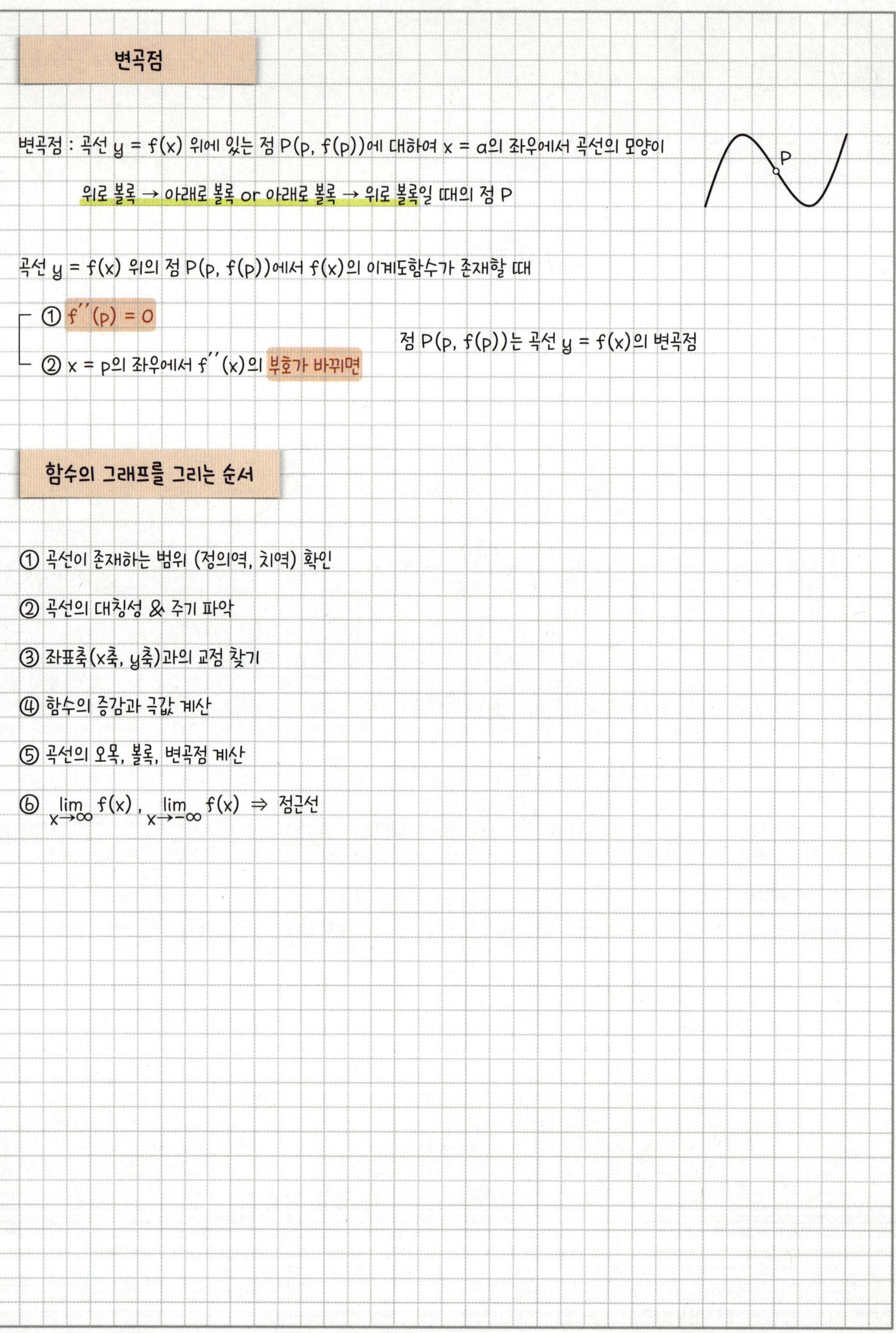

곡선 $y = f(x)$ 위의 점 $P(p, f(p))$에서 $f(x)$의 이계도함수가 존재할 때

① $f''(p) = 0$

② $x = p$의 좌우에서 $f''(x)$의 부호가 바뀌면

점 $P(p, f(p))$는 곡선 $y = f(x)$의 변곡점

함수의 그래프를 그리는 순서

① 곡선이 존재하는 범위 (정의역, 치역) 확인

② 곡선의 대칭성 & 주기 파악

③ 좌표축(x축, y축)과의 교점 찾기

④ 함수의 증감과 극값 계산

⑤ 곡선의 오목, 볼록, 변곡점 계산

⑥ $\displaystyle \lim_{x \to \infty} f(x)$, $\displaystyle \lim_{x \to -\infty} f(x)$ ⇒ 점근선

방정식 $f(x) = 0$의 실근은 함수 $y = f(x)$의 그래프와 x축의 교점의 x좌표

방정식 $f(x) - g(x) = 0$의 실근은 함수 $y = f(x)$의 그래프와 함수 $y = g(x)$의 그래프의 교점의 x좌표

교점의 개수는 $f(x) - g(x) = 0$의 실근의 개수
차함수

부등식의 증명은 도함수와 함수의 그래프를 이용한다.

$$\Rightarrow \begin{cases} f(x) > 0 & \cdots \quad y = f(x)\text{의 그래프가 주어진 구간에서 }x\text{축 위에 있음을 보임} \\[2mm] f(x) > g(x) & \cdots \quad h(x) = f(x) - g(x)\text{의 그래프가 주어진 구간에서 }x\text{축 위에 있음을 보임} \end{cases}$$

직선 운동

수직선 위를 움직이는 점 P의 좌표 $x = f(t)$에 대해서 시각 t에서의

속도 $v = \dfrac{dx}{dt} = f'(t)$, 가속도 $a = \dfrac{d^2x}{dt^2} = f''(t)$

평면 운동

좌표평면 위를 움직이는 점 P의 좌표 $(x, y) = (f(t), g(t))$에 대해서 시각 t에서의

속도 $\vec{v} = (v_x, v_y) = \left(\dfrac{dx}{dt}, \dfrac{dy}{dt}\right) = (f'(t), g'(t))$, 가속도 $\vec{a} = (a_x, a_y) = \left(\dfrac{d^2x}{dt^2}, \dfrac{d^2y}{dt^2}\right) = (f''(t), g''(t))$

속도의 크기 $|\vec{v}| = \sqrt{v_x{}^2 + v_y{}^2} = \sqrt{\left(\dfrac{dx}{dt}\right)^2 + \left(\dfrac{dy}{dt}\right)^2} = \sqrt{\{f'(t)\}^2 + \{g'(t)\}^2}$

가속도의 크기 $|\vec{a}| = \sqrt{a_x{}^2 + a_y{}^2} = \sqrt{\left(\dfrac{d^2x}{dt^2}\right)^2 + \left(\dfrac{d^2y}{dt^2}\right)^2} = \sqrt{\{f''(t)\}^2 + \{g''(t)\}^2}$

두 함수 $f(x)$, $g(x)$

① 닫힌구간 $[a, b]$에서 연속

② 열린구간 (a, b)에서 미분가능

$\Rightarrow$

$$\frac{f(b)-f(a)}{g(b)-g(a)} = \frac{f'(c)}{g'(c)}$$

만족하는 c가 열린구간 (a, b)에서 적어도 하나 존재

로피탈의 정리

두 함수 $f(x)$와 $g(x)$가 $x = a$를 포함하는 어떤 구간에서 미분가능할 때

$$\lim_{x \to a}\frac{f(x)}{g(x)}\text{가 } \frac{0}{0} \text{ 또는 } \frac{\infty}{\infty} \text{ 꼴이면 } \lim_{x \to a}\frac{f(x)}{g(x)} = \lim_{x \to a}\frac{f'(x)}{g'(x)} \text{ (단, } g'(a) \neq 0)$$

결론 : $\frac{0}{0}$ 또는 $\frac{\infty}{\infty}$ 꼴의 분수꼴의 극한값은 그 분자와 분모를 각각 미분해도 같다.

테일러의 정리

함수 $y = f(x)$가 $x = a$를 포함하는 열린구간 I에서 $(n+1)$번 미분 가능하고 $(n+1)$계도함수가 연속이면

열린구간 I에 속하는 임의의 x에 대하여

$$f(x) = f(a)+f'(a)(x-a)+\frac{f''(a)}{2!}(x-a)^2+\cdots+\frac{f^{(n)}(a)}{n!}(x-a)^n+\frac{f^{(n+1)}(c)}{(n+1)!}(x-a)^{n+1}$$

을 만족하는 c가 a와 x 사이에 존재

또, a와 x 사이의 임의의 t에 대하여 $\left|f^{(n+1)}(t)\right| \leq M$을 만족시키는 상수 M이 존재하면 나머지항

$$R_n(x) = \frac{f^{(n+1)}(c)}{(n+1)!}(x-a)^{n+1} \text{ 은 } |R_n(x)| \leq \frac{M}{(n+1)!}(x-a)^{n+1}$$

$$e^x = 1+\frac{x}{1!}+\frac{x^2}{2!}+\frac{x^3}{3!}+\cdots \quad (-\infty < x < \infty) \qquad \ln(1+x) = \frac{x}{1}-\frac{x^2}{2}+\frac{x^3}{3}-\frac{x^4}{4}+\cdots \quad (|x| < 1)$$

$$\sin x = x-\frac{x^3}{3!}+\frac{x^5}{5!}-\cdots \quad (-\infty < x < \infty) \qquad \cos x = 1-\frac{x^2}{2!}+\frac{x^4}{4!}-\cdots \quad (-\infty < x < \infty)$$

부정적분과 정적분

부정적분

부정적분 : $F'(x) = f(x)$를 만족하는 $F(x)$
원시함수

$f(x)$의 임의의 부정적분 : $\displaystyle\int f(x)dx = F(x)+C$ (단, C는 상수)
피적분함수   적분상수

적분 : 함수 $f(x)$의 부정적분을 구하는 것

적분법 : $\displaystyle\int f(x)dx$를 구하는 계산법

$$\int kf(x)dx = k\int f(x)dx \ (k는 상수) \qquad \int f(x)\pm g(x)dx = \int f(x)dx \pm \int g(x)dx \ (복부호동순)$$

☆ 여러 가지 함수의 부정적분   (n은 실수, $a > 0$, $a \neq 1$) 증명은 미분법을 역으로 이용

☆ 필수 암기!

$f(x)$	$\displaystyle\int f(x)dx$	$f(x)$	$\displaystyle\int f(x)dx$
$x^n \ (n \neq -1)$	$\dfrac{1}{n+1}x^{n+1}+C$	$\csc^2 x$	$-\cot x+C$
$\dfrac{1}{x}$	$\ln|x|+C$	$\sec x\tan x$	$\sec x+C$
$\sin x$	$-\cos x+C$	$\csc x\cot x$	$-\csc x+C$
$\cos x$	$\sin x+C$	e^x	e^x+C
$\sec^2 x$	$\tan x+C$	a^x	$\dfrac{1}{\ln a}a^x+C$

치환적분법

미분가능한 함수 $g(t)$에 대하여 $x = g(t)$로 놓으면

$$\int f(x)dx = \int f(g(t))g'(t)dt \qquad x = g(t), \ dx = g'(t)dt$$

$$\int \frac{f'(x)}{f(x)}dx = \ln|f(x)| + C$$

부분적분법

두 함수 $f(x)$, $g(x)$가 미분가능할 때

$$\int f(x)g'(x)dx = f(x)g(x) - \int f'(x)g(x)dx$$

$f \longleftrightarrow g'$

로그   다항   삼각   지수

삼각치환법

$$\sqrt{a^2+x^2} \ : \ x = a\tan\theta, \ dx = a\sec^2\theta d\theta \quad \Rightarrow \quad \sqrt{a^2+a^2\tan^2\theta} = a\sec\theta$$

$$\sqrt{a^2-x^2} \ : \ x = a\sin\theta, \ dx = a\cos\theta d\theta \quad \Rightarrow \quad \sqrt{a^2-a^2\sin^2\theta} = a\cos\theta$$

$$\sqrt{x^2-a^2} \ : \ x = a\sec\theta, \ dx = a\sec\theta\tan\theta d\theta \quad \Rightarrow \quad \sqrt{a^2\sec^2\theta-a^2} = a\tan\theta$$

여러 가지 적분법을 이용한 여러 가지 함수의 부정적분

☆ 필수 암기!

$f(x)$	$\int f(x)dx$	$f(x)$	$\int f(x)dx$
$\tan x$	$-\ln|\cos x| + C$		$\ln\left|\tan\left(\frac{x}{2}+\frac{\pi}{4}\right)\right| + C$
$\cot x$	$\ln|\sin x| + C$	$\sec x$	$\ln|\sec x + \tan x| + C$
$\ln x$	$x\ln x - x + C$		$\ln\left|\tan\left(\frac{x}{2}\right)\right| + C$
$\dfrac{1}{x^2-a^2}$	$\dfrac{1}{2a}\ln\left|\dfrac{x-a}{x+a}\right| + C$	$\tan x$	$\ln|\csc x - \cot x| + C$

① 주어진 도형을 충분히 작은 n개의 기본도형으로 분할

② 기본도형의 넓이 또는 부피의 합 계산

③ ②에서 계산한 합의 $n \to \infty$일 때의 극한값 계산

$y = f(x)$가 닫힌구간 $[a, b]$에서 연속일 때

적분구간 $\Rightarrow$ 닫힌구간 $[a, b]$를 n등분 후 양 끝점 포함 각 분점의 x좌표를 각각
$a = x_0,\ x_1,\ x_2,\ \cdots,\ x_{n-1},\ x_n = b$

$$S_n = \sum_{k=1}^{n} f(x_k)\Delta x$$

$$= f(x_1)\Delta x + f(x_2)\Delta x + f(x_3)\Delta x + \cdots + f(x_{n-1})\Delta x + f(x_n)\Delta x$$

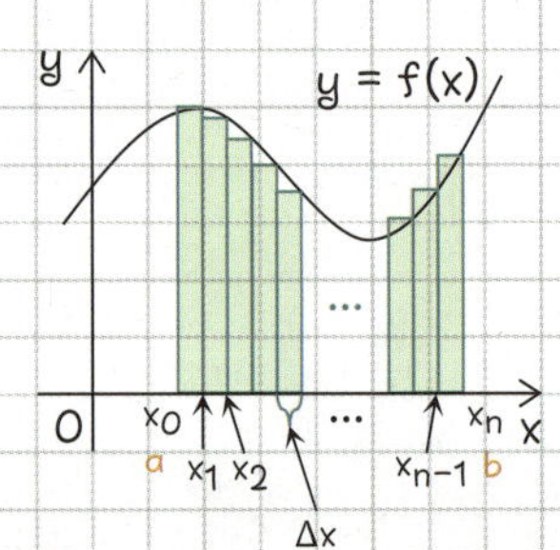

$y = f(x)$의 a에서의 b까지의

정적분 $S = \displaystyle\lim_{n\to\infty} \sum_{k=1}^{n} f(x_k)\Delta x = \int_{a}^{b} f(x)\,dx$

위끝 / 아래끝 / 적분변수

$$\Delta x = \frac{b-a}{n},\quad x_k = a + k\Delta x = a + \frac{b-a}{n}k$$

$$\therefore \int_{a}^{b} f(x)\,dx = \lim_{n\to\infty} \sum_{k=1}^{n} f\left(a + \frac{b-a}{n}k\right)\frac{b-a}{n}$$

 미적분학의 기본정리 1

$$g(x) = \int_{a}^{x} f(t)\,dt \text{ 일 때 } g'(x) = f(x) \Rightarrow \frac{d}{dx}\int_{a}^{x} f(t)\,dt = f(x)$$

 미적분학의 기본정리 2 (현 교육과정 정적분 정의)

함수 $f(x)$가 닫힌구간 $[a, b]$에서 연속이고, 함수 $f(x)$의 부정적분 중 하나를 $F(x)$라 하면

$$\int_{a}^{b} f(x)\,dx = F(b) - F(a) = \Big[F(x)\Big]_{a}^{b}$$

두 함수 $f(x)$, $g(x)$가 세 실수 a, b, c를 포함하는 구간에서 연속일 때

$$\int_a^a f(x)dx = 0 \qquad\qquad \int_a^b f(x)dx = -\int_b^a f(x)dx$$

$$\int_a^b kf(x)dx = k\int_a^b f(x)dx \ (k\text{는 상수}) \qquad \int_a^b f(x)\pm g(x)dx = \int_a^b f(x)dx \pm \int_a^b g(x)dx \ \ (\text{복부호동순})$$

$$\int_a^c f(x)dx + \int_c^b f(x)dx = \int_a^b f(x)dx$$

대칭인 함수의 정적분

함수 $y = f(x)$가 닫힌구간 $[-a,\ a]$에서 연속일 때

$f(-x)= f(x)$ 일 때 $\qquad \int_{-a}^a f(x)dx = 2\int_0^a f(x)dx$
우함수

$f(-x)= -f(x)$ 일 때 $\qquad \int_{-a}^a f(x)dx = 0$
기함수

정적분으로 정의된 함수의 미분 & 극한

$$\frac{d}{dx}\int_a^x f(t)dt = f(x) \qquad\qquad \frac{d}{dx}\int_x^{x+a} f(t)dt = f(x+a)-f(x)$$

$$\lim_{x\to a}\frac{1}{x-a}\int_a^x f(t)dt = f(a) \qquad\qquad \lim_{x\to 0}\frac{1}{x}\int_x^{x+a} f(t)dt = f(a)$$

$$\lim_{n \to \infty} \sum_{k=1}^{n} f\left(a + \frac{b-a}{n}k\right)\frac{b-a}{n} = \int_{a}^{b} f(x)\,dx$$

$$\lim_{n \to \infty} \sum_{k=1}^{n} f\left(a + \frac{p}{n}k\right)\frac{p}{n} = \int_{a}^{a+p} f(x)\,dx = \int_{0}^{p} f(x+a)\,dx$$

$$\lim_{n \to \infty} \sum_{k=1}^{n} f\left(a + \frac{p}{n}k\right)\frac{q}{n} = q\int_{0}^{1} f(a+px)\,dx$$

정적분의 여러 가지 적분법

치환적분법

$f(x)$가 닫힌구간 $[a, b]$에서 연속, $g(t)$는 $a = g(\alpha)$, $b = g(\beta)$이며 닫힌구간 $[\alpha, \beta]$에서 미분가능, $g'(t)$는 연속일 때

$$\int_{a}^{b} f(x)\,dx = \int_{\alpha}^{\beta} f(g(t))g'(t)\,dt \qquad x = g(t),\ dx = g'(t)\,dt$$

부분적분법

두 함수 $f(x)$, $g(x)$가 미분가능, $f'(x)$, $g'(x)$이 연속일 때

$$\int_{a}^{b} f(x)g'(x)\,dx = \left[f(x)g(x)\right]_{a}^{b} - \int_{a}^{b} f'(x)g(x)\,dx$$

적분의 활용

정적분과 부등식

닫힌구간 $[a, b]$에서 연속인 함수 $f(x)$, $g(x)$에 대해

$$f(x) \geq 0 \Rightarrow \int_a^b f(x)dx \geq 0$$

$$f(x) \geq g(x) \Rightarrow \int_a^b f(x)dx \geq \int_a^b g(x)dx$$

$$m \leq f(x) \leq M \Rightarrow m(b-a) \leq \int_a^b f(x)dx \leq M(b-a)$$

$$\left| \int_a^b f(x)dx \right| \leq \int_a^b |f(x)|dx$$

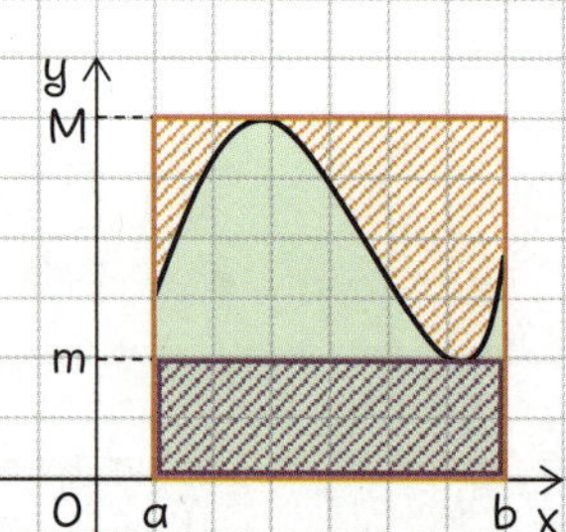

곡선과 축 사이의 넓이

함수 $y = f(x)$가 닫힌구간 $[a, b]$에서 연속일 때,
곡선 $y = f(x)$와 x축, $x = a$, $x = b$로 둘러싸인 도형의 넓이

$$S = \int_a^b |f(x)|dx$$

함수 $x = g(y)$가 닫힌구간 $[c, d]$에서 연속일 때,
곡선 $x = g(y)$와 y축, $y = c$, $y = d$로 둘러싸인 도형의 넓이

$$S = \int_c^d |g(y)|dy$$

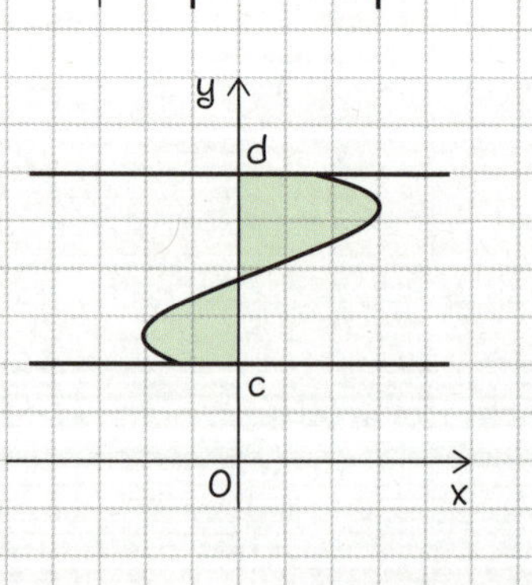

닫힌구간 $[a, b]$에서 연속인 곡선 $f(x)$, $g(x)$와
두 직선 $x = a$, $x = b$로 둘러싸인 도형의 넓이

$$S = \int_a^b |f(x) - g(x)|\,dx$$

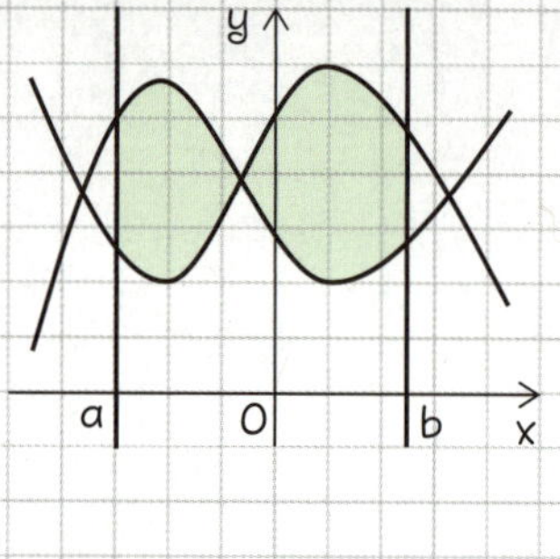

닫힌구간 $[a, b]$에서 연속인 곡선 $f(y)$, $g(y)$와
두 직선 $y = c$, $y = d$로 둘러싸인 도형의 넓이

$$S = \int_c^d |f(y) - g(y)|\,dx$$

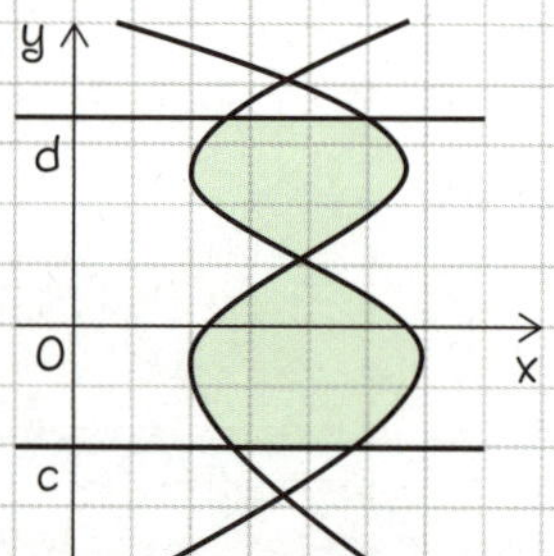

입체도형의 부피

닫힌구간 $[a, b]$의 임의의 점 x에서
x축에 수직인 평면으로 입체도형을 자른 단면의 넓이가 $S(x)$일 때,
두 평면 $x = a$, $x = b$로 둘러싸인 입체도형의 부피

$$V = \int_a^b S(x)\,dx$$

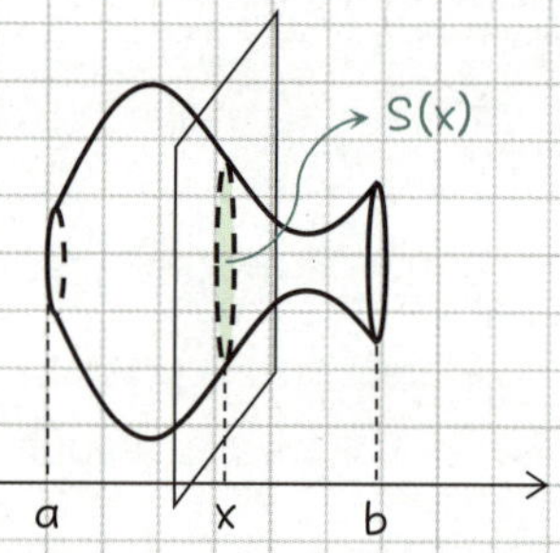

(단, $S(x)$는 닫힌구간 $[a, b]$에서 연속)

닫힌구간 $[a, b]$에서 연속인 곡선 $y = f(x)$를 x축 둘레로
회전시킬 때 생기는 회전체의 부피

$$V = \pi \int_a^b y^2 dx = \pi \int_a^b \{f(x)\}^2 dx$$

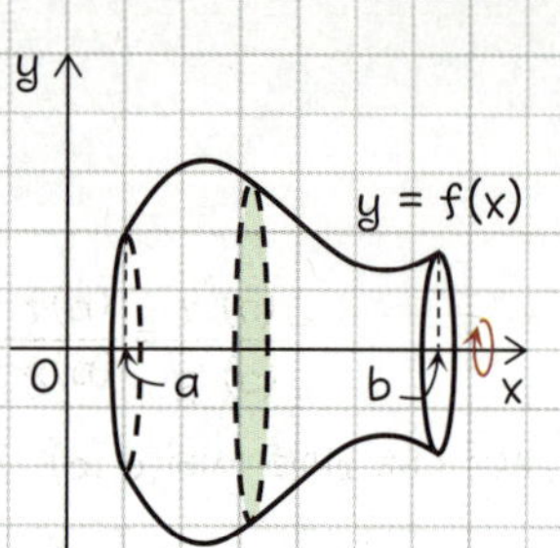

닫힌구간 $[c, d]$에서 연속인 곡선 $x = g(y)$를 y축 둘레로
회전시킬 때 생기는 회전체의 부피

$$V = \pi \int_c^d x^2 dy = \pi \int_c^d \{g(y)\}^2 dy$$

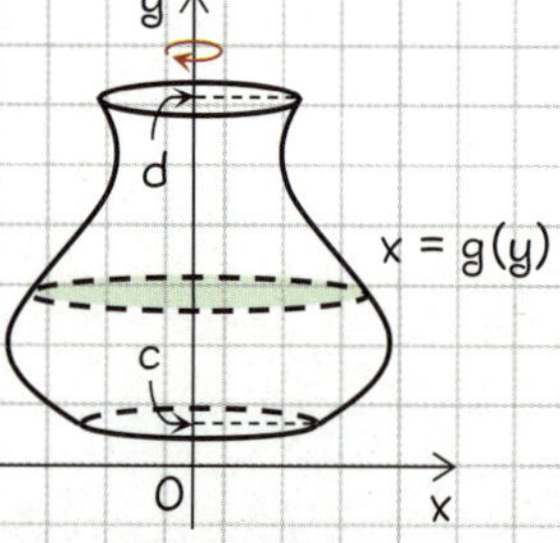

닫힌구간 $[a, b]$에서 연속이고 $0 \leq g(x) \leq f(x)$를 만족하는
두 곡선 $f(x)$, $g(x)$를 x축 둘레로 회전시킬 때 생기는 회전체의 부피

$$V = \pi \int_a^b \{f(x)\}^2 - \{g(x)\}^2 dx$$

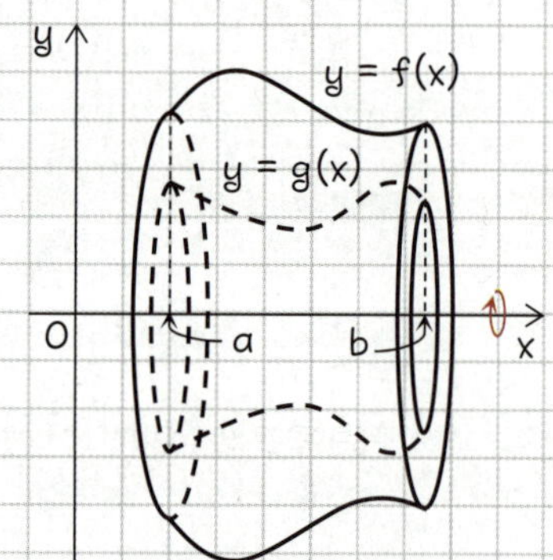

닫힌구간 $[c, d]$에서 연속이고 $0 \leq g(y) \leq f(y)$를 만족하는
두 곡선 $f(x)$, $g(x)$를 x축 둘레로 회전시킬 때 생기는 회전체의 부피

$$V = \pi \int_c^d \{f(y)\}^2 - \{g(y)\}^2 dx$$

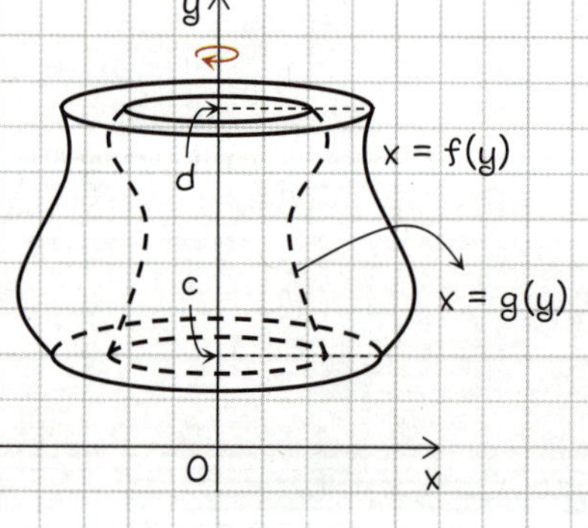

직선 운동

수직선 위를 움직이는 점 P의 시각 t에서의 위치 : $x(t)$, 속도 : $v(t)$이고 점 P가 $t = a$에서 $t = b$까지 움직일 때,

$t = k \; (a \leq k \leq b)$에서의 점 P의 위치 $x(k) = x(a) + \displaystyle\int_a^k v(t)\,dt$ $\qquad$ $t = a$에서 $t = b$까지 점 P의 위치의 변화량 : $\displaystyle\int_a^b v(t)\,dt$

$t = a$에서 $t = b$까지 점 P가 움직인 거리 $\ell = \displaystyle\int_a^b |v(t)|\,dt$

평면 운동

좌표평면 위를 움직이는 점 P의 좌표 $(x, y) = (f(t), g(t))$일 때 $t = a$에서 $t = b$까지 점 P가 움직인 거리

$$\ell = \int_a^b \sqrt{\left(\frac{dx}{dt}\right)^2 + \left(\frac{dy}{dt}\right)^2}\,dt = \int_a^b \sqrt{\{f'(t)\}^2 + \{g'(t)\}^2}\,dt$$

곡선의 길이

닫힌구간 $[a, b]$에서 도함수가 연속인

매개변수로 표시된 곡선 $x = f(t)$, $y = g(t)$의 길이 $L = \displaystyle\int_a^b \sqrt{\{f'(t)\}^2 + \{g'(t)\}^2}\,dt$

곡선 $y = f(x)$의 길이 $L = \displaystyle\int_a^b \sqrt{1 + \{f'(x)\}^2}\,dx$ $\qquad$ 위의 식에서 $x = t$, $y = f(t)$ 대입

백그라운드
고등수학
필기노트

Chap 8

확률과 통계

순열과 조합

경우의 수

시행 : 같은 조건에서 반복할 수 있고, 그 결과가 우연에 의하여 결정되는 실험이나 관찰

표본공간 : 한 번의 시행에서 일어날 수 있는 모든 결과의 집합 S

사건 : 어떤 시행에서 얻어지는 결과 (= 표본공간의 부분집합)

공사건 : 어떤 시행에서 결코 일어나지 않는 사건 $\varnothing$

배반사건 : 사건 A와 B 중 어느 한 사건이 일어나면 다른 사건은 일어나지 않을 때의 두 사건 $A \cap B = \varnothing$

여사건 : 사건 A에 대하여 A가 일어나지 않는 사건 $A \cap A^C = \varnothing \;\Rightarrow\;$ 사건, 여사건은 배반 A^C는 A의 여사건

근원사건 : 표본공간의 부분집합 중 한 개의 원소로 이루어진 사건 $n(A) = 1$

경우의 수 : 어떤 사건이 일어날 수 있는 가짓수

합의 법칙

두 사건 A, B가 동시에 일어나지 않고

사건 A, B가 일어나는 경우의 수가 각각 m, n이면

사건 A 또는 사건 B가 일어나는 경우의 수는 m+n

곱의 법칙

사건 A가 일어나는 경우가 m가지

그 각각에 대하여 사건 B가 일어나는 경우의 수가 n일 때

두 사건 A 그리고 B가 동시에 일어나는 경우의 수는 m×n

팩토리얼(계승)

n의 계승(차례곱) : 1부터 n까지의 자연수를 차례로 곱한 것 $n!$ n명의 사람을 나열하는 경우의 수는 (n!)가지

                                                         n 팩토리얼

(ex) $5! = 5 \times 4 \times 3 \times 2 \times 1 = 120$

$0! = 1$로 정의한다.   0명의 사람을 나열하는 경우의 수는 1가지

순열

: 서로 다른 n개의 물건 중 r개를 택하여 일렬로 나열하는 것 ⇒ 선택 & 나열

서로 다른 7개의 물건 중 4개를 택하여 일렬로 나열 = $_7P_4$

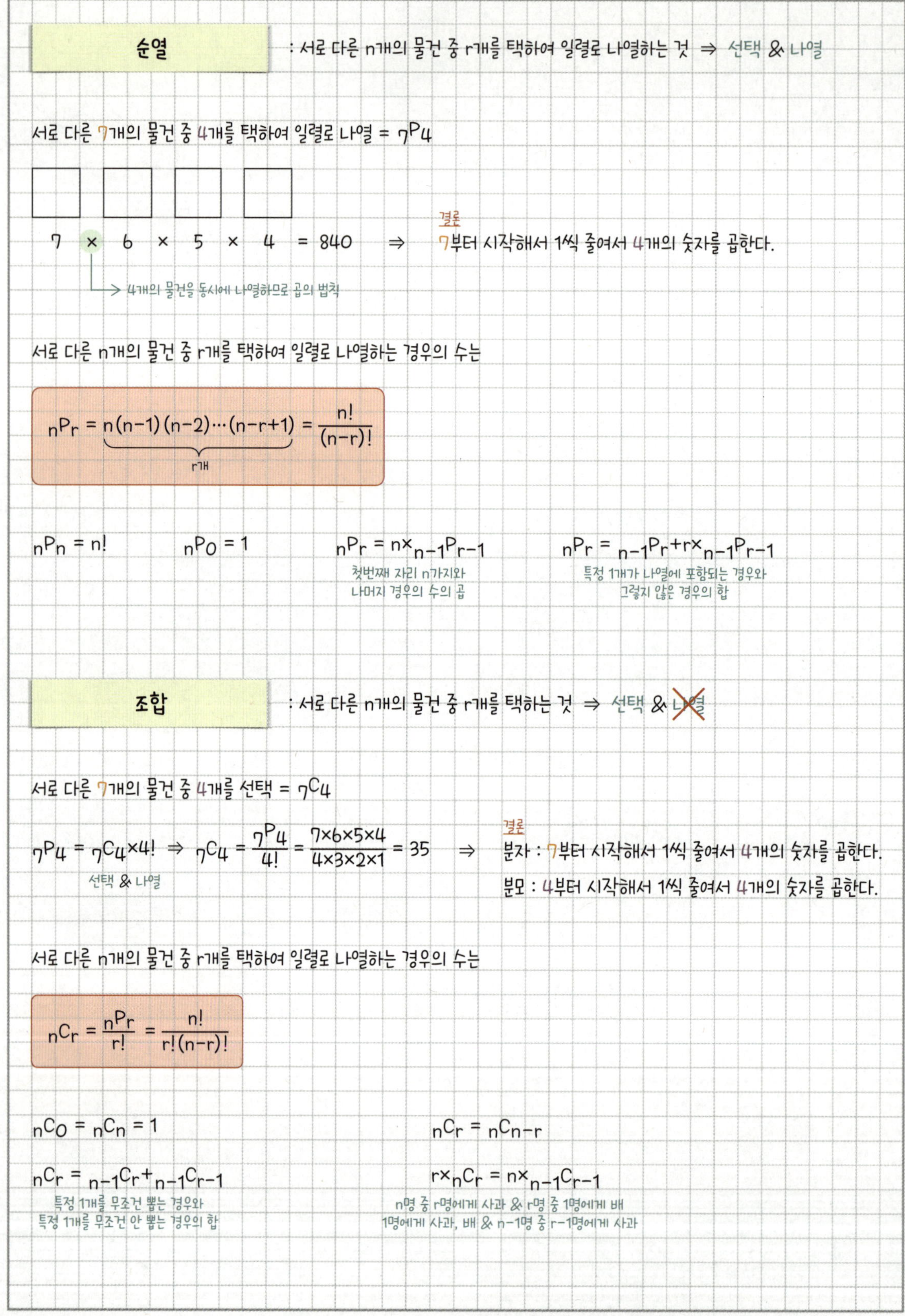

$7 \times 6 \times 5 \times 4 = 840$ ⇒ 결론 7부터 시작해서 1씩 줄여서 4개의 숫자를 곱한다.

→ 4개의 물건을 동시에 나열하므로 곱의 법칙

서로 다른 n개의 물건 중 r개를 택하여 일렬로 나열하는 경우의 수는

$$_nP_r = \underbrace{n(n-1)(n-2)\cdots(n-r+1)}_{r개} = \frac{n!}{(n-r)!}$$

$_nP_n = n!$ $\qquad$ $_nP_0 = 1$ $\qquad$ $_nP_r = n \times {}_{n-1}P_{r-1}$ $\qquad$ $_nP_r = {}_{n-1}P_r + r \times {}_{n-1}P_{r-1}$

첫번째 자리 n가지와
나머지 경우의 수의 곱

특정 1개가 나열에 포함되는 경우와
그렇지 않은 경우의 합

조합

: 서로 다른 n개의 물건 중 r개를 택하는 것 ⇒ 선택 & ~~나열~~

서로 다른 7개의 물건 중 4개를 선택 = $_7C_4$

$_7P_4 = {}_7C_4 \times 4!$ ⇒ $_7C_4 = \frac{_7P_4}{4!} = \frac{7\times6\times5\times4}{4\times3\times2\times1} = 35$ ⇒ 결론 분자 : 7부터 시작해서 1씩 줄여서 4개의 숫자를 곱한다.

$\qquad$ 선택 & 나열 $\qquad\qquad\qquad\qquad\qquad\qquad\qquad\qquad\qquad$ 분모 : 4부터 시작해서 1씩 줄여서 4개의 숫자를 곱한다.

서로 다른 n개의 물건 중 r개를 택하여 일렬로 나열하는 경우의 수는

$$_nC_r = \frac{_nP_r}{r!} = \frac{n!}{r!(n-r)!}$$

$_nC_0 = {}_nC_n = 1$ $\qquad\qquad\qquad\qquad\qquad\qquad$ $_nC_r = {}_nC_{n-r}$

$_nC_r = {}_{n-1}C_r + {}_{n-1}C_{r-1}$ $\qquad\qquad\qquad\qquad$ $r \times {}_nC_r = n \times {}_{n-1}C_{r-1}$

특정 1개를 무조건 뽑는 경우와
특정 1개를 무조건 안 뽑는 경우의 합

n명 중 r명에게 사과 & r명 중 1명에게 배
1명에게 사과, 배 & n−1명 중 r−1명에게 사과

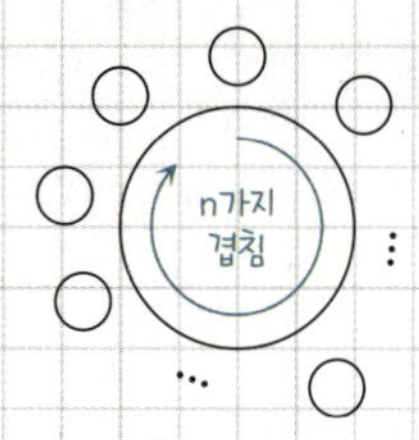

원순열 : 서로 다른 n개의 원소를 원형으로 배열하는 순열

n개 나열 $n!$, n가지 겹침 $\Rightarrow$ $(n-1)!$

한 원소를 고정시켜 원순열을 직순열로 바꾼 후 남은 원소에 대한 배열을 생각한다.

중복순열 : 서로 다른 n개의 원소를 중복을 허락하여 r개를 골라 나열하는 것

각 자리마다 모두 n가지 경우 $\Rightarrow$ $_n\Pi_r = n^r$

중복조합 : 서로 다른 n개의 원소에서 중복을 허락하여 r개를 고르는 것

$\Rightarrow$ $_nH_r = {}_{n+r-1}C_r$

$x_1, x_2, x_3, \cdots, x_n$이 0 이상의 정수일 때 $x_1+x_2+x_3+\cdots+x_n = r$을 만족하는 순서쌍 $(x_1, x_2, x_3, \cdots, x_n)$의 개수는 $_nH_r$

같은 것이 있는 순열(동자순열) : n개의 원소 중 서로 같은 것이 일부 들어있을 때 이들을 모두 골라 나열하는 것

서로 같은 것이 $p, q, \cdots, r$개 들어 있을 때 $(p+q+\cdots+r = n)$ $\Rightarrow$ $\dfrac{n!}{p!\,q!\cdots r!}$

만약 $p+q = n$이면 조합과 공식이 똑같다.

	순열	조합
중복 X	$_nP_r = \dfrac{n!}{(n-r)!}$	$_nC_r = \dfrac{_nP_r}{r!} = \dfrac{n!}{r!(n-r)!}$
중복 O	$_n\Pi_r = n^r$	$_nH_r = {}_{n+r-1}C_r$

이항정리

$ab \neq 0$, $n \in \mathbb{N}$일 때

일반항

이항계수

$$(a+b)^n = \sum_{k=0}^{n} {}_nC_r a^k b^{n-k} = {}_nC_0 a^n + {}_nC_1 a^1 b^{n-1} + {}_nC_2 a^2 b^{n-2} + \cdots + {}_nC_n b^n$$

$_nC_0 + {}_nC_1 + {}_nC_2 + \cdots + {}_nC_n = 2^n$ $\quad a = b = 1$

$_nC_0 - {}_nC_1 + {}_nC_2 - \cdots + (-1)^n {}_nC_n = 0$ $\quad a = 1, b = -1$

$_nC_0 + {}_nC_2 + {}_nC_4 + \cdots = {}_nC_1 + {}_nC_3 + {}_nC_5 + \cdots = 2^{n-1}$

$_nC_1 + 2 \times {}_nC_2 + 3 \times {}_nC_3 + \cdots + n \times {}_nC_n = n \times 2^{n-1}$

분할 : 몇 개의 원소를 몇 개의 집합으로 나누는 경우의 수

분배 : 몇 개의 원소를 몇 개의 집합으로 나눈 뒤 배열하는 경우의 수

분할

6명	(3명, 2명, 1명)	$_6C_3 \times _3C_2 \times _1C_1$
7명	(3명, 2명, 2명)	$_7C_3 \times _4C_2 \times _2C_2 \times \dfrac{1}{2!}$
6명	(2명, 2명, 2명)	$_6C_2 \times _4C_2 \times _2C_2 \times \dfrac{1}{3!}$

분배
세 대의 서로 다른 차량에 탑승 $\Rightarrow$ (분할의 수)$\times 3!$

집합과 자연수의 분할

집합의 분할

주어진 집합 A를 $\begin{cases} A = A_1 \cup A_2 \cup A_3 \cup \cdots \cup A_n \\ A_i \cap A_j = \varnothing \quad (i \neq j) \end{cases}$ 를 만족하면서 공집합이 아닌 부분집합 $A_1, A_2, A_3, \cdots, A_n$으로 나누는 것

부분

제2종 스털링수 : $\{1, 2, 3, \cdots, n\}$을 k개의 부분으로 분할하는 경우의 수 $S(n, k)$ $\quad \{n, k\} \in \mathbb{N}, 1 < k < n$

$S(n, k) = S(n-1, k-1) + k \times S(n-1, k)$
$\quad\quad$ {n}이 부분일 때 $\quad$ 그렇지 않을 때

위의 분할과 계산 방법이 동일하다.

자연수의 분할

자연수 n을 k개의 자연수의 합으로 나타내는 것

n의 k-분할수 : 자연수 n을 k개의 자연수의 합으로 나타내는 경우의 수 $P(n, k)$ $\quad \{n, k\} \in \mathbb{N}, 1 < k < n$

$P(n, k) = P(n-k, 1) + P(n-k, 2) + \cdots + P(n-k, k)$
$\quad\quad$ k개의 자연수에 1을 모두 넣으면 n-k가 남고 이를 (1 ~ k)개의 자연수에 나누어 담는 경우의 수를 모두 더한다.

① 서로 다른 5개의 공을 서로 다른 상자 3개에 넣는 방법의 수 (빈 상자 O)

중복순열 $_3\Pi_5 = 3\times3\times3\times3\times3 = 3^5 = 243$

② 서로 다른 5개의 공을 서로 다른 상자 3개에 넣는 방법의 수 (빈 상자 X)

$(1, 1, 3), (1, 2, 2)$ 분할하고 상자에 분배

$S(5, 3)\times3! = \left(_5C_1\times_4C_1\times_3C_3\times\dfrac{1}{2!} +_5C_1\times_4C_2\times_2C_2\times\dfrac{1}{2!}\right)\times3! = 150$

③ 똑같은 5개의 공을 서로 다른 상자 3개에 넣는 방법의 수 (빈상자 O)

$x+y+z = 5$ (x, y, z는 0 이상의 정수)를 만족하는 순서쌍 (x, y, z)의 개수와 같다.

중복조합 $_3H_5 = 21$

④ 똑같은 5개의 공을 서로 다른 상자 3개에 넣는 방법의 수 (빈상자 X)

$x+y+z = 5$ (x, y, z는 자연수) $\Rightarrow$ $x'+y'+z' = 2$ (x', y', z'는 0 이상의 정수)

x, y, z에 미리 1을 넣어
조건을 0이 아닌 정수로 만든다.

중복조합 $_3H_2 = 6$

⑤ 서로 다른 5개의 공을 똑같은 상자 3개에 넣는 방법의 수 (빈상자 X)

$(1, 1, 3), (1, 2, 2)$ 분할

$S(5, 3) = {}_5C_1\times_4C_1\times_3C_3\times\dfrac{1}{2!} +_5C_1\times_4C_2\times_2C_2\times\dfrac{1}{2!} = 25$

⑥ 똑같은 5개의 공을 똑같은 상자 3개에 넣는 방법의 수 (빈상자 X)

자연수의 분할 $5 = 3+1+1 = 2+2+1$

$P(5, 3) = 2$

⑦ 똑같은 5개의 공을 똑같은 상자 3개에 넣는 방법의 수 (빈상자 O)

상자 1개 5　　　　　　　　　상자 2개 4+1 = 3+2　　　　　　　　상자 3개 3+1+1 = 2+2+1

$P(5, 1)+P(5, 2)+P(5, 3) = 1+2+2 = 5$

⑧ 서로 다른 5개의 공을 똑같은 상자 3개에 넣는 방법의 수 (빈상자 O)

상자 1개 $\Rightarrow$ 1가지

상자 2개 (1, 4), (2, 3) $\Rightarrow$ $_5C_1 \times _4C_4 + _5C_2 \times _3C_3 = 5+10 = 15$

상자 3개 (1, 1, 3), (1, 2, 2) $\Rightarrow$ $_5C_1 \times _4C_1 \times _3C_3 \times \dfrac{1}{2!} + _5C_1 \times _4C_2 \times _2C_2 \times \dfrac{1}{2!} = 25$

$S(5, 1)+S(5, 2)+S(5, 3) = 41$

☆정리

n개의 상자, r개의 공		빈 상자 O	빈 상자 X
서로 다른 상자	서로 다른 공	n^r	$n! \times S(r, n)$
	똑같은 공	$_nH_r$	$_nH_{r-n}$
똑같은 상자	서로 다른 공	$\displaystyle\sum_{k=1}^{n} S(r, k)$	$S(r, n)$
	똑같은 공	$\displaystyle\sum_{k=1}^{n} P(r, k)$	$P(r, n)$

비둘기집의 원리

n개의 비둘기집에 (n+1)마리의 비둘기가 들어갔다면 두 마리 이상의 비둘기가 들어간 비둘기집이 적어도 하나 있다.

n개의 비둘기집에 m마리의 비둘기가 들어갈 때

— m이 n의 배수이면 $\left(\dfrac{m}{n}\right)$마리 이상 들어간 비둘기집이 적어도 하나 있다.

— m이 n의 배수가 아니면 $\left(\left[\dfrac{m}{n}\right]+1\right)$마리 이상 들어간 비둘기집이 적어도 하나 있다.

확률

확률 : 시행에서 어떤 사건 A가 일어날 가능성을 수로 나타낸 것

☆ 수학적 확률 : 어떤 시행에서 표본공간 S가 n개의 근원사건으로 이루어져 있고 각 근원사건이 일어날 가능성이 모두

같은 정도로 기대될 때, 사건 A가 r개의 근원사건으로 이루어져 있으면 사건 A가 일어날 확률 $P(A) = \dfrac{r}{n}$

통계적 확률 : 같은 시행을 n번 반복하여 사건 A가 일어난 횟수를 r_n이라 하면 $P(A) = \lim\limits_{n \to \infty} \dfrac{r_n}{n} = P$
(경험적 확률)

기하학적 확률 : 연속적인 변량을 크기로 갖는 표본공간의 영역 S 안에서 각각의 점을 잡을 가능성이 같은 정도로 기대될 때,

영역 S에 포함되어 있는 영역 A에 대하여 영역 S에서 임의로 잡은 점이 영역 A에 속할 확률

$$P(A) = \frac{(\text{영역 A의 크기})}{(\text{영역 S의 크기})}$$

표본공간 S의 두 사건 A, B에 대하여

$0 \le P(A) \le 1$ $P(S) = 1$ $P(\varnothing) = 0$ $P(A^C) = 1 - P(A)$

모든 사건의 확률은 0 이상 1 이하   표본공간의 확률은 1   공사건의 확률은 0

$P(A \cup B) = P(A) + P(B) - P(A \cap B)$ $A \cap B = \varnothing$ 이면 $P(A \cup B) = P(A) + P(B)$

포함·배제의 원리 : $n(A \cup B) = n(A) + n(B) - n(A \cap B)$ $P(\varnothing) = 0$ 합의 법칙

☆ **조건부확률** : 사건 A가 일어났을 때 사건 B가 일어날 확률 $P(B \mid A)$

$$P(B \mid A) = \frac{n(A \cap B)}{n(A)} = \frac{\dfrac{n(A \cap B)}{n(S)}}{\dfrac{n(A)}{n(S)}} = \frac{P(A \cap B)}{P(A)} \quad (\text{단, } P(A) > 0)$$

$P(A \cap B) = P(A)P(B \mid A) = P(B)P(A \mid B)$ (단, $P(A) > 0$, $P(B) > 0$)

곱의 법칙

bar

(주체) | (조건) : ~에 대하여

$\{x \mid x < 9\}$

: x에 대하여 9보다 작은 실수 x

$P(B \mid A)$

: B의 확률인데
   A가 일어났을 때의 B의 확률

독립

: 사건 A가 일어나는 것이 사건 B가 일어날 확률에 영향을 주지 않는 것

$$\text{두 사건 A, B가 독립} \iff P(B\mid A) = P(B\mid A^c) = P(B) \iff P(A\mid B) = P(A\mid B^c) = P(A)$$

$$\text{A, B가 독립} \Rightarrow P(B\mid A) = P(B) \Rightarrow P(A\mid B) = \frac{P(A\cap B)}{P(B)} = \frac{P(A)P(B\mid A)}{P(B)} = \frac{P(A)P(B)}{P(B)} = P(A)$$

독립사건 : 서로 독립인 두 사건

종속 : 독립이 아닌 것. 즉, 두 사건이 서로 일어날 확률에 영향을 주는 것

종속사건 : 서로 종속인 두 사건

☆☆
독립사건의 곱셈정리 (독립의 조건) : 두 사건 A, B가 독립 $\iff P(A\cap B) = P(A)P(B)$ (단, A, B $\neq \varnothing$)

독립시행 : 어떤 시행을 되풀이할 때 각 시행의 결과가 그 다음의 시행에 아무런 영향을 주지 않는 시행 *ex. 주사위 굴리기*

횟수	1	2	3	…	n	독립시행을 n번 반복할 때
성공 여부	O	X	X	…	O	성공 횟수는 r번 (즉, O의 개수가 r개)
확률	P	1-p	1-p	…	P	n번 중 성공 횟수 r번을 선택

독립시행의 확률 : 1회의 시행에서 사건 A가 일어날 확률이 p일 때, n회의 독립시행에서 사건 A가 r회 일어날 확률은

$$_nC_r\,p^r(1-p)^{n-r} \quad (단,\ 0 \le r \le n)$$

확률변수

확률변수

확률변수 : 어떤 시행에서 표본공간의 각 원소가 단 하나의 수와 대응하고 그 값에 **확률**이 각각 주어지는 변수

$$P(X = x)$$

확률분포 : 확률변수가 취하는 값과 그 값을 취할 확률 사이의 대응 관계 $x_n \rightarrow P_n$

확률변수가 가질 수 있는 값
- 유한수열 $(x_1, x_2, x_3, \cdots, x_n)$
- 무한수열 $(x_1, x_2, x_3, \cdots)$ $\Rightarrow$ 이산확률변수 $\cdots$ 확률질량함수
- 어떤 구간 (a, b)의 모든 실숫값 $\Rightarrow$ 연속확률변수 $\cdots$ 확률밀도함수

이산확률변수

확률질량함수 : 이산확률변수 X의 확률분포를 나타내는 함수 $P(X = x_i) = P_i$ 확률질량함수도 결국 확률

$$0 \leq P(X = x_i) \leq 1, \quad \sum_{i=1}^{n} P(X = x_i) = 1 \quad (i = 1, 2, 3, \cdots, n)$$
무한수열인 경우 $n \rightarrow \infty$

☆ 평균 : $m = E(X) = \sum_{i=1}^{n} x_i P_i = x_1 P_1 + x_2 P_2 + x_3 P_3 + \cdots + x_n P_n$ (확률변수의 각 값)×(그 값에 대응되는 확률)들의 합

☆ 분산 : $V(X) = \sum_{i=1}^{n} (x_i - m)^2 P_i = E[(x_i - m)^2] = (x_1 - m)^2 P_1 + (x_2 - m)^2 P_2 + (x_3 - m)^2 P_3 + \cdots + (x_n - m)^2 P_n$
편차의 제곱의 평균 = (편차)²×(각 편차에 대응되는 확률)들의 합

☆ 표준편차 : $\sigma(X) = \sqrt{V(X)}$ 분산의 음이 아닌 제곱근

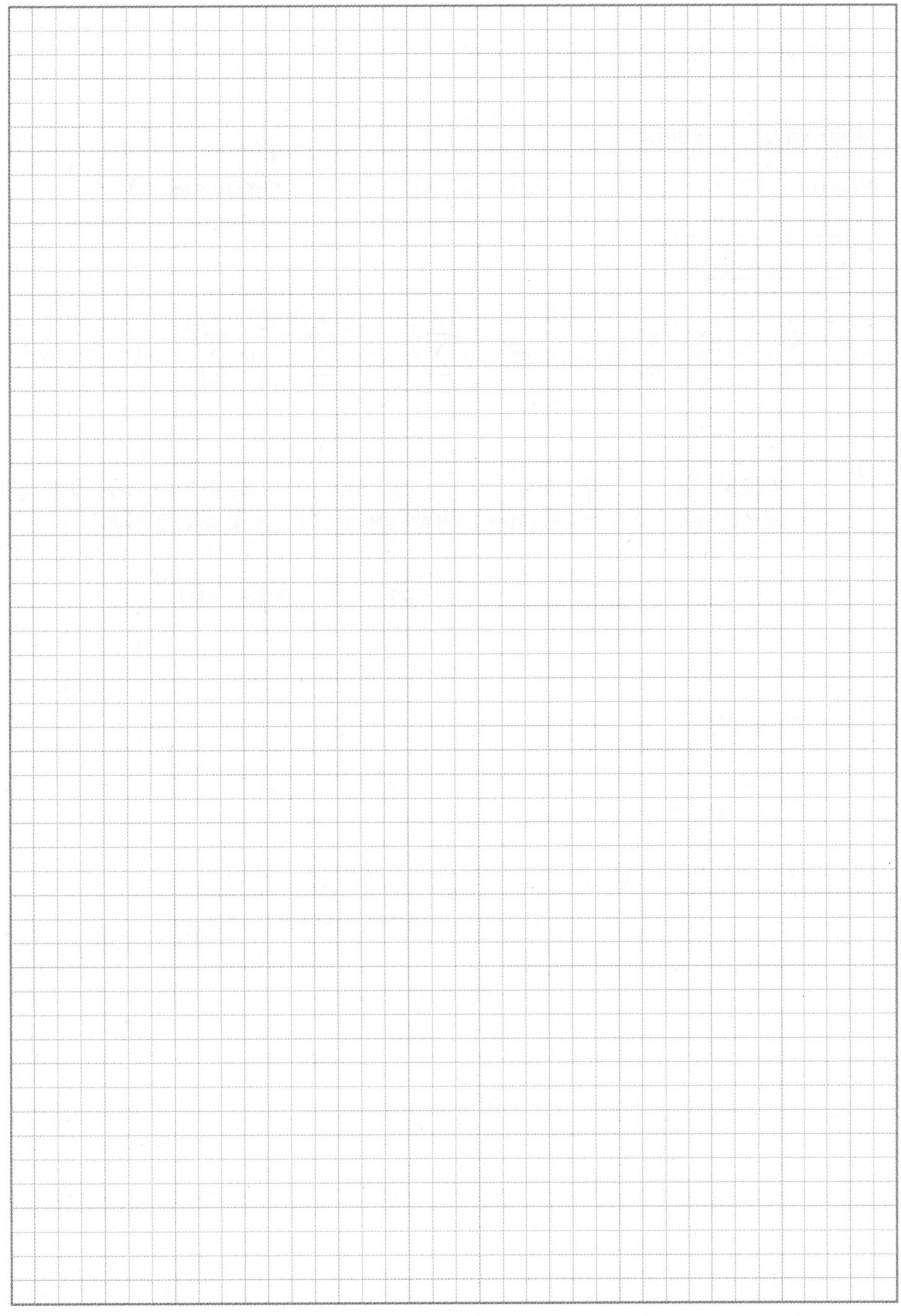

확률변수 X와 상수 a, b에 대하여

$$E(aX+b) = aE(X)+b \qquad V(aX+b) = a^2V(X) \qquad \sigma(aX+b) = |a|\sigma(X)$$

$$V(X) = E(X^2)-\{E(X)\}^2$$

$$V(X) = \sum_{i=1}^{n}(x_i-m)^2 p_i = \sum_{i=1}^{n}(x_i^2-2mx_i+m^2)p_i = \sum_{i=1}^{n}x_i^2 p_i -2m\sum_{i=1}^{n}x_i p_i +m^2\sum_{i=1}^{n}p_i = E(X^2)-2m^2+m^2$$

$$\sum_{i=1}^{n}x_i p_i = m \qquad \sum_{i=1}^{n}p_i = 1$$

이항분포

이산확률변수의 특수한 케이스
$X \sim B(n, p)$

: 어떤 시행에서 사건 A가 일어날 확률을 p, 일어나지 않을 확률을 $q(=1-p)$라 할 때 n번의 독립시행에서 사건 A가 일어나는 횟수를 이산확률변수 X로 한 확률분포

확률질량함수 : $P(X = k) = {}_nC_r p^k q^{n-k}$

독립시행의 확률

$$E(X) = np, \quad V(X) = npq, \quad \sigma(X) = \sqrt{npq}$$

큰 수의 법칙

n번의 독립시행에서 어떤 사건 A가 일어나는 횟수를 X라 할 때,

매 회의 시행에서 A가 일어날 확률이 p이면 임의의 양수 h에 대하여 $\displaystyle\lim_{n\to\infty} P\left(\left|\frac{X}{n}-p\right| < h\right) = 1$

시행횟수가 클 때 통계적 확률은 수학적 확률에 가까워짐

확률밀도함수 : 구간 $[\alpha, \beta]$ 사이에서 정의된 연속확률변수 X에 대하여

$$① \ f(x) \geq 0$$

$$② \ \int_{\alpha}^{\beta} f(x)dx = 1 \qquad\qquad 를 \ 모두 \ 만족시키는 \ 연속함수 \ f(x)$$

$$③ \ P(x_1 \leq X \leq x_2) = \int_{x_1}^{x_2} f(x)dx$$

구간 $[\alpha, \beta]$에서 정의된 연속확률변수 X의 확률밀도함수가 $f(x)$일 때

$$E(X) = m = \int_{\alpha}^{\beta} xf(x)dx$$

$$V(X) = E[(X-m)^2] = \int_{\alpha}^{\beta} (x-m)^2 f(x)dx$$

$$\sigma(X) = \sqrt{V(X)} = \sqrt{\int_{\alpha}^{\beta} (x-m)^2 f(x)dx}$$

정규분포 : 연속확률변수 X가 모든 실수 값을 가지고 그 확률밀도함수가 $f(x) = \dfrac{1}{\sqrt{2\pi}\sigma} e^{-\frac{(x-m)^2}{2\sigma^2}}$

연속확률변수의 특수한 케이스
$$X \sim N(m, \sigma^2)$$

확률밀도함수 : $f(x) = \dfrac{1}{\sqrt{2\pi}\sigma} e^{-\frac{(x-m)^2}{2\sigma^2}} \quad (-\infty < x < \infty)$

① 직선 $x = m$에 대해 대칭

② $x = m$일 때 최댓값 $\dfrac{1}{\sqrt{2\pi}\sigma}$

③ 점근선 : x축

④ $\displaystyle\int_{-\infty}^{\infty} \dfrac{1}{\sqrt{2\pi}\sigma} e^{-\frac{(x-m)^2}{2\sigma^2}} dx = 1$

 $: X \sim N(0, 1)$

확률밀도함수 : $f(z) = \dfrac{1}{\sqrt{2\pi}} e^{-\frac{z^2}{2}}$ $(-\infty < x < \infty)$

$P(0 \le z \le a) = \displaystyle\int_0^a f(z)\,dz$ $\Rightarrow$ 표준정규분포표에서 찾아 계산

$X \sim N(m, \sigma^2)$일 때, $Z = \dfrac{X-m}{\sigma} \sim N(0, 1)$ $\Rightarrow$ $P(x_1 \le X \le x_2) = P\left(\dfrac{x_1-m}{\sigma} \le X \le \dfrac{x_2-m}{\sigma}\right)$

$X \sim B(n, p)$일 때, n이 충분히 크면 근사적으로 $X \sim N(np, npq)$
$np \ge 5$ & $nq \ge 5$

통계적 추정

통계 조사에 관련된 용어

조사
- 전수조사 : 조사 대상이 되는 집단 전체를 빠짐없이 조사
- 표본조사 : 조사 대상 중 일부만 택하여 조사

모집단 : 조사의 대상이 되는 집단 전체

표본 : 조사하기 위해 모집단에서 뽑은 일부분

- 표본의 크기 : 표본에 속하는 자료의 개수
- 표본오차 : 표본의 추측값과 모집단의 참값의 차이

추출 : 모집단에서 표본을 뽑는 것

- 임의추출 : 모집단 내 각 대상이 표본에 포함될 확률이 모두 같은 추출
  - 임의표본 : 임의추출된 표본
- 복원추출 : 추출된 자료를 다시 되돌려 놓고 다음 자료를 추출하는 것
- 비복원추출 : 추출된 자료를 되돌려 놓지 않고 다음 자료를 추출하는 것

모집단과 표본

모집단 분포 : 모집단의 어떤 특성을 나타낸 확률분포

모집단에서 임의추출한 크기가 n인 표본에서 각 대상을 $X_1, X_2, X_3, \cdots, X_n$이라 할 때

모집단
평균	모평균	m
분산	모분산	σ^2
표준편차	모표준편차	σ

표본
평균	표본평균	$\overline{X}$ ⇒ 확률변수
분산	표본분산	s^2
표준편차	표본표준편차	s

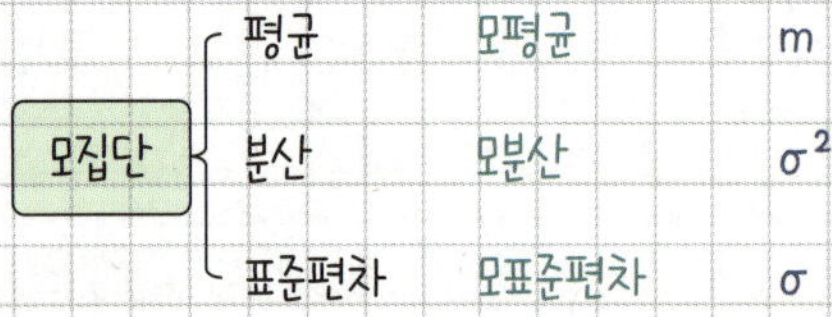

$$\overline{X} = \frac{1}{n}(X_1 + X_2 + X_3 + \cdots + X_n) = \frac{1}{n}\sum_{i=1}^{n} X_i$$

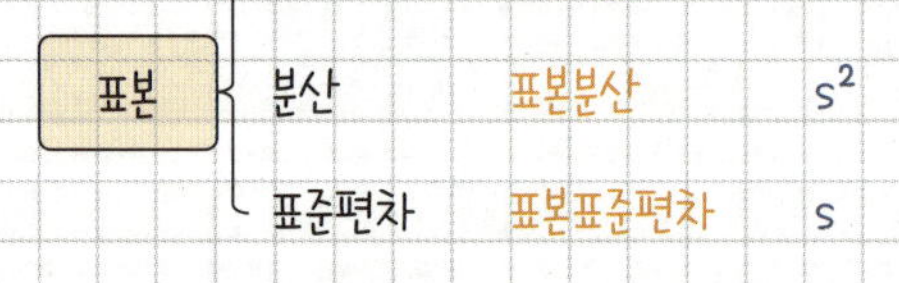

$$s^2 = \frac{1}{n-1}\sum_{i=1}^{n}(X_i - \overline{X})^2 \qquad s = \sqrt{s^2}$$

n-1로 나누는 이유는 자유도 때문이다.

X_1, X_2, X_3, $\cdots$, X_n을 빈칸 □로 생각하자.

표본평균을 구할 때 $\dfrac{□+□+□+\cdots+□}{n}$ 으로 계산하고 □의 값은 자유롭게 변할 수 있으므로 이는 자유도가 n인 것이다.

표본분산을 구할 때는 표본평균 $\overline{X}$이 표본으로부터 이미 계산된 값이므로 분산을 계산할 때 독립적인 □의 개수가 n-1

즉, n개의 □에 대하여 n-1개가 독립적으로 값이 결정된다면 나머지 하나는 표본평균 $\overline{X}$에 의해 자동으로 결정됨을 의미

∴ 표본분산을 계산할 때는 자유도가 n-1

자유롭게 변화하는 표본의 개수만큼 나누는 것이 평균의 계산에 포함되므로 표본분산을 계산할 때는 n-1로 나눈다.

어떤 모집단에서 크기가 n인 표본 X_1, X_2, X_3, $\cdots$, X_n을 임의추출할 때,

표본의 크기가 n $\Rightarrow$ 표본에 속한 원소가 n개

크기가 n인 표본을 여러 번 추출한다고 생각하면 추출된 각각의 표본에 대하여 평균을 구할 수 있다.

이때, 추출할 수 있는 모든 표본에 대하여 구할 수 있는 평균을 $\overline{X}$라 하면

$\overline{X}$는 임의추출한 표본에 따라 여러 가지 값을 가지므로 확률변수

모평균 m, 모표준편차 σ인 모집단에서 크기가 n인 표본을 임의추출할 때 표본평균을 $\overline{X}$

$$E(\overline{X}) = m \qquad V(\overline{X}) = \frac{\sigma^2}{n} \qquad \sigma(\overline{X}) = \frac{\sigma}{\sqrt{n}}$$

모집단 $\begin{cases} \text{정규분포 X} \Rightarrow \text{n이 충분히 크면 근사적으로 } \overline{X} \sim N\left(m, \dfrac{\sigma^2}{n}\right) \\ \text{정규분포 O} \Rightarrow \overline{X} \sim N\left(m, \dfrac{\sigma^2}{n}\right) \end{cases}$

모평균의 추정

추정 : 표본에서 얻은 정보를 이용하여 모집단의 어떤 성질을 확률적으로 추측하는 것

정규분포 $N(m, \sigma^2)$을 따르는 모집단에서 크기 n인 표본을 임의추출하여 구한 표본평균의 값을 $\overline{x}$라 하면

신뢰구간
- $95\% : \left[\overline{x} - 1.96\dfrac{\sigma}{\sqrt{n}},\ \overline{x} + 1.96\dfrac{\sigma}{\sqrt{n}}\right]$ 표준정규분포표에서 z가 1.96일 때 0.4750
- $99\% : \left[\overline{x} - 2.58\dfrac{\sigma}{\sqrt{n}},\ \overline{x} + 2.58\dfrac{\sigma}{\sqrt{n}}\right]$ z가 2.58일 때 0.4950

길이
- $95\% : 2 \times 1.96\dfrac{\sigma}{\sqrt{n}}$
- $99\% : 2 \times 2.58\dfrac{\sigma}{\sqrt{n}}$

실제로는 모평균 추정 시
모표준편차 σ의 값이
주어지지 않는 경우가 다수이므로
표본의 크기가 충분히 크면
σ 대신 s를 써도 무방

신뢰도와 신뢰구간의 의미

"모평균 m의 신뢰도 95%의 신뢰구간"

신뢰구간을 한 번 구했을 때 모평균을 포함할 확률이 95% (X)

크기가 n인 표본을 여러 번 추출하여 각각의 신뢰구간을 구했을 때,
이 신뢰구간 중에서 95%가 모평균 m을 포함

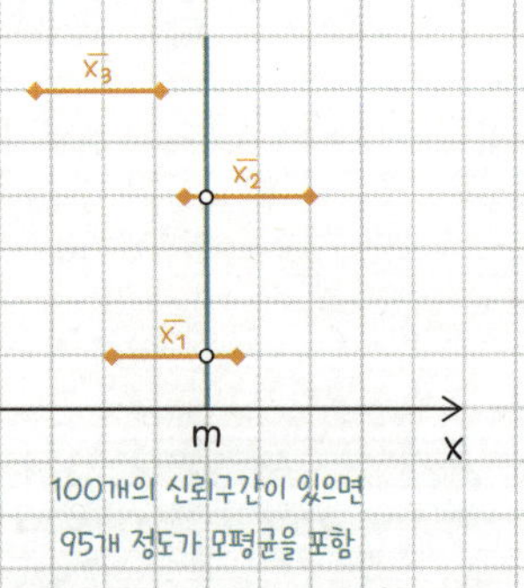

모비율 : 모집단에서 어떤 특성을 가진 것의 비율 p

표본비율 : 모집단에서 임의추출한 표본에서의 비율 $\hat{p}$

크기가 n인 표본에서 어떤 특성을 가진 것이 추출된 횟수를 X라 할 때, 이 사건에 대한 표본비율 $\hat{p} = \dfrac{X}{n}$ $\Rightarrow$ 확률변수

$$E(\hat{p}) = p \qquad V(\hat{p}) = \dfrac{pq}{n} \qquad \sigma(\hat{p}) = \sqrt{\dfrac{pq}{n}}$$

표본의 크기 n이 충분히 클 때, 표본비율 $\hat{p}$는 근사적으로 $\hat{p} \sim N\left(p, \dfrac{pq}{n}\right)$
$np \geq 5 \ \& \ nq \geq 5$

$Z = \dfrac{\hat{p}-p}{\sqrt{\dfrac{pq}{n}}}$ 는 근사적으로 $Z \sim N(0, 1)$

표준화

모비율의 추정

모집단에서 임의추출한 크기가 n인 표본의 표본비율의 값 $\hat{p}$에 대하여 표본의 크기 n이 충분히 크면 ($\hat{q} = 1-\hat{p}$)
$n\hat{p} \geq 5 \ \& \ n\hat{q} \geq 5$

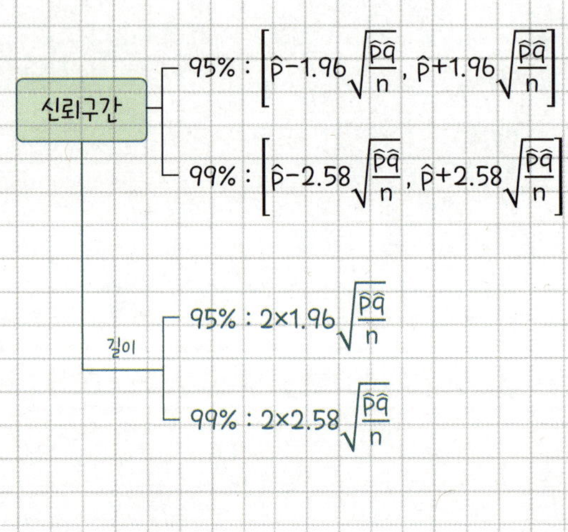

백그라운드
고등수학
필기노트

Chap 9

기하

이차곡선

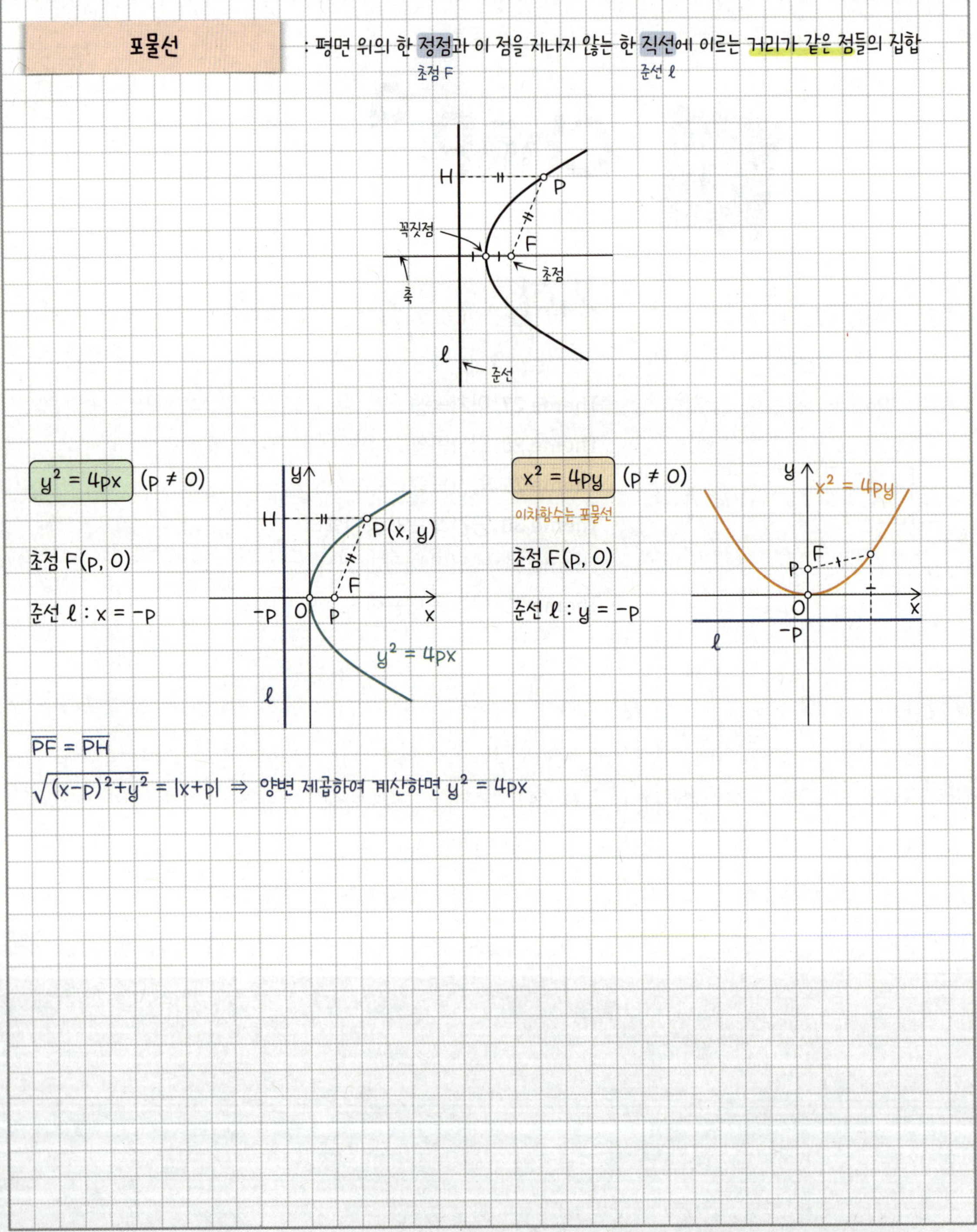

$\overline{PF} = \overline{PH}$

$\sqrt{(x-p)^2 + y^2} = |x+p| \Rightarrow$ 양변 제곱하여 계산하면 $y^2 = 4px$

<table><tr><td>

타원

</td><td>

: 평면 위의 두 정점으로부터의 거리의 합이 일정한 점들의 집합
초점 F, F′   장축 길이

</td></tr></table>

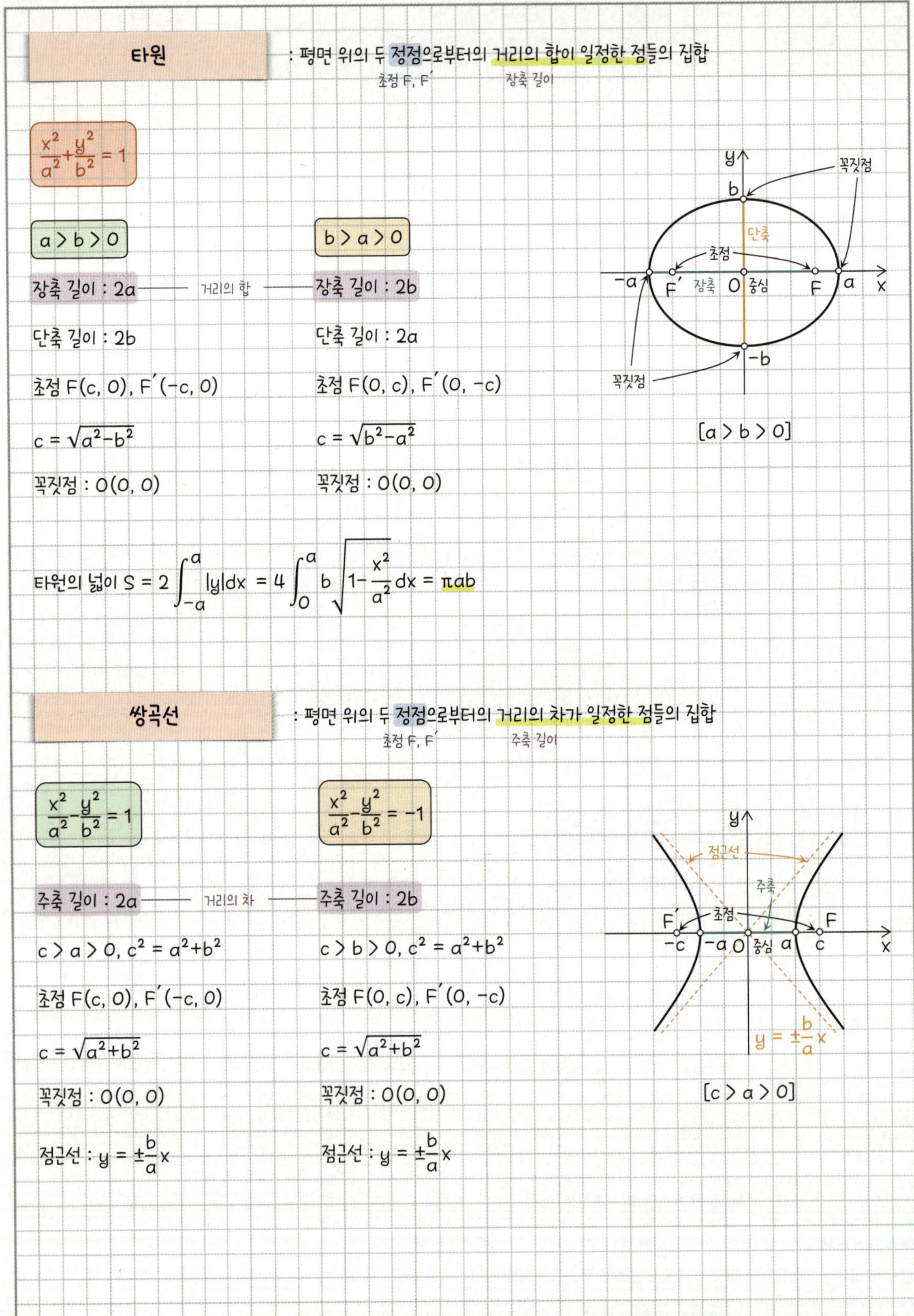

$$\dfrac{x^2}{a^2} + \dfrac{y^2}{b^2} = 1$$

$a > b > 0$	$b > a > 0$
장축 길이 : $2a$ — 거리의 합 —	장축 길이 : $2b$
단축 길이 : $2b$	단축 길이 : $2a$
초점 $F(c, 0)$, $F'(-c, 0)$	초점 $F(0, c)$, $F'(0, -c)$
$c = \sqrt{a^2 - b^2}$	$c = \sqrt{b^2 - a^2}$
꼭짓점 : $O(0, 0)$	꼭짓점 : $O(0, 0)$

$$\text{타원의 넓이 } S = 2\int_{-a}^{a} |y|\,dx = 4\int_{0}^{a} b\sqrt{1 - \dfrac{x^2}{a^2}}\,dx = \pi ab$$

<table><tr><td>

쌍곡선

</td><td>

: 평면 위의 두 정점으로부터의 거리의 차가 일정한 점들의 집합
초점 F, F′   주축 길이

</td></tr></table>

$\dfrac{x^2}{a^2} - \dfrac{y^2}{b^2} = 1$	$\dfrac{x^2}{a^2} - \dfrac{y^2}{b^2} = -1$
주축 길이 : $2a$ — 거리의 차 —	주축 길이 : $2b$
$c > a > 0$, $c^2 = a^2 + b^2$	$c > b > 0$, $c^2 = a^2 + b^2$
초점 $F(c, 0)$, $F'(-c, 0)$	초점 $F(0, c)$, $F'(0, -c)$
$c = \sqrt{a^2 + b^2}$	$c = \sqrt{a^2 + b^2}$
꼭짓점 : $O(0, 0)$	꼭짓점 : $O(0, 0)$
점근선 : $y = \pm\dfrac{b}{a}x$	점근선 : $y = \pm\dfrac{b}{a}x$

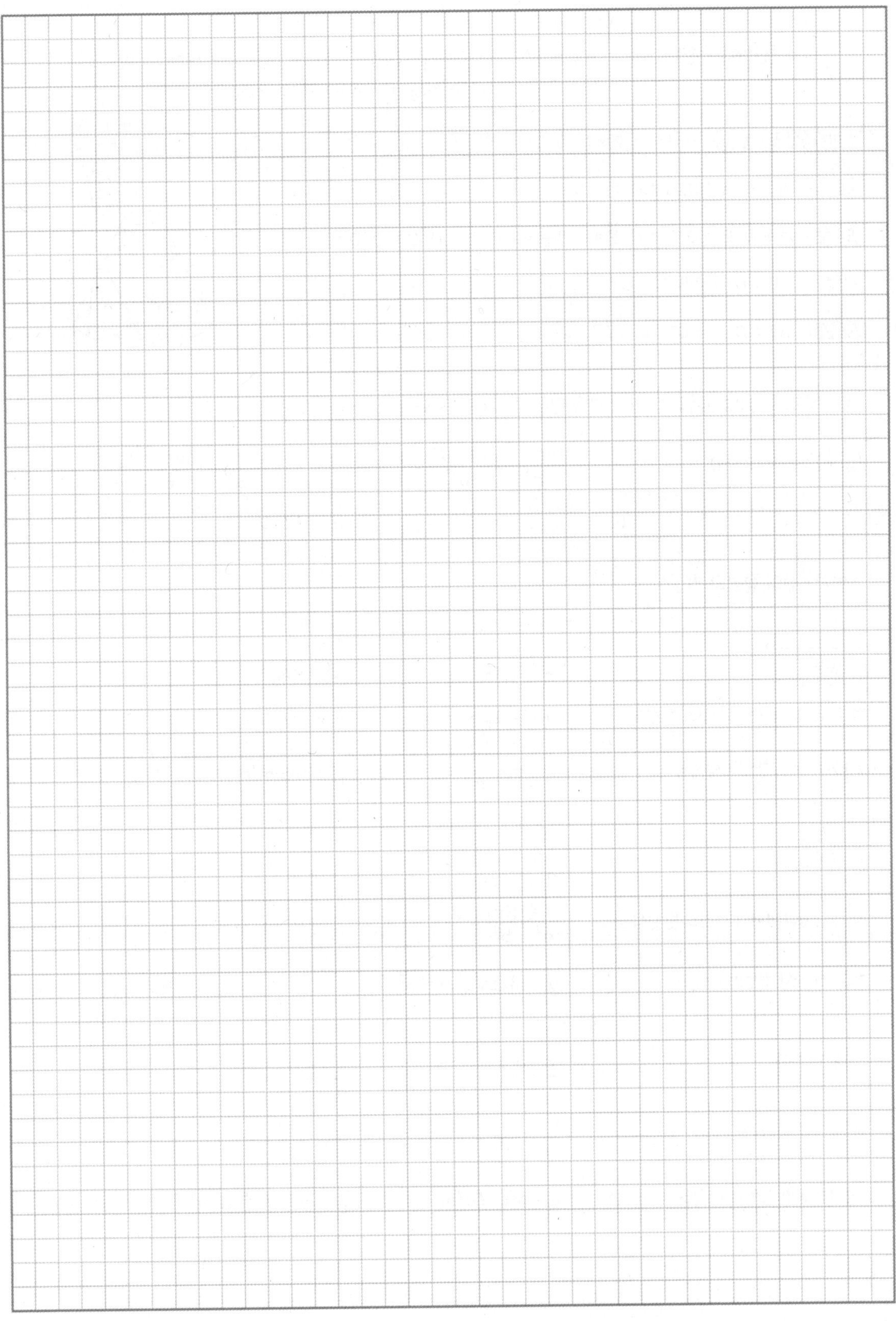

: 계수가 실수인 두 일차식의 곱으로 인수분해되지 않는 x, y에 대한 이차방정식
$Ax^2+By^2+Cxy+Dx+Ey+F = 0$이 나타내는 평면곡선

각 이차곡선 표준형 기준 $C \neq 0 \Rightarrow$ 표준형의 이차곡선이 회전변환

| 원 | $A = B, A \neq 0, B \neq 0, C = 0$ |

| 포물선 | $A \neq 0, B = 0, C = 0, E \neq 0$ 또는 $A = 0, B \neq 0, C = 0, D \neq 0$ |

| 타원 | $AB > 0, A \neq B, C = 0$ |

| 쌍곡선 | $AB < 0, C = 0$ |

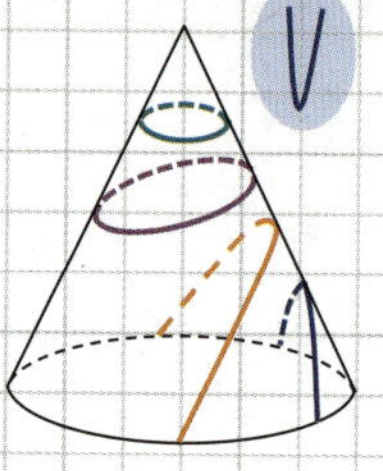

x축의 방향으로 m만큼, y축의 방향으로 n만큼 평행이동 $\Rightarrow$ $x \to x-m$, $y \to y-n$ 대입

$$(y-n)^2 = 4p(x-m)$$

$$\frac{(x-m)^2}{a^2}+\frac{(y-n)^2}{b^2} = 1$$

$$\frac{(x-m)^2}{a^2}-\frac{(y-n)^2}{b^2} = \pm 1$$

이차곡선의 접선의 방정식

포물선	$y^2 = 4px$	$x^2 = 4py$
점 (x_1, y_1)에서의 접선의 방정식	$y_1 y = 2p(x+x_1)$	$x_1 x = 2p(y+y_1)$
기울기가 m인 접선의 방정식	$y = mx+\dfrac{p}{m}$	$y = mx-m^2 p$

타원	$\dfrac{x^2}{a^2}+\dfrac{y^2}{b^2} = 1$
점 (x_1, y_1)에서의 접선의 방정식	$\dfrac{x_1 x}{a^2}+\dfrac{y_1 y}{b^2} = 1$
기울기가 m인 접선의 방정식	$y = mx\pm\sqrt{a^2 m^2+b^2}$

쌍곡선	$\dfrac{x^2}{a^2}-\dfrac{y^2}{b^2} = 1$	$\dfrac{x^2}{a^2}-\dfrac{y^2}{b^2} = -1$
점 (x_1, y_1)에서의 접선의 방정식	$\dfrac{x_1 x}{a^2}-\dfrac{y_1 y}{b^2} = 1$	$\dfrac{x_1 x}{a^2}-\dfrac{y_1 y}{b^2} = -1$
기울기가 m인 접선의 방정식	$y = mx\pm\sqrt{a^2 m^2-b^2}$	$y = mx\pm\sqrt{b^2-a^2 m^2}$

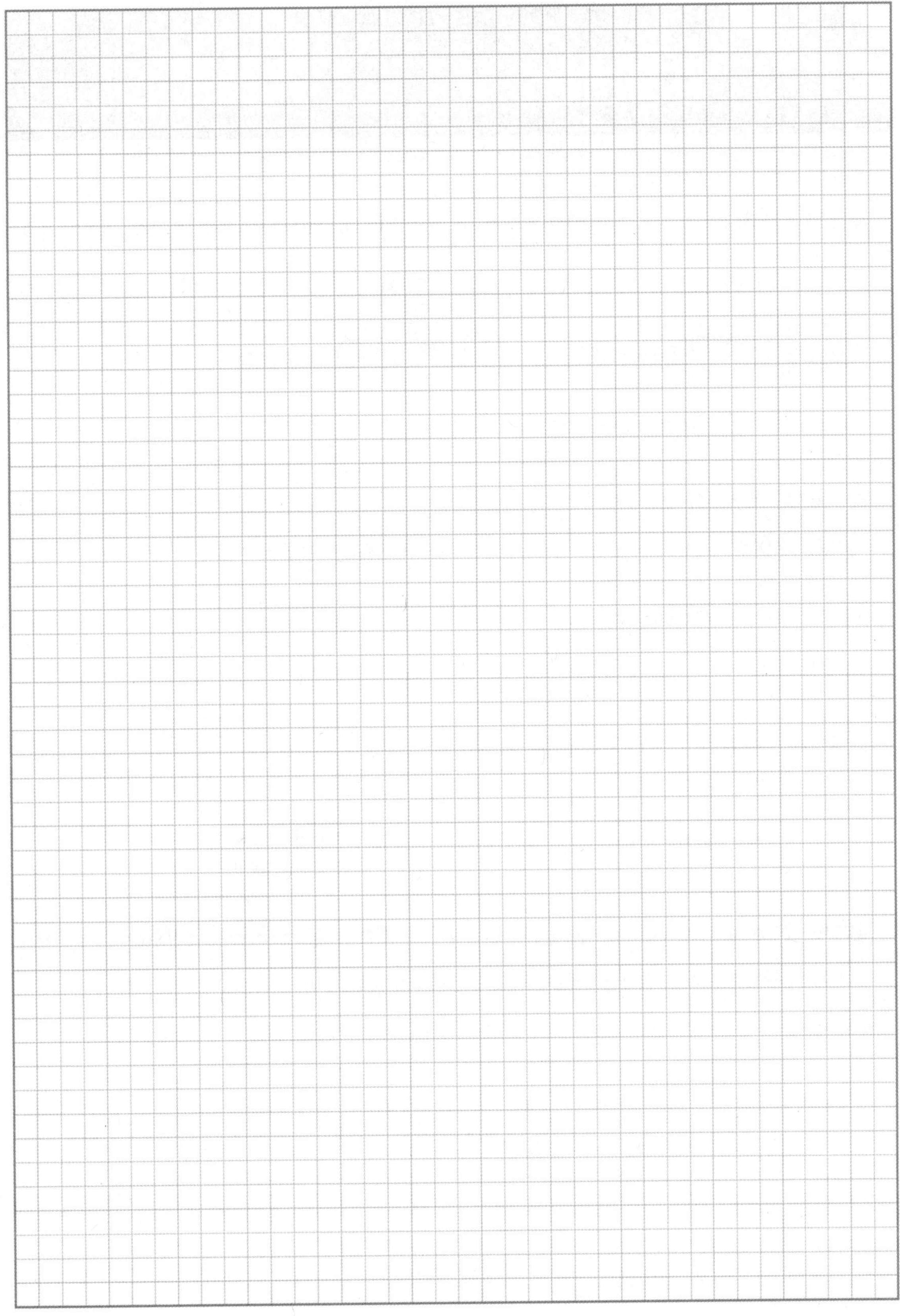

일차변환

변환 : 좌표평면 위의 점 $P(x, y)$를 $P'(x', y')$으로 대응시키는 함수 $f : (x, y) \rightarrow (x', y')$

옮겨진다

일차변환 : $\begin{cases} x' = ax+by \\ y' = cx+dy \end{cases}$ $(a, b, c, d$는 상수$)$ $\Rightarrow \begin{pmatrix} x' \\ y' \end{pmatrix} = \begin{pmatrix} a & b \\ c & d \end{pmatrix} \begin{pmatrix} x \\ y \end{pmatrix} \Rightarrow X' = AX$

X' A X 일차변환 f의 행렬

$\Rightarrow x'$, y'이 상수항이 없는 일차식으로 나타내어지는 변환

일차변환 f와 두 점 X_1, X_2, 상수 k에 대하여

$$f(kX_1) = kf(X_1) \qquad\qquad f(X_1+X_2) = f(X_1)+f(X_2)$$

대칭변환 : 점이나 직선에 대하여 대칭이동시키는 변환

x축 : $\begin{pmatrix} 1 & 0 \\ 0 & -1 \end{pmatrix}$ y축 : $\begin{pmatrix} -1 & 0 \\ 0 & 1 \end{pmatrix}$ 원점 : $\begin{pmatrix} -1 & 0 \\ 0 & -1 \end{pmatrix}$ $y = x$: $\begin{pmatrix} 0 & 1 \\ 1 & 0 \end{pmatrix}$

닮음비가 k인 닮음변환 : $\begin{pmatrix} k & 0 \\ 0 & k \end{pmatrix}$ 항등변환 : $k = 1$ (E)

회전변환 : 좌표평면 위의 점을 원점을 중심으로 각 θ만큼 회전하여 옮기는 변환 $\begin{pmatrix} \cos\theta & -\sin\theta \\ \sin\theta & \cos\theta \end{pmatrix}$

합성변환 : $f : (x, y) \rightarrow (x', y')$, $g : (x', y') \rightarrow (x'', y'')$에 의하여 $(x, y) \rightarrow (x'', y'')$인 변환 $g \circ f$

일차변환 f의 행렬이 A이고, 일차변환 g의 행렬이 B이면 일차변환 $g \circ f$의 행렬은 BA

$$g \circ f \neq f \circ g \qquad\qquad h \circ (g \circ f) = (h \circ g) \circ f$$

역변환 : $f : (x, y) \rightarrow (x', y')$에 대하여 $(x', y') \rightarrow (x, y)$인 변환 f^{-1}

일차변환 f의 행렬이 A이면 일차변환 f^{-1}의 행렬은 A^{-1}

공간도형

입체도형

다면체 : 모든 면이 다각형으로 이루어진 도형

정다면체 : 모든 면이 서로 합동인 정다각형이고 꼭짓점에 모인 개수가 같은 다면체

	정사면체	정육면체	정팔면체	정십이면체	정이십면체
겨냥도					
면 모양	정삼각형	정사각형	정삼각형	정오각형	정삼각형
꼭짓점 수	4	8	6	20	12
면 수	4	6	8	12	20
모서리 수	6	12	12	30	30
한 꼭짓점에 모인 면 수	3	3	4	3	5

볼록다면체는 (꼭짓점의 수) − (모서리 수) + (면의 수) = 2가 항상 성립

뿔대 : 뿔을 밑면에 평행한 평면으로 잘라 생긴 두 개의 도형 중 뿔이 아닌 부분

회전체 : 한 직선을 축으로 평면도형을 회전시킬 때 생기는 도형

모선 : 회전체에서 한 선분이 회전하여 옆면을 이룰 때의 그 선분

구 : 지름을 축으로 원의 회전시킨 회전체

회전체를 회전축에 수직인 평면으로 자르면 그 단면은 원

회전체를 회전축을 포함하는 어느 평면으로 잘라도 그 단면은 모두 합동, 회전축에 대하여 선대칭

(기둥의 부피) = (밑넓이)×(높이)

(기둥의 겉넓이) = 2×(밑넓이)+(옆넓이)

밑면의 반지름의 길이 : r, 높이 : h인 원기둥　　　$S = 2\pi r^2 + 2\pi rh, \quad V = \pi r^2 h$

(뿔의 부피) = $\dfrac{1}{3}$×(밑넓이)×(높이)

(뿔의 겉넓이) = (밑넓이)+(옆넓이)

밑면의 반지름의 길이 : r, 모선 : ℓ인 원뿔　　　$S = \pi r^2 + \pi r\ell, \quad V = \dfrac{1}{3}\pi r^2 h$

반지름이 r인 구　　　$S = 4\pi r^2, \quad V = \dfrac{4}{3}\pi r^3$

평면의 결정 조건

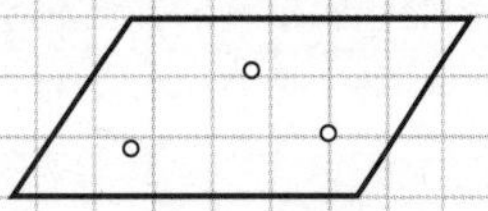

| 한 직선 위에 있지 않은 서로 다른 세 점 | 한 직선과 그 위에 있지 않은 한 점 | 한 점에서 만나는 두 직선 | 평행한 두 직선 |

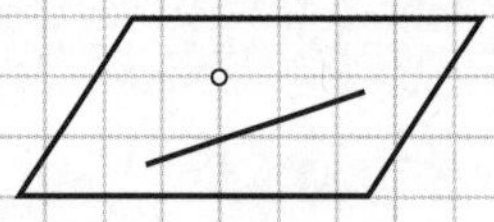

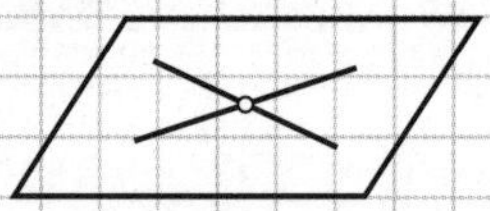

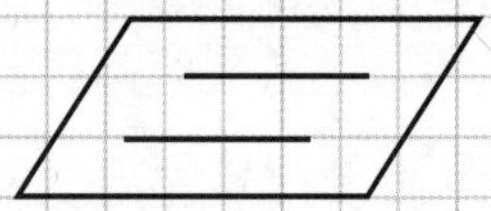

공간도형의 기본 성질

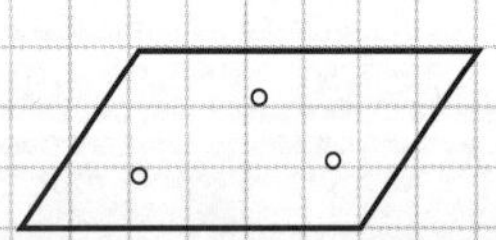

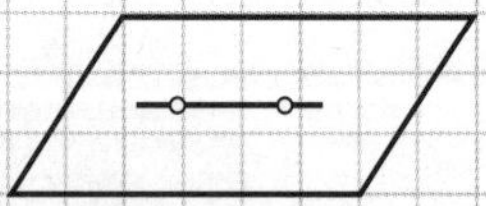

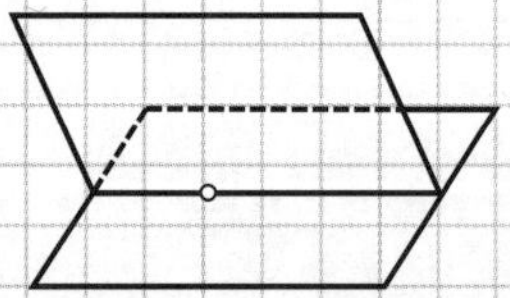

① 한 직선 위에 있지 않은 서로 다른 세 점은 평면을 단 하나 결정

② 한 평면 위의 서로 다른 두 점을 지나는 직선 위의 모든 점은 이 평면 위에 존재

③ 서로 다른 두 평면이 한 점을 공유하면 두 평면은 이 점을 지나는 한 직선을 공유

두 직선

① 한 점에서 만난다.　　② 평행하다.　　③ 꼬인 위치에 있다.

직선과 평면

① 직선이 평면에 포함된다.　　② 한 점에서 만난다.　　③ 평행하다.

두 평면

① 만난다.　　② 평행하다.

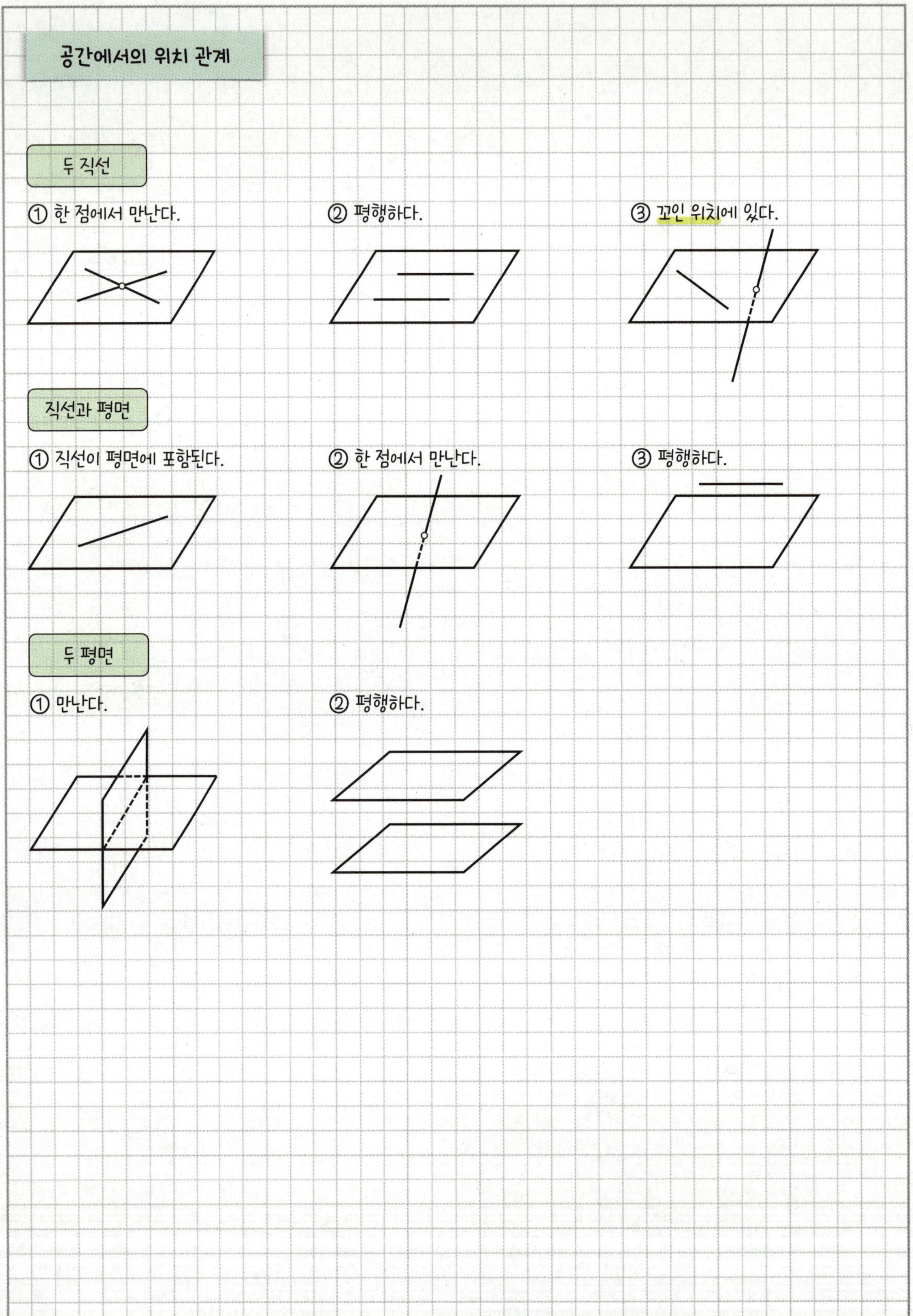

① 평면 γ가 평행한 두 평면 α, β가 만날 때 생기는 두 교선 a, b는 평행

$\alpha /\!/ \beta \Rightarrow a /\!/ b$

② 직선 a와 평면 α가 평행할 때

a를 포함하는 평면 β와 α의 교선 b는 a와 평행

$a /\!/ \alpha \Rightarrow a /\!/ b$

③ 두 직선 a, b가 평행할 때

b를 포함하고 a를 포함하지 않는 평면 α는 a와 평행

$a /\!/ b \Rightarrow a /\!/ \alpha$

④ 직선 a가 평면 α와 평행할 때

α 위의 한 점 A를 지나고 a에 평행한 직선 b는 α 위에 존재

$a /\!/ \alpha, A \in \alpha, a /\!/ b, A \in b \Rightarrow b \subset \alpha$

⑤ 평면 α 위에 있지 않는 한 점 P를 지나는 서로 다른 두 직선 a, b가

모두 α에 평행할 때 a, b를 포함하는 평면 β는 α와 평행

$a /\!/ \alpha, b /\!/ \alpha \Rightarrow \beta /\!/ \alpha$

⑥ 한 평면 위에 있지 않은 세 직선 a, b, c가 있을 때

a, b가 평행하고 b, c가 평행하면 a와 c는 평행

$a /\!/ b, b /\!/ c \Rightarrow a /\!/ c$

두 직선

직선 a, b가 이루는 각 = 직선 a', b가 이루는 각

직선과 평면

직선 l이 평면 α와 점 O에서 만날 때, 직선 위의 O가 아닌 임의의 한 점 A에서

평면 α에 내린 수선의 발을 B라 할 때의 $\angle AOB$

직선과 평면의 수직 $l \perp \alpha$

직선 l이 평면 α와 점 O에서 만나고 점 O를 지나는 α 위의 모든 직선과 수직
　　수선　　　　　　　　　　　수선의 발

직선 l이 평면 α와 점 O에서 만나고, 점 O를 지나는 α 위의 서로 다른

두 직선 a, b에 수직이면 $l \perp \alpha$ → 직선 2개만 수직임을 보이면 충분
2개의 직선은 평면을 1개 결정

$l \perp \alpha$이면 α 위의 모든 직선은 l과 수직 → 두 직선이 이루는 각에서 평행이동 떠올릴 것

두 평면

이면각 : 두 평면이 만날 때 두 평면의 교선을 공유하는 두 반평면이 이루는 도형
　　　　　　　　　　　이면각의 변　　　　　이면각의 면

이면각의 크기 : 이면각의 변 위의 한 점 O를 지나 각 면 위에서 이면각의 변에 수직인

$$\overleftrightarrow{OA}, \overleftrightarrow{OB}를 그을 때, \angle AOB$$

(두 평면이 이루는 각) = (이면각의 크기) → $90°$인 경우 두 평면은 수직, $\alpha \perp \beta$

평면 α 위에 있지 않는 점 P, α 위에 있는 직선 ℓ, ℓ 위에 있지 않은 α 위의 점 O, ℓ 위의 점 H에 대하여

① $\overline{PO}\perp\alpha,\ \overline{OH}\perp\ell \ \Rightarrow\ \overline{PH}\perp\ell$

② $\overline{PO}\perp\alpha,\ \overline{PH}\perp\ell \ \Rightarrow\ \overline{OH}\perp\ell$

③ $\overline{PH}\perp\ell,\ \overline{OH}\perp\ell,\ \overline{PO}\perp\overline{OH} \ \Rightarrow\ \overline{PO}\perp\alpha$

☆   정사영

점 P의 평면 α 위로의 정사영 : 공간의 점 P에서 평면 α에 내린 수선의 발 P′

길이 : $\overline{A'B'} = \overline{AB}\cos\theta \ \left(0 \le \theta \le \dfrac{\pi}{2}\right)$

두 직선이 이루는 각

넓이 $S' = S\cos\theta \ \left(0 \le \theta \le \dfrac{\pi}{2}\right)$

두 직선이 이루는 각
(= 이면각)

공간좌표와 공간벡터

공간좌표

점 P의 좌표 : $P(a, b, c)$ $\Rightarrow$ x좌표가 a, y좌표가 b, z좌표가 c

x축 대칭 : $P'(a, -b, -c)$ y축 대칭 : $P'(-a, b, -c)$

z축 대칭 : $P'(-a, -b, c)$ 원점 대칭 : $P'(-a, -b, -c)$

xy평면 대칭 : $P'(a, b, -c)$ yz평면 대칭 : $P'(-a, b, c)$

zx평면 대칭 : $P'(a, -b, c)$

☆ 결론 기준 축, 평면을 제외한 나머지 좌표에 $(-)$를 붙임

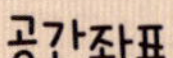

두 점 사이의 거리

좌표평면 $\overline{AB} = \sqrt{(x_2-x_1)^2 + (y_2-y_1)^2}$ 피타고라스 정리 1번

좌표공간 $\overline{AB} = \sqrt{(x_2-x_1)^2 + (y_2-y_1)^2 + (z_2-z_1)^2}$ 피타고라스 정리 2번 $\Rightarrow$ 공간대각선 길이

선분의 내분점과 외분점

$$m : n \begin{cases} \text{내분점 } P\left(\dfrac{mx_2+nx_1}{m+n}, \dfrac{my_2+ny_1}{m+n}, \dfrac{mz_2+nz_1}{m+n} \right) \\ \text{외분점 } Q\left(\dfrac{mx_2-nx_1}{m-n}, \dfrac{my_2-ny_1}{m-n}, \dfrac{mz_2-nz_1}{m-n} \right) \end{cases}$$

중점 : $M\left(\dfrac{x_1+x_2}{2}, \dfrac{y_1+y_2}{2}, \dfrac{z_1+z_2}{2} \right)$ 무게중심 : $G\left(\dfrac{x_1+x_2+x_3}{3}, \dfrac{y_1+y_2+y_3}{3}, \dfrac{z_1+z_2+z_3}{3} \right)$

$P(\ell, m, n) \neq O$, $\overleftrightarrow{OP}$와 평행하고 점 (x_1, y_1, z_1)을 지나는 직선의 방정식

$$\frac{x-x_1}{\ell} = \frac{y-y_1}{m} = \frac{z-z_1}{n} \quad (\ell mn \neq 0)$$ Theme32에서 평면과 비교

구의 방정식

중심 $C(a, b, c)$, 반지름 r인 원의 방정식 $\quad (x-a)^2 + (y-b)^2 + (z-c)^2 = r^2$

일반형 : $x^2 + y^2 + z^2 + Ax + By + Cz + D = 0 \quad (A^2 + B^2 + C^2 - 4D > 0)$

중심 : $\left(-\dfrac{A}{2}, -\dfrac{B}{2}, -\dfrac{C}{2} \right)$, 반지름 $r = \dfrac{\sqrt{A^2 + B^2 + C^2 - 4D}}{2}$

$A(x_1, y_1, z_1)$, $B(x_2, y_2, z_2)$를 지름의 양 끝점으로 하는 원의 방정식

$$(x-x_1)(x-x_2) + (y-y_1)(y-y_2) + (z-z_1)(z-z_2) = 0$$
이차방정식의 두 해가 주어진 경우로 생각

중심 $C(a, b, c)$ 좌표평면에 접하는 경우

xy평면	z좌표 값이 반지름	$(x-a)^2 + (y-b)^2 + (z-c)^2 = c^2$
yz평면	x좌표 값이 반지름	$(x-a)^2 + (y-b)^2 + (z-c)^2 = a^2$
zx평면	y좌표 값이 반지름	$(x-a)^2 + (y-b)^2 + (z-c)^2 = b^2$

두 구의 위치 관계

두 구 S, S'의 반지름이 각각 r, r', 중심 사이의 거리를 d

$d > r + r'$ 한 구가 다른 구의 외부 $d = r + r'$ 두 구가 외접

$d = |r - r'|$ 두 구가 내접 $0 \leq d < |r - r'|$ 한 구가 다른 구의 내부

$\vec{a}$의 성분

$\vec{a} = \overrightarrow{OA}$에서 $O(0, 0)$, $A(a_1, a_2, a_3)$라고 하면 $\vec{a} = a_1\vec{e_1} + a_2\vec{e_2} + a_3\vec{e_3} \Leftrightarrow \vec{a} = (a_1, a_2, a_3)$

x성분   y성분   z성분

$\vec{a} = (a_1, a_2, a_3)$, $\vec{b} = (b_1, b_2, b_3)$일 때

$\vec{a} = \vec{b} \Leftrightarrow a_1 = b_1, a_2 = b_2, a_3 = b_3$ $\qquad$ $|\vec{a}| = \sqrt{a_1{}^2 + a_2{}^2 + a_3{}^2}$

$\vec{a} \pm \vec{b} = (a_1 \pm b_1, a_2 \pm b_2, a_3 \pm b_3)$ (복부호동순) $\qquad$ $m\vec{a} = (ma_1, ma_2, ma_3)$ (m은 실수)

두 점 $A(a_1, a_2, a_3)$, $B(b_1, b_2, b_3)$에 대하여

$\overrightarrow{AB} = \overrightarrow{OB} - \overrightarrow{OA} = (b_1 - a_1, b_2 - a_2, b_3 - a_3)$ $\qquad$ $|\overrightarrow{AB}| = \sqrt{(b_1 - a_1)^2 + (b_2 - a_2)^2 + (b_3 - a_3)^2}$

임의의 벡터 $\vec{a} = (a_1, a_2, a_3)$에 대해 $a_1 = |\vec{a}|\cos\alpha$, $a_2 = |\vec{a}|\cos\beta$, $a_3 = |\vec{a}|\cos\gamma$

방향코사인

단위벡터 : $\vec{e} = (\cos\alpha, \cos\beta, \cos\gamma)$

$\cos^2\alpha + \cos^2\beta + \cos^2\gamma = 1$

$\vec{e} = (\cos\alpha, \cos\beta, \cos\gamma)$에서

$$\vec{e} = \frac{\vec{a}}{|\vec{a}|} = \frac{1}{\sqrt{a_1{}^2 + a_2{}^2 + a_3{}^2}}(a_1, a_2, a_3) = \left(\frac{a_1}{\sqrt{a_1{}^2 + a_2{}^2 + a_3{}^2}}, \frac{a_2}{\sqrt{a_1{}^2 + a_2{}^2 + a_3{}^2}}, \frac{a_3}{\sqrt{a_1{}^2 + a_2{}^2 + a_3{}^2}} \right)$$

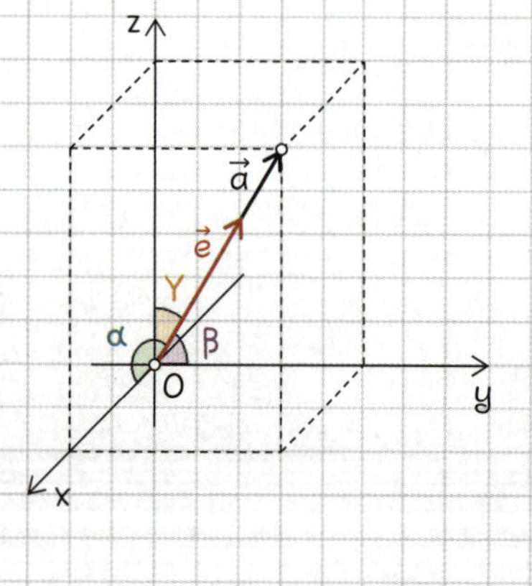

벡터의 내적과 외적

☆☆☆ 벡터의 내적

각 : $\vec{a} = \overrightarrow{OA}$, $\vec{b} = \overrightarrow{OB}$ $(\vec{a}, \vec{b} \neq \vec{0})$에 대하여 $\angle AOB = \theta$ $(0 \leq \theta \leq \pi)$

내적 : $\vec{a} \cdot \vec{b} = |\vec{a}||\vec{b}|\cos\theta$ 상수(스칼라)

만약 $\vec{a}$, $\vec{b}$ 중 하나가 $\vec{0}$이면 $\vec{a} \cdot \vec{b} = 0$

$\vec{a} = (a_1, a_2)$, $\vec{b} = (b_1, b_2)$일 때 $\qquad \vec{a} \cdot \vec{b} = a_1 b_1 + a_2 b_2$

$\vec{a} = (a_1, a_2, a_3)$, $\vec{b} = (b_1, b_2, b_3)$일 때 $\qquad \vec{a} \cdot \vec{b} = a_1 b_1 + a_2 b_2 + a_3 b_3$

$\vec{a} = (a_1, a_2)$, $\vec{b} = (b_1, b_2)$일 때 $\qquad \cos\theta = \dfrac{\vec{a} \cdot \vec{b}}{|\vec{a}||\vec{b}|} = \dfrac{a_1 b_1 + a_2 b_2}{\sqrt{a_1{}^2 + a_2{}^2}\sqrt{b_1{}^2 + b_2{}^2}}$

$\vec{a} = (a_1, a_2, a_3)$, $\vec{b} = (b_1, b_2, b_3)$일 때 $\qquad \cos\theta = \dfrac{\vec{a} \cdot \vec{b}}{|\vec{a}||\vec{b}|} = \dfrac{a_1 b_1 + a_2 b_2 + a_3 b_3}{\sqrt{a_1{}^2 + a_2{}^2 + a_3{}^2}\sqrt{b_1{}^2 + b_2{}^2 + b_3{}^2}}$

수직 : $\vec{a} \perp \vec{b} \iff \vec{a} \cdot \vec{b} = 0$ $\qquad \cos\theta = 0$

평행 : $\vec{a} \,/\!/\, \vec{b} \iff \vec{a} \cdot \vec{b} = \pm|\vec{a}||\vec{b}|$ $\qquad \cos\theta = \pm 1$

세 벡터 $\vec{a}$, $\vec{b}$, $\vec{c}$에 대하여

교환법칙 : $\vec{a} \cdot \vec{b} = \vec{b} \cdot \vec{a}$

분배법칙 : $\vec{a} \cdot (\vec{b} + \vec{c}) = \vec{a} \cdot \vec{b} + \vec{a} \cdot \vec{c}$, $(\vec{a} + \vec{b}) \cdot \vec{c} = \vec{a} \cdot \vec{c} + \vec{b} \cdot \vec{c}$

결합법칙 : $(k\vec{a}) \cdot \vec{b} = \vec{a} \cdot (k\vec{b}) = k \cdot \vec{a} \cdot \vec{b}$ (k는 실수)

$\vec{a} \cdot \vec{a} = |\vec{a}|^2$ $\qquad \cos\theta = 1$

$|\vec{a} \pm \vec{b}|^2 = |\vec{a}|^2 \pm 2\vec{a} \cdot \vec{b} + |\vec{b}|^2$ (복부호동순)

외적 : 두 공간벡터 $\vec{a} = (a_1, a_2, a_3)$, $\vec{b} = (b_1, b_2, b_3)$에 대하여 $\vec{a}$, $\vec{b}$에 모두 수직인 벡터

$\vec{a} \times \vec{b} = (a_2 b_3 - a_3 b_2,\ a_3 b_1 - a_1 b_3,\ a_1 b_2 - a_2 b_1)$

$(\vec{a} \times \vec{b}) \cdot \vec{a} = (\vec{a} \times \vec{b}) \cdot \vec{b} = 0$

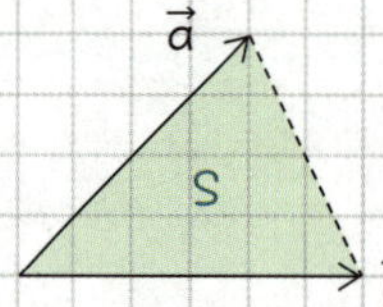

$$\begin{matrix} a_1 & a_2 & a_3 & a_1 & a_2 \\ b_1 & b_2 & b_3 & b_1 & b_2 \end{matrix}$$

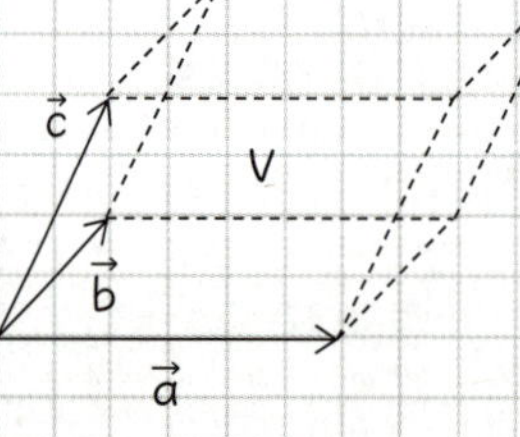

$|\vec{a} \times \vec{b}| = |\vec{a}||\vec{b}|\sin\theta$ (θ는 $\vec{a}$, $\vec{b}$가 이루는 각의 크기) 평행사변형 넓이

$\vec{b} \times \vec{a} = -(\vec{a} \times \vec{b})$

$\vec{a} \times (k\vec{b} + l\vec{c}) = k(\vec{a} \times \vec{b}) + l(\vec{a} \times \vec{c})$ (k, l은 상수)

$S = \dfrac{1}{2}|\vec{a} \times \vec{b}|$

$(\vec{a} \times \vec{b}) \cdot \vec{c} = (\vec{b} \times \vec{c}) \cdot \vec{a} = (\vec{c} \times \vec{a}) \cdot \vec{b}$

$(\vec{a} \times \vec{b}) \cdot \vec{c} = \begin{vmatrix} c_1 & c_2 & c_3 \\ a_1 & a_2 & a_3 \\ b_1 & b_2 & b_3 \end{vmatrix} = c_1(a_2 b_3 - a_3 b_2) + c_2(a_3 b_1 - a_1 b_3) + c_3(a_1 b_2 - a_2 b_1)$

$V = |(\vec{a} \times \vec{b}) \cdot \vec{c}|$

$(\vec{a} \times \vec{b}) \cdot \vec{c} = 0 \ \Leftrightarrow \ \vec{a}, \vec{b}, \vec{c}$는 한 평면 위에 존재

벡터를 이용한 도형의 방정식

직선의 방정식

$\overrightarrow{AP} /\!/ \vec{u} \Rightarrow \overrightarrow{AP} = t\vec{u}$인 실수 t가 존재

$\overrightarrow{AP} = \vec{p} - \vec{a}$

$\vec{p} - \vec{a} = t\vec{u} \Rightarrow \vec{p} = \vec{a} + t\vec{u}$ (t는 실수)
　　　　　　　　벡터방정식

점 $A(x_1, y_1, z_1)$를 지나고, 벡터 $\vec{u} = (l, m, n)$에 평행한 직선의 방정식

$$\frac{x-x_1}{l} = \frac{y-y_1}{m} = \frac{z-z_1}{n} \quad (lmn \neq 0)$$
평면인 경우

서로 다른 두 점 $A(x_1, y_1, z_1)$, $B(x_2, y_2, z_2)$를 지나는 직선의 방정식

$$\frac{x-x_1}{x_2-x_1} = \frac{y-y_1}{y_2-y_1} = \frac{z-z_1}{z_2-z_1}$$
평면인 경우

$y = ax+b$에 대해서 $\vec{u} = (x_2-x_1, y_2-y_1)$

$\vec{p} = \vec{a} + t\vec{u} = (x_1, y_1) + t(x_2-x_1, y_2-y_1) = (\{(1-t)x_1 + tx_2\}, \{(1-t)y_1 + ty_2\})$

$$\begin{cases} x = (1-t)x_1 + tx_2 \\ y = (1-t)y_1 + ty_2 \end{cases} \Rightarrow \begin{cases} \dfrac{x-x_1}{x_2-x_1} = t \\ \dfrac{y-y_1}{y_2-y_1} = t \end{cases} \Rightarrow \frac{x-x_1}{x_2-x_1} = \frac{y-y_1}{y_2-y_1} \Rightarrow y = \frac{y_2-y_1}{x_2-x_1}(x-x_1) + y_1$$

두 직선의 평행과 수직

두 직선 g_1, g_2의 방향벡터가 각각 $\vec{u_1} = (l_1, m_1, n_1)$, $\vec{u_2} = (l_2, m_2, n_2)$

$g_1 /\!/ g_2 \Leftrightarrow \vec{u_1} /\!/ \vec{u_2} \Leftrightarrow \vec{u_1} = k\vec{u_2} \ (k \neq 0) \Leftrightarrow l_1 : m_1 : n_1 = l_2 : m_2 : n_2$

$g_1 \perp g_2 \Leftrightarrow \vec{u_1} \perp \vec{u_2} \Leftrightarrow \vec{u_1} \cdot \vec{u_2} = 0 \Leftrightarrow l_1 l_2 + m_1 m_2 + n_1 n_2 = 0$

원의 방정식

점 C의 위치벡터 $\vec{c} = (a, b)$, 점 P의 위치벡터 $\vec{p} = (x, y)$

$|\vec{p}-\vec{c}| = r, \ (\vec{p}-\vec{c})\cdot(\vec{p}-\vec{c}) = r^2$

$(x-a, y-b)\cdot(x-a, y-b) = r^2 \ \Rightarrow \ (x-a)^2+(y-b)^2 = r^2$

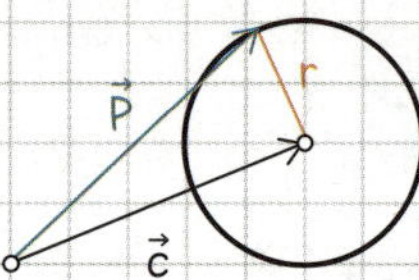

평면의 방정식

$\overrightarrow{AP}\perp\vec{n} \ \Rightarrow \ \overrightarrow{AP}\cdot\vec{n} = 0$

$(\vec{p}-\vec{a})\cdot\vec{n} = 0$
벡터방정식

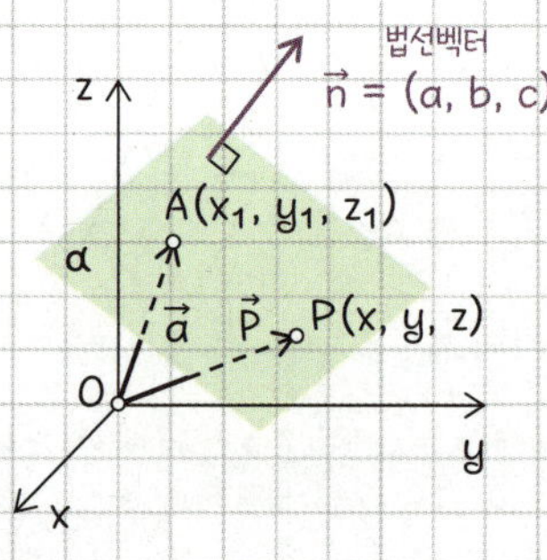

평면을 지나는 두 벡터 $\Rightarrow$ 외적으로 법선벡터

점 $A(x_1, y_1, z_1)$을 지나고 벡터 $\vec{n} = (a, b, c)$에 수직인 평면의 방정식

$a(x-x_1)+b(y-y_1)+c(z-z_1) = 0$

일반형 : $ax+by+cz+d = 0$

두 평면의 평행과 수직

두 평면 α, β의 법선벡터가 각각 $\overrightarrow{n_1} = (a_1, b_1, c_1)$, $\overrightarrow{n_2} = (a_2, b_2, c_2)$

$\alpha \parallel \beta \Leftrightarrow \overrightarrow{n_1} \parallel \overrightarrow{n_2} \Leftrightarrow \overrightarrow{n_1} = k\overrightarrow{n_2} \ (k \neq 0) \Leftrightarrow a_1 : b_1 : c_1 = a_2 : b_2 : c_2$

$\alpha \perp \beta \Leftrightarrow \overrightarrow{n_1} \perp \overrightarrow{n_2} \Leftrightarrow \overrightarrow{n_1}\cdot\overrightarrow{n_2} = 0 \Leftrightarrow a_1 a_2 + b_1 b_2 + c_1 c_2 = 0$

점과 평면 사이의 거리

$P(x_1, y_1, z_1)$

평면 $ax+by+cz+d = 0$

사이의 거리

$$d = \frac{|ax_1+by_1+cz_1+d|}{\sqrt{a^2+b^2+c^2}}$$

점과 직선 사이의 거리 $d = \dfrac{|ax_1+by_1+c|}{\sqrt{a^2+b^2}}$

백그라운드
고등수학
필기노트

부록

2026학년도 수능 해설 (공통)

1. $9^{\frac{1}{4}} \times 3^{-\frac{1}{2}}$의 값은? [2점] 실수에서의 지수법칙 (p.134)

① 1 ② $\sqrt{3}$ ③ 3 ④ $3\sqrt{3}$ ⑤ 9

$(3^2)^{\frac{1}{4}} \times 3^{-\frac{1}{2}} = 3^{\frac{1}{2}} \times 3^{-\frac{1}{2}} = 3^{\frac{1}{2}+(-\frac{1}{2})} = 3^0 = 1$

2. 함수 $f(x) = 3x^3+4x+1$에 대하여 $\lim_{h\to 0} \frac{f(1+h)-f(1)}{h}$의 값은? [2점] 변화율 (p.182)

$= f'(1)$

① 7 ② 9 ③ 11 ④ 13 ⑤ 15

$f'(x) = 9x^2+4 \Rightarrow f'(1) = 13$

3. 수열 $\{a_n\}$에 대하여 $\sum_{k=1}^{4}(2a_k-k) = 0$일 때, $\sum_{k=1}^{4} a_k$의 값은? [3점] 시그마 (p.158)

① 1 ② 2 ③ 3 ④ 4 ⑤ 5

$2\sum_{k=1}^{4} a_k - \sum_{k=1}^{4} k = 0 \Rightarrow 2\sum_{k=1}^{4} a_k - 10 = 0 \Rightarrow \sum_{k=1}^{4} a_k = 5$

다항함수는 실수 전체의 집합에서 연속

$x = 1$에서 (좌극한) = (우극한) = (함숫값)

4. 함수 $f(x) = \begin{cases} 3x-2 & (x < 1) \\ x^2-3x+a & (x \geq 1) \end{cases}$이 실수 전체의 집합에서 연속일 때, 상수 a의 값은? [3점] 함수의 연속 (p.178)

① 1 ② 2 ③ 3 ④ 4 ⑤ 5

$\therefore \lim_{x\to 1-} f(x) = \lim_{x\to 1+} f(x) = f(1) \Rightarrow 1 = a-2 \Rightarrow a = 3$

5. 함수 $f(x) = (x+2)(2x^2-x-2)$에 대하여 $f'(1)$의 값은? [3점] 미분법 (p.186)

① 6　　　② 7　　　③ 8　　　④ 9　　　⑤ 10

$f'(x) = (2x^2-x-2)+(x+2)(4x-1)$

$\therefore\ f'(1) = (-1)+3\times3 = 8$

6. 1보다 큰 두 실수 a, b가 $\log_a b = 3$, $\log_3 \dfrac{b}{a} = \dfrac{1}{2}$을 만족시킬 때, $\log_9 ab$의 값은? [3점] 로그 (p.136)

① $\dfrac{3}{8}$　　　② $\dfrac{1}{2}$　　　③ $\dfrac{5}{8}$　　　④ $\dfrac{3}{4}$　　　⑤ $\dfrac{7}{8}$

$$\begin{cases} \dfrac{\log_3 b}{\log_3 a} = 3 \\[2mm] \log_3 b - \log_3 a = \dfrac{1}{2} \end{cases} \Rightarrow \log_3 a = \dfrac{1}{4},\ \log_3 b = \dfrac{3}{4} \Rightarrow \log_9 ab = \dfrac{1}{2}(\log_3 a + \log_3 b) = \dfrac{1}{2}$$

7. 두 곡선 $y = x^2+3$, $y = -\dfrac{1}{5}x^2+3$과 직선 $x = 2$로 둘러싸인 부분의 넓이는? [3점] 두 곡선 사이의 넓이 (p.220)

① $\dfrac{18}{5}$　　　② $\dfrac{7}{2}$　　　③ $\dfrac{17}{5}$　　　④ $\dfrac{33}{10}$　　　⑤ $\dfrac{16}{5}$

$$\int_0^2 (x^2+3) - \left(-\dfrac{1}{5}x^2+3\right) dx$$

$$= \int_0^2 \dfrac{6}{5}x^2 dx$$

$$= \left[\dfrac{6}{15}x^3\right]_0^2$$

$$= \dfrac{16}{5}$$

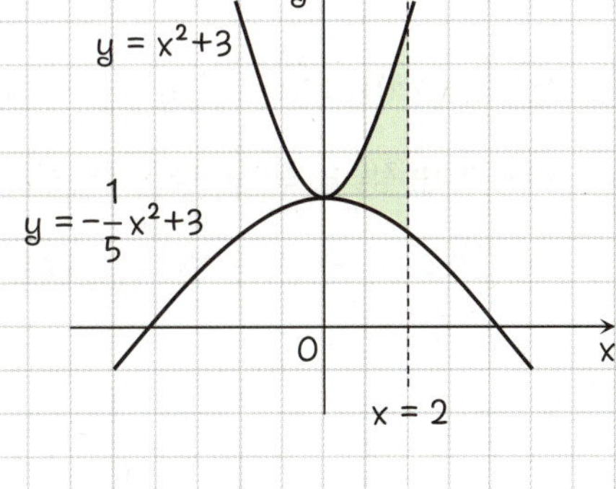

Appendix

8. $\sin\theta+3\cos\theta = 0$이고 $\cos(\pi-\theta) > 0$일 때, $\sin\theta$의 값은? [3점]   삼각함수 (p.146 & p.148)

①✔ $\dfrac{3\sqrt{10}}{10}$ ② $\dfrac{\sqrt{10}}{5}$ ③ 0 ④ $-\dfrac{\sqrt{10}}{5}$ ⑤ $-\dfrac{3\sqrt{10}}{10}$

$\dfrac{\sin\theta}{\cos\theta} = \tan\theta = -3,\ \cos\theta < 0 \Rightarrow \sin\theta > 0,\ \sin\theta = \dfrac{3\sqrt{10}}{10}$

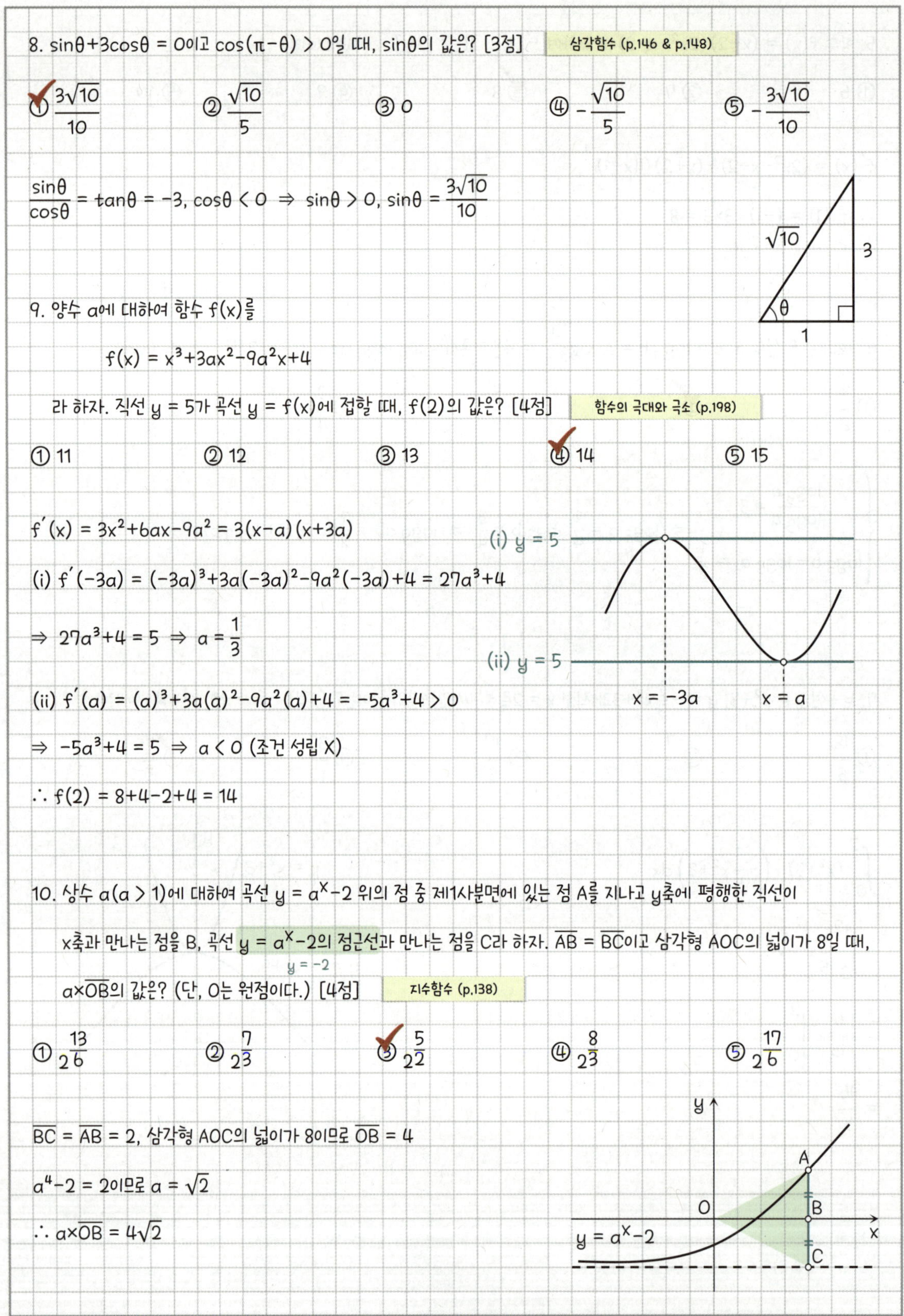

9. 양수 a에 대하여 함수 $f(x)$를

$$f(x) = x^3+3ax^2-9a^2x+4$$

라 하자. 직선 $y = 5$가 곡선 $y = f(x)$에 접할 때, $f(2)$의 값은? [4점]   함수의 극대와 극소 (p.198)

① 11   ② 12   ③ 13   ④✔ 14   ⑤ 15

$f'(x) = 3x^2+6ax-9a^2 = 3(x-a)(x+3a)$

(i) $f(-3a) = (-3a)^3+3a(-3a)^2-9a^2(-3a)+4 = 27a^3+4$

$\Rightarrow 27a^3+4 = 5 \Rightarrow a = \dfrac{1}{3}$

(ii) $f(a) = (a)^3+3a(a)^2-9a^2(a)+4 = -5a^3+4 > 0$

$\Rightarrow -5a^3+4 = 5 \Rightarrow a < 0$ (조건 성립 X)

$\therefore f(2) = 8+4-2+4 = 14$

10. 상수 $a(a > 1)$에 대하여 곡선 $y = a^x-2$ 위의 점 중 제1사분면에 있는 점 A를 지나고 y축에 평행한 직선이

     x축과 만나는 점을 B, 곡선 $y = a^x-2$의 점근선과 만나는 점을 C라 하자. $\overline{AB} = \overline{BC}$이고 삼각형 AOC의 넓이가 8일 때,

     $a\times\overline{OB}$의 값은? (단, O는 원점이다.) [4점]   지수함수 (p.138)

① $\dfrac{13}{2\cdot6}$ ② $\dfrac{7}{2\cdot3}$ ③✔ $\dfrac{5}{2\cdot2}$ ④ $\dfrac{8}{2\cdot3}$ ⑤ $\dfrac{17}{2\cdot6}$

$\overline{BC} = \overline{AB} = 2$, 삼각형 AOC의 넓이가 8이므로 $\overline{OB} = 4$

$a^4-2 = 2$이므로 $a = \sqrt{2}$

$\therefore a\times\overline{OB} = 4\sqrt{2}$

11. 시각 $t = 0$일 때 원점을 출발하여 수직선 위를 움직이는 점 P가 있다.

실수 k에 대하여 시각이 $t(t \geq 0)$일 때 점 P의 속도 $v(t)$가

$$v(t) = t^2 - kt + 4$$

이다. 〈보기〉에서 옳은 것만을 있는 대로 고른 것은? [4점] 위치와 거리 (p.224)

〈보 기〉

ㄱ. $k = 0$이면, 시각 $t = 1$일 때 점 P의 위치는 $\dfrac{13}{3}$이다.

ㄴ. $k = 3$이면, 출발한 후 점 P의 운동 방향이 한 번 바뀐다.

ㄷ. $k = 5$이면, 시각 $t = 0$에서 $t = 2$까지 점 P가 움직인 거리는 3이다.

---

① ㄱ　　　② ㄱ, ㄴ　　　③ ㄱ, ㄷ ✓　　　④ ㄴ, ㄷ　　　⑤ ㄱ, ㄴ, ㄷ

ㄱ. $v(t) = t^2 + 4$

$$\int_0^1 (t^2+4)\,dt = \left[\frac{1}{3}t^3+4t\right]_0^1 = \frac{13}{3} \ (O)$$

ㄴ. $v(t) = t^2 - 3t + 4$

$v(t)$의 판별식 $D = (-3)^2 - 4(1)(4) < 0$이므로 $v(t)$의 그래프는 t축과의 교점이 없다. 즉, 운동 방향이 바뀌지 않는다. (X)

ㄷ. $v(t) = t^2 - 5t + 4 = (t-1)(t-4)$

$$\int_0^2 |t^2-5t+4|\,dt = \int_0^1 (t^2-5t+4)\,dt + \int_1^2 (-t^2+5t-4)\,dt = \left[\frac{1}{3}t^3-\frac{5}{2}t^2+4t\right]_0^1 + \left[-\frac{1}{3}t^3+\frac{5}{2}t^2-4t\right]_1^2$$

$$= \left\{\left(\frac{1}{3}-\frac{5}{2}+4\right)\right\} + \left\{\left(-\frac{8}{3}+10-8\right) - \left(-\frac{1}{3}+\frac{5}{2}-4\right)\right\} = 3 \ (O)$$

12. 등비수열 $\{a_n\}$이

$$2(a_1+a_4+a_7) = \overset{\times r^3}{\overbrace{a_4+a_7+a_{10}}} = 6$$

을 만족시킬 때, a_{10}의 값은? [4점] 등비수열 (p.158)

① $\dfrac{22}{7}$　　　② $\dfrac{24}{7}$ ✓　　　③ $\dfrac{26}{7}$　　　④ $\dfrac{30}{7}$　　　⑤ $\dfrac{32}{7}$

$$r^3 = 2 \ \Rightarrow \ (1+2+4)a_1 = 3 \ \Rightarrow \ a_{10} = 8a_1 = \frac{8\times3}{7} = \frac{24}{7}$$

13. 함수 $f(x) = x^2-4x-3$에 대하여 곡선 $y = f(x)$ 위의 점 $(1, -6)$에서의 접선을 ℓ이라 하고,

함수 $g(x) = (x^3-2x)f(x)$에 대하여 곡선 $y = g(x)$ 위의 점 $(1, 6)$에서의 접선을 m이라 하자.

두 직선 ℓ, m과 y축으로 둘러싸인 도형의 넓이는? [4점] 접선의 방정식 (p.196)

① 21　　　　② 28　　　　③ 35　　　　④ 42　　　　✔⑤ 49

$f'(x) = 2x-4,\ g'(x) = (3x^2-2)f(x)+(x^3-2x)f'(x)$

$f'(1) = -2,\ g'(1) = (1)(-6)+(-1)(-2) = -4$

$\ell : y = -2(x-1)-6,\ m : y = -4(x-1)+6$

두 접선 ℓ, m의 교점은 $(7, -18)$

$\therefore \dfrac{1}{2}\times7\times14 = 49$

14. 그림과 같이 $\overline{AB} = 3$, $\overline{BC} = 4$이고 $\angle B = \dfrac{\pi}{2}$인 직각삼각형 ABC가 있다. 선분 AB를 $2 : 1$로 내분하는 점을 D,

점 A를 중심으로 하고 반지름의 길이가 $\overline{AD}$인 원이 선분 AC와 만나는 점을 E, 직선 AB가 이 원과 만나는 점 중 D가 아닌

점을 F라 하고, 호 EF 위의 점 G를 $\overline{CG} = 2\sqrt{6}$이 되도록 잡는다. 세 점 C, E, G를 지나는 원 위의 점 H가

$\angle HCG = \angle BAC$를 만족시킬 때, 선분 GH의 길이는? [4점] 사인법칙 & 코사인법칙 (p.152)

① $\dfrac{6\sqrt{15}}{5}$　　　　② $\dfrac{38\sqrt{10}}{25}$　　　　③ $\dfrac{14\sqrt{3}}{5}$

✔④ $\dfrac{32\sqrt{15}}{25}$　　　　⑤ $\dfrac{8\sqrt{10}}{5}$

세 점 C, E, G를 지나는 원의 반지름을
R라 하면 $\overline{GH} = 2R\sin\theta = \dfrac{8}{5}R$

$\sin\theta = \dfrac{4}{5},\ \cos\theta = \dfrac{3}{5}$

R을 구하려면?
⇒ 선분 GE의 길이 계산
⇒ 삼각형 CEG를 이용

$(2\sqrt{6})^2 = 2^2+5^2-2\times2\times5\times\cos(\angle GAE)$

$\cos(\angle GAE) = \dfrac{1}{4}$

삼각형 GCA의 세 변이 모두 주어졌으므로
코사인법칙을 활용하여 $\angle GAE$의 크기 계산

$\overline{GE}^2 = 2^2+2^2-2\times2\times2\times\cos(\angle GAE) \Rightarrow \overline{GE} = \sqrt{6}$

$(2\sqrt{6})^2 = (\sqrt{6})^2+3^2-2\times\sqrt{6}\times3\times\cos(\angle GEC) \Rightarrow \cos(\angle GEC) = -\dfrac{\sqrt{6}}{4}$

$\Rightarrow \sin(\angle GEC) = \dfrac{\sqrt{10}}{4} \Rightarrow \overline{GC} = 2R\sin(\angle GEC) \Rightarrow R = \dfrac{4\sqrt{6}}{\sqrt{10}} = \dfrac{4\sqrt{15}}{5} \Rightarrow \dfrac{8}{5}R = \dfrac{32\sqrt{15}}{25}$

15. 함수 $f(x)$가

$$f(x) = \begin{cases} -x^2 & (x < 0) \\ x^2 - x & (x \geq 0) \end{cases}$$

이고 양수 a에 대하여 함수 $g(x)$를

$$g(x) = \begin{cases} ax + a & (x < -1) \\ 0 & (-1 \leq x < 1) \\ ax - a & (x \geq 1) \end{cases}$$

이라 하자. 함수 $h(x) = \displaystyle\int_0^x (g(t) - f(t))\,dt$ 가 오직 하나의 극값을 갖도록 하는 a의 최댓값을 k라 하자.

$a = k$일 때, $k + h(3)$의 값은? [4점]

① $\dfrac{9}{2}$　　② $\dfrac{11}{2}$　　③ $\dfrac{13}{2}$　　④ $\dfrac{15}{2}$　　⑤ $\dfrac{17}{2}$

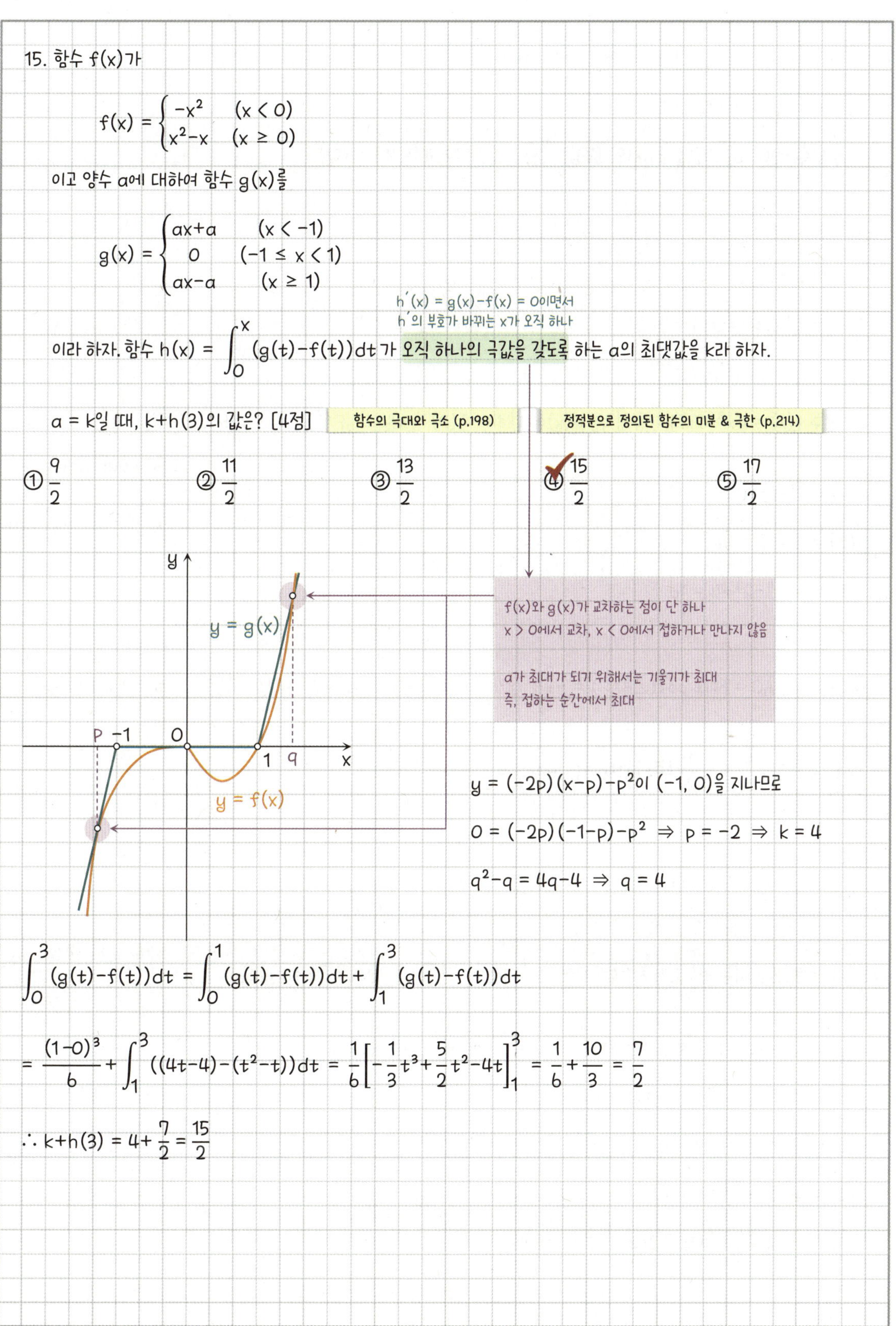

$$\int_0^3 (g(t) - f(t))\,dt = \int_0^1 (g(t) - f(t))\,dt + \int_1^3 (g(t) - f(t))\,dt$$

$$= \frac{(1-0)^3}{6} + \int_1^3 ((4t-4) - (t^2-t))\,dt = \frac{1}{6}\left[-\frac{1}{3}t^3 + \frac{5}{2}t^2 - 4t \right]_1^3 = \frac{1}{6} + \frac{10}{3} = \frac{7}{2}$$

$$\therefore k + h(3) = 4 + \frac{7}{2} = \frac{15}{2}$$

Appendix

16. 수열 $\{a_n\}$은 $a_1 = 1$이고, 모든 자연수 n에 대하여

$$a_{n+1} = n^2 a_n + 1$$

을 만족시킨다. a_3의 값을 구하시오. [3점] 9 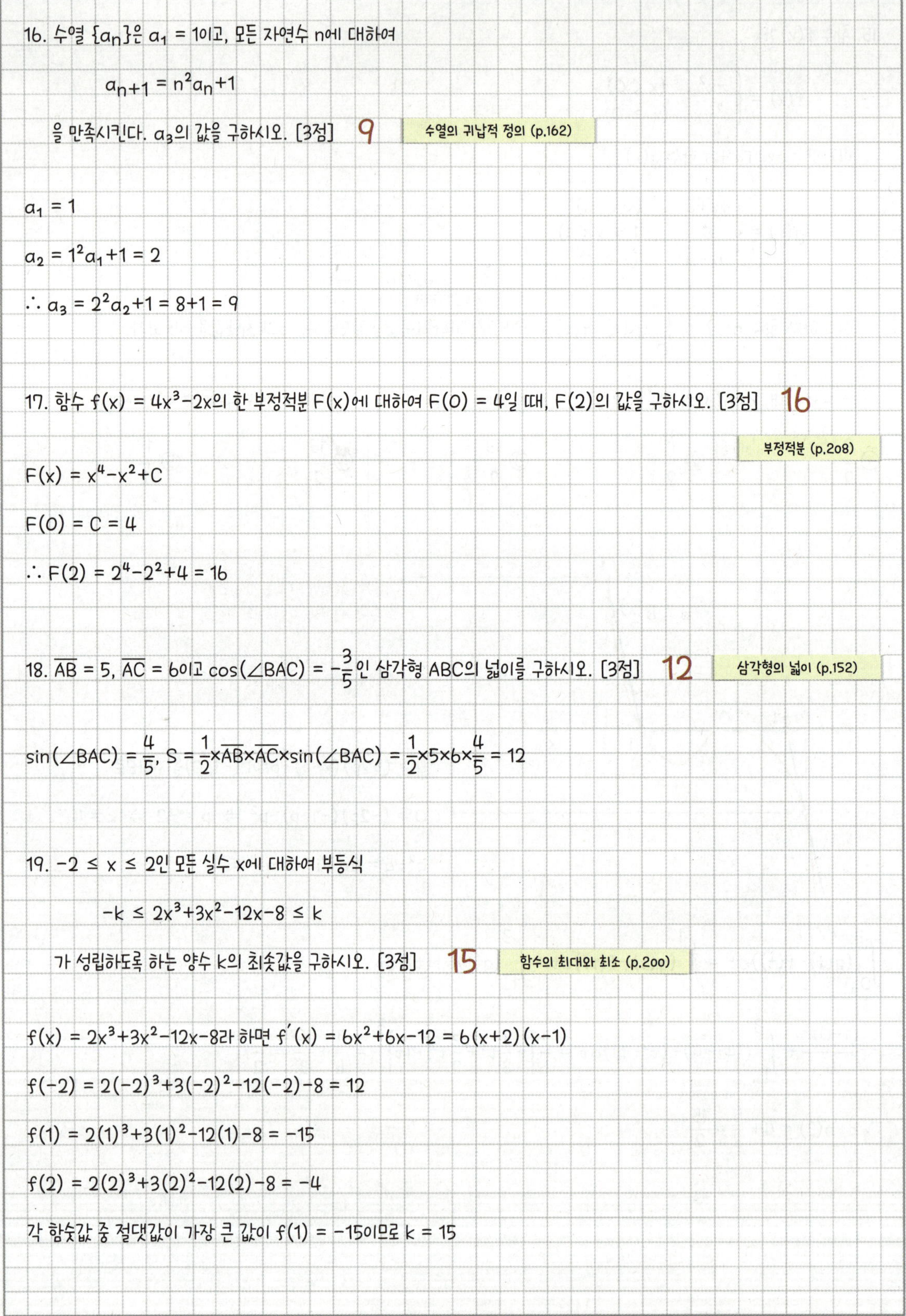

$a_1 = 1$

$a_2 = 1^2 a_1 + 1 = 2$

$\therefore a_3 = 2^2 a_2 + 1 = 8 + 1 = 9$

17. 함수 $f(x) = 4x^3 - 2x$의 한 부정적분 $F(x)$에 대하여 $F(0) = 4$일 때, $F(2)$의 값을 구하시오. [3점] 16

$F(x) = x^4 - x^2 + C$

$F(0) = C = 4$

$\therefore F(2) = 2^4 - 2^2 + 4 = 16$

18. $\overline{AB} = 5$, $\overline{AC} = 6$이고 $\cos(\angle BAC) = -\dfrac{3}{5}$인 삼각형 ABC의 넓이를 구하시오. [3점] 12

$\sin(\angle BAC) = \dfrac{4}{5}$, $S = \dfrac{1}{2} \times \overline{AB} \times \overline{AC} \times \sin(\angle BAC) = \dfrac{1}{2} \times 5 \times 6 \times \dfrac{4}{5} = 12$

19. $-2 \leq x \leq 2$인 모든 실수 x에 대하여 부등식

$$-k \leq 2x^3 + 3x^2 - 12x - 8 \leq k$$

가 성립하도록 하는 양수 k의 최솟값을 구하시오. [3점] 15

$f(x) = 2x^3 + 3x^2 - 12x - 8$라 하면 $f'(x) = 6x^2 + 6x - 12 = 6(x+2)(x-1)$

$f(-2) = 2(-2)^3 + 3(-2)^2 - 12(-2) - 8 = 12$

$f(1) = 2(1)^3 + 3(1)^2 - 12(1) - 8 = -15$

$f(2) = 2(2)^3 + 3(2)^2 - 12(2) - 8 = -4$

각 함숫값 중 절댓값이 가장 큰 값이 $f(1) = -15$이므로 $k = 15$

20. 수열 $\{a_n\}$이 다음 조건을 만족시킨다.

- $a_1 = 7$

- 2 이상의 자연수 n에 대하여

$$\sum_{k=1}^{n} a_k = \frac{2}{3} a_n + \frac{1}{6} n^2 - \frac{1}{6} n + 10$$

이다.

다음은 $\displaystyle\sum_{k=1}^{12} a_k + \sum_{k=1}^{5} a_{2k+1}$ 의 값을 구하는 과정이다.

---

2 이상의 자연수 n에 대하여 $a_{n+1} = \displaystyle\sum_{k=1}^{n+1} a_k - \sum_{k=1}^{n} a_k$ 이므로

$$a_{n+1} = \frac{2}{3}(a_{n+1} - a_n) + \boxed{\text{(가)}} \quad \frac{n}{3}$$

$$\left\{\frac{1}{6}(n+1)^2 - \frac{1}{6}(n+1) + 10\right\} - \left\{\frac{1}{6}n^2 - \frac{1}{6}n + 10\right\}$$

$$= \left(\frac{1}{6}n^2 + \frac{1}{6}n\right) - \left(\frac{1}{6}n^2 - \frac{1}{6}n\right)$$

$$= \frac{n}{3}$$

이고, 이 식을 정리하면

$$2a_n + a_{n+1} = 3 \times \boxed{\text{(가)}} \quad \frac{n}{3} \qquad \cdots\cdots\;\text{㉠}$$

이다.

$$\sum_{k=1}^{n} a_k = \frac{2}{3} a_n + \frac{1}{6} n^2 - \frac{1}{6} n + 10 \;\; (n \geq 2)$$

에서 양변에 $n = 2$를 대입하면

$$a_2 = \boxed{\text{(나)}} \quad 10 \qquad \cdots\cdots\;\text{㉡}$$

$$a_1 + a_2 = \frac{2}{3} a_2 + \frac{2}{3} - \frac{1}{3} + 10$$

$$\frac{1}{3} a_2 = \frac{1}{3} + 10 - 7$$

$$a_2 = 10$$

이다. ㉠과 ㉡에 의하여

$$\sum_{k=1}^{12} a_k + \sum_{k=1}^{5} a_{2k+1} = a_1 + a_2 + \sum_{k=1}^{5}(2a_{2k+1} + a_{2k+2}) = \boxed{\text{(다)}} \quad 52$$

$$a_1 + a_2 + \sum_{k=1}^{5}(2k+1)$$

$$= 7 + 10 + 30 + 5$$

$$= 52$$

이다.

위의 (가)에 알맞은 식을 $f(n)$이라 하고, (나), (다)에 알맞은 수를 각각 p, q라 할 때, $\dfrac{p \times q}{f(12)}$ 의 값을 구하시오. [4점] **130**

등차수열 (p.156)	시그마 (p.158)	수열의 귀납적 정의 (p.162)

$$\frac{p \times q}{f(12)} = \frac{520}{4} = 130$$

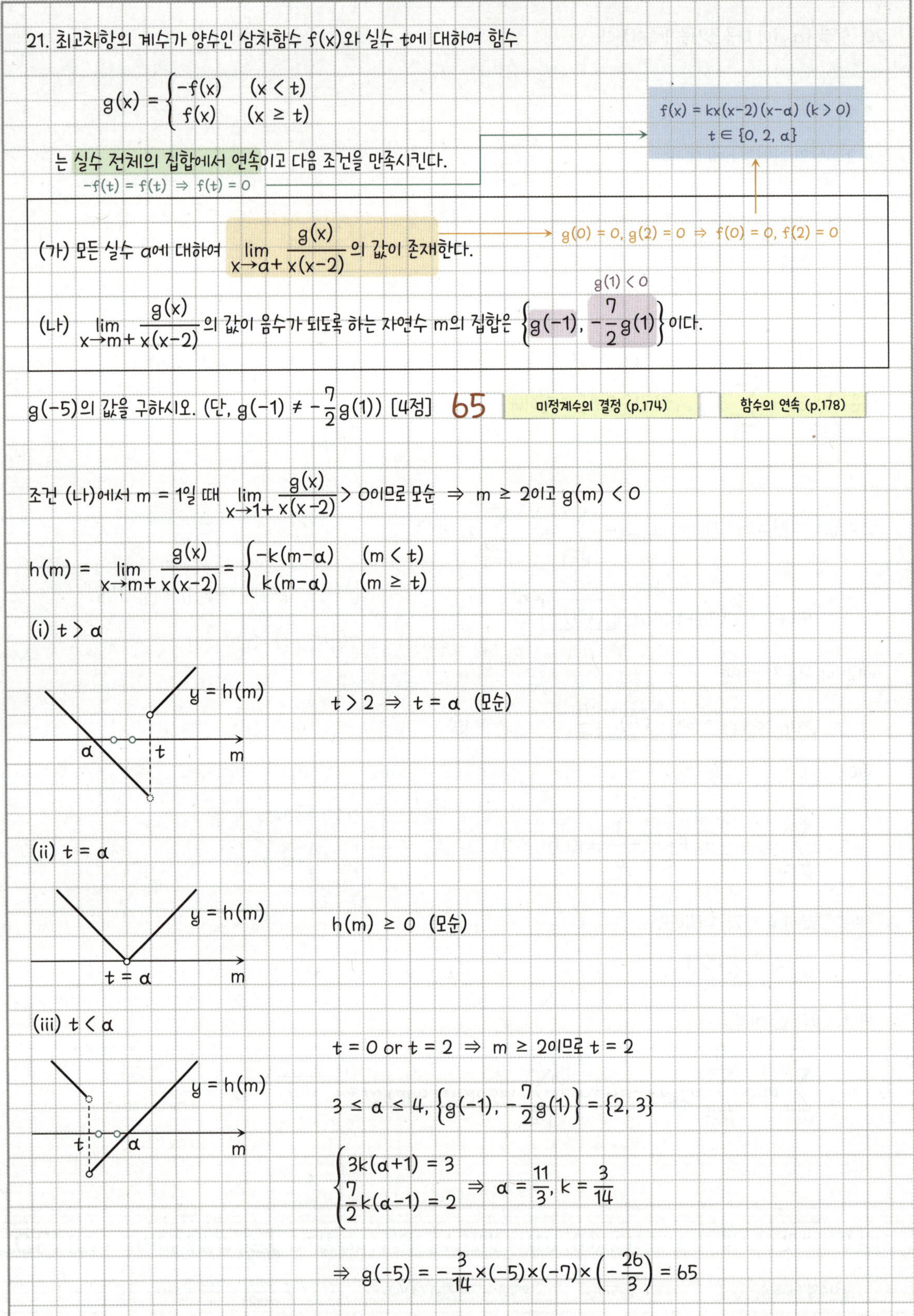

21. 최고차항의 계수가 양수인 삼차함수 $f(x)$와 실수 t에 대하여 함수

$$g(x) = \begin{cases} -f(x) & (x < t) \\ f(x) & (x \geq t) \end{cases}$$

는 실수 전체의 집합에서 연속이고 다음 조건을 만족시킨다.

$$-f(t) = f(t) \Rightarrow f(t) = 0$$

(가) 모든 실수 a에 대하여 $\displaystyle \lim_{x \to a+} \frac{g(x)}{x(x-2)}$ 의 값이 존재한다.

(나) $\displaystyle \lim_{x \to m+} \frac{g(x)}{x(x-2)}$ 의 값이 음수가 되도록 하는 자연수 m의 집합은 $\left\{ g(-1),\ -\dfrac{7}{2}g(1) \right\}$ 이다.

$g(-5)$의 값을 구하시오. (단, $g(-1) \neq -\dfrac{7}{2}g(1)$) [4점] **65**

미정계수의 결정 (p.174) 함수의 연속 (p.178)

조건 (나)에서 $m = 1$일 때 $\displaystyle \lim_{x \to 1+} \frac{g(x)}{x(x-2)} > 0$이므로 모순 $\Rightarrow m \geq 2$이고 $g(m) < 0$

$$h(m) = \lim_{x \to m+} \frac{g(x)}{x(x-2)} = \begin{cases} -k(m-\alpha) & (m < t) \\ k(m-\alpha) & (m \geq t) \end{cases}$$

(i) $t > \alpha$

$$t > 2 \Rightarrow t = \alpha \ (모순)$$

(ii) $t = \alpha$

$$h(m) \geq 0 \ (모순)$$

(iii) $t < \alpha$

$$t = 0 \ \text{or} \ t = 2 \Rightarrow m \geq 2이므로 t = 2$$

$$3 \leq \alpha \leq 4, \ \left\{ g(-1),\ -\frac{7}{2}g(1) \right\} = \{2, 3\}$$

$$\begin{cases} 3k(\alpha+1) = 3 \\ \dfrac{7}{2}k(\alpha-1) = 2 \end{cases} \Rightarrow \alpha = \frac{11}{3},\ k = \frac{3}{14}$$

$$\Rightarrow g(-5) = -\frac{3}{14} \times (-5) \times (-7) \times \left(-\frac{26}{3} \right) = 65$$

22. 곡선 $y = \log_{16}(8x+2)$ 위의 점 $A(a, b)$와 곡선 $y = 4^{x-1} - \dfrac{1}{2}$ 위의 점 B가 제1사분면에 있다.

$A'(b, a)$

    $B(c, d)$

점 A를 직선 $y = x$에 대하여 대칭이동한 점이 직선 OB 위에 있고 선분 AB의 중점의 좌표가 $\left(\dfrac{77}{8}, \dfrac{133}{8}\right)$일 때,

$y = x \Rightarrow$ 역함수 떠올리기 $\overrightarrow{OA'}$, $\overrightarrow{OB}$의 기울기 같음

$a \times b = \dfrac{q}{p}$이다. $p+q$의 값을 구하시오. (단, O는 원점이고, p와 q는 서로소인 자연수이다.) [4점] **457**

| 지수함수 (p.138) | 로그함수 (p.142) | 선분의 내분점과 외분점 (p.80) | 직선의 방정식 (p.82) |

함수의 오목과 볼록 (p.200)

$y = \log_{16}(8x+2)$의 역함수는 $y = \dfrac{1}{8}(4^{2x}-2) \Rightarrow a = \dfrac{1}{8}(4^{2b}-2)$

$\overrightarrow{OA'}$, $\overrightarrow{OB}$의 기울기가 같으므로 $\dfrac{a}{b} = \dfrac{d}{c} \Rightarrow \dfrac{\frac{1}{8}(4^{2b}-2)}{b} = \dfrac{4^c - 1 - \frac{1}{2}}{c} \Rightarrow \dfrac{4^{2b}-1-\frac{1}{2}}{2b} = \dfrac{4^c-1-\frac{1}{2}}{c}$

$f(x) = \dfrac{4^{x-1}-\frac{1}{2}}{x}$ 라고 하자. 이때, $f(x)$는 원점 $O(0, 0)$과 곡선 $y = 4^{x-1}-\dfrac{1}{2}$ 위의 점 (x, y)를 잇는 직선의 기울기

점 B는 제1사분면 위에 있고, $y = 4^{x-1}-\dfrac{1}{2}$는 지수함수이므로 한 기울기에 대하여 점 (x, y)는 하나로 유일함.

한 기울기 $\Rightarrow$ 오직 한 점

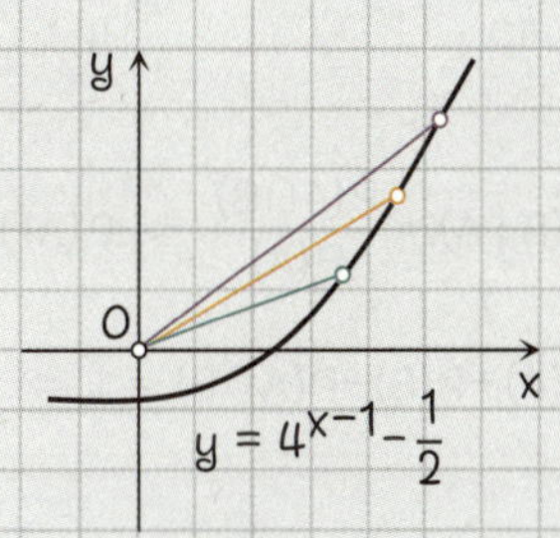

$\dfrac{4^{2b}-1-\frac{1}{2}}{2b} = \dfrac{4^c-1-\frac{1}{2}}{c}$ 이므로 $2b = c$.

$\begin{cases} a+c = \dfrac{77}{4},\ b+d = \dfrac{133}{4} \\ 2b = c,\ \dfrac{a}{b} = \dfrac{d}{c} \Rightarrow 2a = d \end{cases} \Rightarrow a = \dfrac{63}{4},\ b = \dfrac{7}{4}$

$\therefore a \times b = \dfrac{441}{16},\ p+q = 457$

함수의 볼록성을 통해
기울기와 점의 일대일대응 추론

Appendix

23. 네 문자 a, b, c, d 중에서 중복을 허락하여 3개를 택해 일렬로 나열하는 경우의 수는? [2점]

여러 가지 순열과 조합 (p.232)

① 56   ② 60   ✓③ 64   ④ 68   ⑤ 72

$4^3 = 64$

24. 두 사건 A, B에 대하여

$$P(A) = \frac{2}{5}, \ P(B \mid A) = \frac{1}{4}, \ P(A \cup B) = 1$$

일 때, $P(B)$의 값은? [3점]   조건부확률 (p.240)

✓① $\frac{7}{10}$ ② $\frac{3}{4}$ ③ $\frac{4}{5}$ ④ $\frac{17}{20}$ ⑤ $\frac{9}{10}$

$$P(B \mid A) = \frac{P(A \cap B)}{P(A)} \Rightarrow P(A \cap B) = P(A)P(B \mid A) = \frac{2}{5} \times \frac{1}{4} = \frac{1}{10}$$

$$P(A) + P(B) - P(A \cap B) = 1 \Rightarrow P(B) = 1 - P(A) + P(A \cap B) = 1 - \frac{2}{5} + \frac{1}{10} = \frac{7}{10}$$

25. 주머니에 숫자 1, 2, 3, 4, 5가 하나씩 적혀 있는 흰 공 5개와 숫자 2, 3, 4, 5, 6이 하나씩

적혀 있는 검은 공 5개가 들어 있다. 이 주머니에서 임의로 2개의 공을 동시에 꺼낼 때,

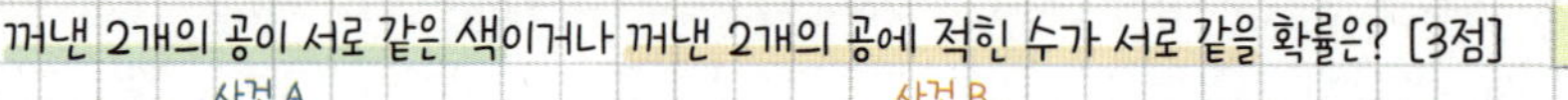 꺼낸 2개의 공이 서로 같은 색이거나  꺼낸 2개의 공에 적힌 수가 서로 같을  확률은? [3점]   확률 (p.240)

① $\frac{7}{15}$ ✓② $\frac{8}{15}$ ③ $\frac{3}{5}$ ④ $\frac{2}{3}$ ⑤ $\frac{11}{15}$

사건 A와 사건 B는 배반

$$P(A) = \frac{{}_5C_2 + {}_5C_2}{{}_{10}C_2} = \frac{20}{45}, \quad P(B) = \frac{4}{{}_{10}C_2} = \frac{4}{45} = \frac{4}{45}$$

$$P(A \cup B) = P(A) + P(B) = \frac{20}{45} + \frac{4}{45} = \frac{24}{45} = \frac{8}{15}$$

26. 평균이 m이고 표준편차가 5인 정규분포를 따르는 모집단에서 크기가 36인 표본을 임의추출하여 얻은 표본평균을 이용하여

구한 모평균 m에 대한 신뢰도 99%의 신뢰구간이 $1.2 \leq m \leq a$이다. a의 값은?

(단, Z가 표준정규분포를 따르는 확률변수일 때, $P(|Z| \leq 2.58) = 0.99$로 계산한다.) [3점] 모평균의 추정 (p.256)

① 5.1 ② 5.2 ③ 5.3 ④ 5.4 ⑤ 5.5

(신뢰구간의 길이) $= 2 \times 2.58 \times \dfrac{\sigma}{\sqrt{n}} = 2 \times 2.58 \times \dfrac{5}{\sqrt{36}} = 4.3$

$\therefore a = 1.2 + 4.3 = 5.5$

27. 이산확률변수 X가 가지는 값이 0부터 4까지의 정수이고

$$P(X = x) = \begin{cases} \dfrac{|2x-1|}{12} & (x = 0, 1, 2, 3) \\ a & (x = 4) \end{cases}$$

이산확률변수 (p.244)

일 때, $V\left(\dfrac{1}{a}X\right)$의 값은? (단, a는 0이 아닌 상수이다.) [3점] E(X), V(X), σ(X)의 성질 (p.246)

① 36 ② 39 ③ 42 ④ 45 ⑤ 48

X	0	1	2	3	4	합계
P(X = x)	$\dfrac{1}{12}$	$\dfrac{1}{12}$	$\dfrac{3}{12}$	$\dfrac{5}{12}$	a	1

$\Rightarrow a = \dfrac{1}{6}$

$E(X) = 0 \times \dfrac{1}{12} + 1 \times \dfrac{1}{12} + 2 \times \dfrac{3}{12} + 3 \times \dfrac{5}{12} + 4 \times \dfrac{2}{12} = \dfrac{30}{12} = \dfrac{5}{2}$

$E(X^2) = 0^2 \times \dfrac{1}{12} + 1^2 \times \dfrac{1}{12} + 2^2 \times \dfrac{3}{12} + 3^2 \times \dfrac{5}{12} + 4^2 \times \dfrac{2}{12} = \dfrac{90}{12} = \dfrac{15}{2}$

$V(X) = E(X^2) - \{E(X)\}^2 = \dfrac{15}{2} - \left(\dfrac{5}{2}\right)^2 = \dfrac{5}{4}$

$\therefore V\left(\dfrac{1}{a}X\right) = V(6X) = 36V(X) = 45$

Appendix

28. 16개의 공과 1부터 6까지의 자연수가 하나씩 적혀 있는 여섯 개의 빈 상자가 있다. 한 개의 주사위를 사용하여 다음 시행을 한다.

주사위를 한 번 던져 나온 눈의 수가 k일 때,

k가 홀수이면 1, 3, 5가 적힌 상자에 공을 각각 1개씩 넣고,

k가 짝수이면 k의 약수가 적힌 상자에 공을 각각 1개씩 넣는다.

이 시행을 4번 반복한 후 여섯 개의 상자에 들어 있는 모든 공의 개수의 합이 홀수일 때, 3이 적힌 상자에 들어 있는 공의 개수가

조건부확률로 계산

2가 적힌 상자에 들어 있는 공의 개수보다 1개 더 많을 확률은? [4점] 조건부확률 (p.240)   독립 (p.242)

① $\dfrac{1}{8}$ ☑② $\dfrac{3}{16}$ ③ $\dfrac{1}{4}$ ④ $\dfrac{5}{16}$ ⑤ $\dfrac{3}{8}$

⚫⚫⚫⚫ ⚫⚫⚫⚫ ⚫⚫⚫⚫ ⚫⚫⚫⚫   1   2   3   4   5   6

(i) $k = 1, 3, 4, 5 \Rightarrow$ 공 3개 추가 : 홀

(ii) $k = 2 \Rightarrow$ 공 2개 추가 ⎫

(iii) $k = 4 \Rightarrow$ 공 6개 추가 ⎭ : 짝

모든 공의 개수의 합이 홀수가 나오려면
$$\begin{cases} \text{홀 3번, 짝 1번} \Rightarrow {}_4C_1 \times 4 \times 2^3 = 128 \\ \text{홀 1번, 짝 3번} \Rightarrow {}_4C_3 \times 4^3 \times 2 = 512 \end{cases} \Rightarrow 128 + 512 = 640\,(가지)$$

3번 상자가 2번 상자보다 1개 더 많은 경우

① 홀 3번, 짝 1번

$k = 1, 3, 5$가 2번, $k = 4$가 1번, $k = 6$이 1번 나와야 함. $\Rightarrow \dfrac{4!}{2!1!1!} \times 3^2 \times 1 \times 1 = 108\,(가지)$

② 홀 1번, 짝 3번

$k = 1, 3, 5$가 1번, $k = 6$이 3번 나와야 함. $\Rightarrow \dfrac{4!}{1!3!} \times 3 \times 1^3 = 12\,(가지)$

$$\therefore \frac{108+12}{640} = \frac{120}{640} = \frac{3}{16}$$

29. 6 이하의 자연수 a에 대하여 한 개의 주사위와 한 개의 동전을 사용하여 다음 시행을 한다.

> 주사위를 한 번 던져
>
> 나온 눈의 수가 a보다 작거나 같으면 동전을 5번 던져 앞면의 나온 횟수를 기록하고,   (확률) $= \dfrac{a}{6}$
>
> 나온 눈의 수가 a보다 크면 동전을 3번 던져 앞면이 나온 횟수를 기록한다.   (확률) $= \dfrac{6-a}{6}$

이 시행을 19200번 반복하여 기록한 수가 3인 횟수를 확률변수 X라 하자.

$E(X) = 4800$일 때, $P(X \le 4800+30a)$의 값을 오른쪽 표준정규분포표를 이용하여 구한 값이 k이다.

1000×k의 값을 구하시오. [4점]   **977**   독립 (p.242)   이항분포와 정규분포의 관계 (p.250)

(한 번 시행에서 기록한 수가 3일 확률) $= \dfrac{a}{6} \times {}_5C_3 \times \left(\dfrac{1}{2}\right)^5 + \dfrac{6-a}{6} \times {}_3C_3 \times \left(\dfrac{1}{2}\right)^3 = \dfrac{5a}{96} + \dfrac{12-2a}{96} = \dfrac{a+4}{32}$

$E(X) = 19200 \times \dfrac{a+4}{32} = 4800 \Rightarrow a = 4$, $V(X) = 4800 \times \dfrac{32-8}{32} = 3600 \Rightarrow \sigma(X) = 60$

$P(X \le 4800+30a) = P(X \le 4800+120) = P(Z \le 2.0) = 0.977$

$\therefore 1000 \times k = 977$

30. 비어 있는 주머니 10개가 일렬로 놓여 있고, 공 8개가 있다. 각 주머니에 들어 있는 공의 개수가 2 이하가 되도록 공을

주머니에 남김없이 나누어 넣을 때, 다음 조건을 만족시키는 경우의 수를 구하시오.

(단, 공끼리는 서로 구별하지 않는다.) [4점]   **262**   공을 상자에 넣는 경우의 수 총정리 (p.236)

> (가) 들어 있는 공의 개수가 1인 주머니는 4개 또는 6개이다.   케이스 2개로 분류
>
> (나) 들어 있는 공의 개수가 2인 주머니와 이웃한 주머니에는 공이 들어 있지 않다.

들어 있는 공의 개수가 0인 주머니는 조건이 없으므로 먼저 배치한 뒤 생각

(i) 들어있는 공의 개수가 1인 주머니가 4개 (◎ : 3개, ① : 4개, ② : 2개)

＿◎＿◎＿◎＿◎＿ $\Rightarrow$ ＿에 ② 배치 : ${}_5C_2 = 10$(가지)

②가 들어가지 않은 나머지 3곳의 공간에 ① 4개를 자유롭게 배치 : ${}_3H_4 = 15$(가지) $\Rightarrow$ 10×15 = 150(가지)

(ii) 들어있는 공의 개수가 1인 주머니가 6개 (◎ : 3개, ① : 6개, ② : 1개)

＿◎＿◎＿◎＿ $\Rightarrow$ ＿에 ② 배치 : ${}_4C_1 = 4$(가지)

②가 들어가지 않은 나머지 3곳의 공간에 ① 6개를 자유롭게 배치 : ${}_3H_6 = 28$(가지) $\Rightarrow$ 4×28 = 112(가지)

$\therefore 150+112 = 262$(가지)

23. $\displaystyle\lim_{x\to 0}\dfrac{\tan 6x}{2x}$ 의 값은? [2점] 여러 가지 함수의 극한 (p.176)

① 1　　　　② 2　　　　✓③ 3　　　　④ 4　　　　⑤ 5

$$\lim_{x\to 0}\frac{\tan 6x}{2x}=\lim_{x\to 0}\frac{3\tan 6x}{6x}=3$$

24. $\displaystyle\int_{0}^{\frac{\pi}{2}}\sqrt{\sin x-\sin^3 x}\,dx$ 의 값은? [3점]

여러 가지 적분법 (p.210)　　정적분의 기본 정리 (p.212)

여러 가지 적분법을 이용한 여러 가지 함수의 부정적분 (p.210)

① $\dfrac{1}{6}$　　　　② $\dfrac{1}{3}$　　　　③ $\dfrac{1}{2}$　　　　✓④ $\dfrac{2}{3}$　　　　⑤ $\dfrac{5}{6}$

$$\int_{0}^{\frac{\pi}{2}}\sqrt{\sin x-\sin^3 x}\,dx=\int_{0}^{\frac{\pi}{2}}\sqrt{\sin x\,(1-\sin^2 x)}\,dx=\int_{0}^{\frac{\pi}{2}}\sqrt{\sin x}\,\cos x\,dx=\int_{0}^{1}\sqrt{t}\,dt=\left[\frac{2}{3}t^{\frac{3}{2}}\right]_{0}^{1}=\frac{2}{3}$$

25. 수열 $\{a_n\}$이 모든 자연수 n에 대하여

$$\sqrt{9n^2-5}+2n < a_n < 5n+1$$

을 만족시킬 때, $\displaystyle\lim_{n\to\infty}\dfrac{(a_n+2)^2}{na_n+5n^2-2}$ 의 값은? [3점] 극한의 대소 관계 (p.168)

① $\dfrac{1}{2}$　　　　② $\dfrac{3}{2}$　　　　✓③ $\dfrac{5}{2}$　　　　④ $\dfrac{7}{2}$　　　　⑤ $\dfrac{9}{2}$

$$\sqrt{9n^2-5}+2n < a_n < 5n+1 \;\Rightarrow\; \sqrt{9-\frac{5}{n^2}}+2 < \frac{a_n}{n} < 5+\frac{1}{n} \;\Rightarrow\; \lim_{n\to\infty}\frac{a_n}{n}=5$$

$$\therefore\; \lim_{n\to\infty}\frac{(a_n+2)^2}{na_n+5n^2-2}=\lim_{n\to\infty}\frac{a_n^2+4a_n+4}{na_n+5n^2-2}=\lim_{n\to\infty}\frac{\left(\dfrac{a_n}{n}\right)^2+\dfrac{4a_n}{n^2}+\dfrac{4}{n^2}}{\dfrac{a_n}{n}+5-\dfrac{2}{n^2}}=\frac{25}{10}=\frac{5}{2}$$

26. 그림과 같이 곡선 $y = \sqrt{x+x\ln x}$와 x축 및 두 직선 $x = 1$, $x = 2$로 둘러싸인 부분을 밑면으로 하는 입체도형이 있다.

이 입체도형을 x축에 수직인 평면으로 자른 단면이 모두 정삼각형일 때, 이 입체도형의 부피는? [3점]

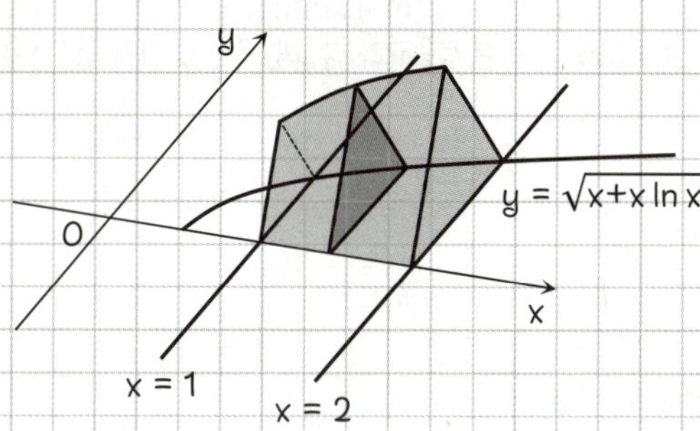

입체도형의 부피 (p.220)

여러 가지 적분법 (p.210)

① $\dfrac{\sqrt{3}(3+8\ln 2)}{16}$ ② $\dfrac{\sqrt{3}(5+12\ln 2)}{24}$ ③ $\dfrac{\sqrt{3}(1+12\ln 2)}{16}$ ④ $\dfrac{\sqrt{3}(1+2\ln 2)}{4}$ ⑤ $\dfrac{\sqrt{3}(1+9\ln 2)}{12}$

$S(x) = \dfrac{\sqrt{3}}{4}(\sqrt{x+x\ln x})^2 = \dfrac{\sqrt{3}}{4}(x+x\ln x)$

$V = \displaystyle\int_1^2 \dfrac{\sqrt{3}}{4}(x+x\ln x)\,dx = \dfrac{\sqrt{3}}{4}\left(\int_1^2 x\,dx + \int_1^2 x\ln x\,dx\right) \cdots\cdots (*)$

$\displaystyle\int_1^2 x\,dx = \left[\dfrac{1}{2}x^2\right]_1^2 = \dfrac{3}{2}, \quad \int_1^2 x\ln x\,dx = \left[\dfrac{1}{2}x^2\ln x\right]_1^2 - \int_1^2 \dfrac{1}{2}x\,dx = \left[\dfrac{1}{2}x^2\ln x - \dfrac{1}{4}x^2\right]_1^2 = 2\ln 2 - \dfrac{3}{4}$

$\therefore (*) = \dfrac{\sqrt{3}}{4}\left(\dfrac{3}{2} + 2\ln 2 - \dfrac{3}{4}\right) = \dfrac{\sqrt{3}}{4}\left(\dfrac{3+8\ln 2}{4}\right) = \dfrac{\sqrt{3}(3+8\ln 2)}{16}$

$$x = e^{4t}(1+\sin^2\pi t), \quad y = e^{4t}(1-3\cos^2\pi t)$$

① 점 P의 좌표 구하기   ② 매개변수 활용하여 미분계수 구하기

를 C라 하자. 곡선 C가 직선 $y = 3x-5e$와 만나는 점을 P라 할 때, 곡선 C 위의 점 P에서의 접선의 기울기는? [3점]

① $\dfrac{3\pi-4}{\pi+4}$ ✓② $\dfrac{3\pi-2}{\pi+6}$ ③ $\dfrac{3\pi}{\pi+8}$ ④ $\dfrac{3\pi+2}{\pi+10}$ ⑤ $\dfrac{3\pi+4}{\pi+12}$

$y = 3x-5e$

$e^{4t}(1-3\cos^2\pi t) = 3\{e^{4t}(1+\sin^2\pi t)\}-5e$

$5e = e^{4t}\{2+3(\sin^2\pi t+\cos^2\pi t)\} \;\Rightarrow\; t = \dfrac{1}{4}$

$\dfrac{dx}{dt} = 4e^{4t}(1+\sin^2\pi t)+e^{4t}(2\sin\pi t\times\cos\pi t\times\pi)$

$\dfrac{dy}{dt} = 4e^{4t}(1-3\cos^2\pi t)+e^{4t}(-3\times2\cos\pi t\times(-\sin\pi t)\times\pi)$

$t = \dfrac{1}{4}$일 때, $\dfrac{dx}{dt} = e(6+\pi)$, $\dfrac{dy}{dt} = e(-2+3\pi)$

$\therefore \dfrac{dy}{dx} = \dfrac{e(-2+3\pi)}{e(6+\pi)} = \dfrac{3\pi-2}{\pi+6}$

$$f(x) = \frac{1}{2}x^2 - x + \ln(1+x)$$

와 양수 t에 대하여 점 $(s, f(s))$ $(s > 0)$에서 y축에 내린 수선의 발과 곡선 $y = f(x)$ 위의 점 $(s, f(s))$에서의 접선이

y축과 만나는 점 사이의 거리가 t가 되도록 하는 s의 값을 $g(t)$라 하자. $\displaystyle\int_{\frac{1}{2}}^{\frac{27}{4}} g(t)\,dt$ 의 값은? [4점]

① $\dfrac{161}{12} + \ln 3$　　② $\dfrac{40}{3} + \ln 3$　　③ $\dfrac{53}{4} + \ln 2$　　④ $\dfrac{79}{6} + \ln 2$　　✓⑤ $\dfrac{157}{12} + \ln 2$

점 $(s, f(s))$에서의 접선 : $y = f'(s)(x-s) + f(s)$

$t = |sf'(s)|$

$$f'(x) = x - 1 + \frac{1}{1+x} = \frac{x^2}{1+x} \ \Rightarrow\ t = \left|\frac{s^3}{1+s}\right|$$

$h(x) = \dfrac{x^3}{1+x}$라 하면 $h'(x) = \dfrac{2x^3 + 3x^2}{(1+x)^2} > 0 \ (x > 0)$

$g(t)$를 정의할 수 없으므로 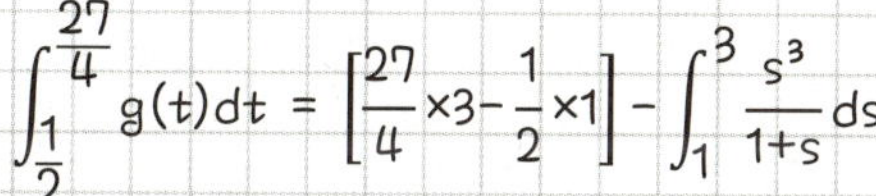 역함수를 이용하여 정적분의 값을 계산 $\Rightarrow$ $s = g(t)$이므로 $t = \dfrac{s^3}{1+s}$

$$\int_{\frac{1}{2}}^{\frac{27}{4}} g(t)\,dt = \left[\frac{27}{4} \times 3 - \frac{1}{2} \times 1\right] - \int_{1}^{3} \frac{s^3}{1+s}\,ds$$

$$= \frac{79}{4} - \int_{1}^{3}\left(s^2 - s + 1 - \frac{1}{1+s}\right)ds$$

$$= \frac{79}{4} - \left[\frac{1}{3}s^3 - \frac{1}{2}s^2 + s - \ln(s+1)\right]_{1}^{3}$$

$$= \frac{79}{4} - \frac{20}{3} + \ln 2$$

$$= \frac{157}{12} + \ln 2$$

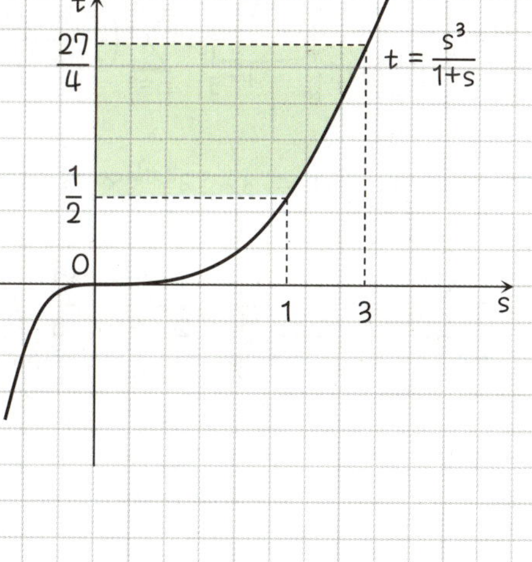

29. 첫째항과 공차가 같은 등차수열 $\{a_n\}$과 등비수열 $\{b_n\}$이 다음 조건을 만족시킨다.

$a_n = na_1$ $\qquad$ $b_n = b_1 r^{n-1}$

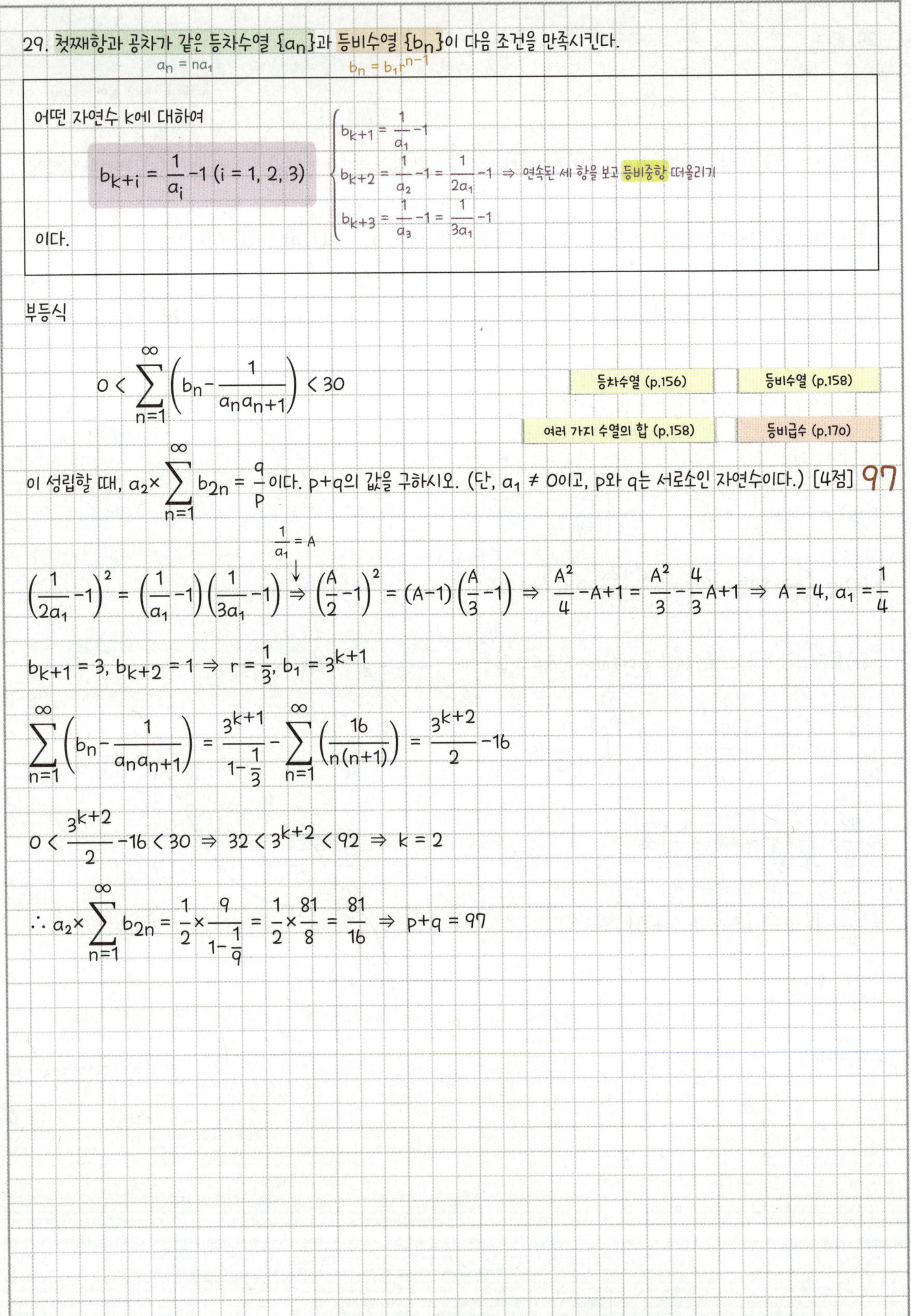

어떤 자연수 k에 대하여

$$b_{k+i} = \frac{1}{a_i} - 1 \ (i = 1, 2, 3)$$

이다.

$$\begin{cases} b_{k+1} = \dfrac{1}{a_1} - 1 \\[2mm] b_{k+2} = \dfrac{1}{a_2} - 1 = \dfrac{1}{2a_1} - 1 \\[2mm] b_{k+3} = \dfrac{1}{a_3} - 1 = \dfrac{1}{3a_1} - 1 \end{cases}$$ ⇒ 연속된 세 항을 보고 등비중항 떠올리기

부등식

$$0 < \sum_{n=1}^{\infty} \left(b_n - \frac{1}{a_n a_{n+1}} \right) < 30$$

등차수열 (p.156)   등비수열 (p.158)

여러 가지 수열의 합 (p.158)   등비급수 (p.170)

이 성립할 때, $a_2 \times \displaystyle\sum_{n=1}^{\infty} b_{2n} = \dfrac{q}{p}$ 이다. $p+q$의 값을 구하시오. (단, $a_1 \neq 0$이고, p와 q는 서로소인 자연수이다.) [4점] **97**

$$\frac{1}{a_1} = A$$

$$\left(\frac{1}{2a_1} - 1 \right)^2 = \left(\frac{1}{a_1} - 1 \right)\left(\frac{1}{3a_1} - 1 \right) \Rightarrow \left(\frac{A}{2} - 1 \right)^2 = (A-1)\left(\frac{A}{3} - 1 \right) \Rightarrow \frac{A^2}{4} - A + 1 = \frac{A^2}{3} - \frac{4}{3}A + 1 \Rightarrow A = 4, \ a_1 = \frac{1}{4}$$

$$b_{k+1} = 3, \ b_{k+2} = 1 \Rightarrow r = \frac{1}{3}, \ b_1 = 3^{k+1}$$

$$\sum_{n=1}^{\infty} \left(b_n - \frac{1}{a_n a_{n+1}} \right) = \frac{3^{k+1}}{1 - \frac{1}{3}} - \sum_{n=1}^{\infty} \left(\frac{16}{n(n+1)} \right) = \frac{3^{k+2}}{2} - 16$$

$$0 < \frac{3^{k+2}}{2} - 16 < 30 \Rightarrow 32 < 3^{k+2} < 92 \Rightarrow k = 2$$

$$\therefore a_2 \times \sum_{n=1}^{\infty} b_{2n} = \frac{1}{2} \times \frac{9}{1 - \frac{1}{9}} = \frac{1}{2} \times \frac{81}{8} = \frac{81}{16} \Rightarrow p+q = 97$$

30. 실수 전체의 집합에서 증가하는 연속함수 $f(x)$의 역함수 $f^{-1}(x)$가 다음 조건을 만족시킨다.

$f^{-1}(x)$도 증가

(가) $|x| \leq 1$일 때, $4 \times \left(f^{-1}(x)\right)^2 = x^2(x^2-5)^2$이다. $2f^{-1}(x) = |x||x^2-5| \Rightarrow f^{-1}(x)$ 가 증가함 이용해 절댓값 풀기

(나) $|x| > 1$일 때, $\left|f^{-1}(x)\right| = e^{|x|-1}+1$이다. $f^{-1}(x)$ 가 증가함 이용해 절댓값 풀기

실수 m에 대하여 기울기가 m이고 점 $(1, 0)$을 지나는 직선이 곡선 $y = f(x)$와 만나는 점의 개수를 $g(m)$이라 하자.

기울기가 $\dfrac{1}{m}$ $(= k)$이고 점 $(0, 1)$을 지나는 직선이 곡선 $y = f^{-1}(x)$와 만나는 점의 개수 $\Rightarrow$ 접할 때가 $g(m)$의 값이 바뀌는 순간

함수 $g(m)$이 $m = a$, $m = b$ $(a < b)$에서 불연속 일 때, $g(a) \times \left(\displaystyle\lim_{m \to a+} g(m)\right) + g(b) \times \left(\dfrac{\ln b}{b}\right)^2$ 의 값을 구하시오.

$\left(\text{단, } \displaystyle\lim_{m \to a+} \dfrac{\ln x}{x} = 0\right)$ [4점] **11**

역함수의 그래프 (p.128)   접선의 방정식 (p.196)

함수의 그래프를 그리는 순서 (p.202)

$f^{-1}(x) = h(x)$라 하자.

$|x| \leq 1$일 때, $h(x) = \dfrac{1}{2}x(5-x^2)$

$|x| > 1$일 때, $h(x) = \begin{cases} e^{x-1}+1 & (x > 1) \\ -e^{-(x+1)}-1 & (x < -1) \end{cases}$

$\Rightarrow h(x) = \begin{cases} -e^{-(x+1)}-1 & (x < -1) \\ -\dfrac{1}{2}x^3 + \dfrac{5}{2}x & (-1 \leq x \leq 1) \\ e^{x-1}+1 & (x > 1) \end{cases}$

곡선 $y = h(x)$ 위의 한 점 $(t, h(t))$에서 기울기가 k인 접선 : $y = kx+1 \Rightarrow \begin{cases} h(t) = kt+1 \\ h'(t) = k \end{cases}$

(1) $-1 \leq x \leq 1$

$-\dfrac{1}{2}t^3 + \dfrac{5}{2}t = kt+1, -\dfrac{3}{2}t^2 + \dfrac{5}{2} = k \Rightarrow t = 1, k = 1 \Rightarrow y = x+1$

(2) $x > 1$

$e^{t-1}+1 = kt+1, e^{t-1} = k \Rightarrow t = 1, k = 1 \Rightarrow y = x+1$

(3) $x < -1$

$-e^{-(t+1)}-1 = kt+1, e^{-(t+1)} = k \Rightarrow e^{-(t+1)} = \dfrac{2}{-(t+1)}$

이때의 t의 값을 t^*, k의 값을 k^*라 하자. $\Rightarrow a = 0, b = \dfrac{1}{k^*}$

$\Rightarrow \dfrac{\ln b}{b} = k^* \times (-\ln k^*) = e^{-(t^*+1)} \times (t^*+1) = -2$

$\therefore g(a) \times \left(\displaystyle\lim_{m \to a+} g(m)\right) + g(b) \times \left(\dfrac{\ln b}{b}\right)^2 = 1 \times 3 + 2 \times 4 = 11$

Appendix

23. 두 벡터 $\vec{a} = (4, 1)$, $\vec{b} = (-1, -1)$에 대하여 $\vec{a}+\vec{b}$의 모든 성분의 합은? [2점]　　평면벡터의 성분 (p.118)

① 1　　　② 2　　　③ 3 ✓　　　④ 4　　　⑤ 5

$\vec{a}+\vec{b} = (3, 0)$

24. 포물선 $y^2 = 12(x-2)$의 초점과 준선 사이의 거리는? [3점]　　포물선 (p.262)

① 6 ✓　　　② 7　　　③ 8　　　④ 9　　　⑤ 10

$p = 3$, $2p = 6$

25. 좌표공간의 점 $A\left(3, -\dfrac{3}{2}, -2\right)$를 yz평면에 대하여 대칭이동한 점을 B, 점 A를 원점에 대하여 대칭이동한 점을 C라

할 때, 선분 BC의 길이는? [3점]　　공간좌표 (p.282)

① $\sqrt{21}$　　　② $\sqrt{22}$　　　③ $\sqrt{23}$　　　④ $2\sqrt{6}$　　　⑤ 5 ✓

$B\left(-3, -\dfrac{3}{2}, -2\right)$, $C\left(-3, \dfrac{3}{2}, 2\right)$

$\therefore \sqrt{0^2+3^2+4^2} = 5$

26. 양수 a에 대하여 두 초점이 F, F'인 쌍곡선 $\dfrac{x^2}{a^2} - \dfrac{y^2}{a^2} = -1$ 위의 점 $(a, \sqrt{2}a)$에서의 접선이 y축과 만나는 점을

P라 하자. $\overline{PF} \times \overline{PF'} = 8$일 때, a의 값은? [3점]　　쌍곡선 (p.264)　　이차곡선의 접선의 방정식 (p.266)

① $\sqrt{3}$　　　② $\dfrac{4\sqrt{3}}{3}$ ✓　　　③ $\dfrac{5\sqrt{3}}{3}$　　　④ $2\sqrt{3}$　　　⑤ $\dfrac{7\sqrt{3}}{3}$

$\dfrac{ax}{a^2} - \dfrac{\sqrt{2}ay}{a^2} = -1$에 $x = 0$ 대입 $\Rightarrow y = \dfrac{a}{\sqrt{2}}$

초점 $(0, \sqrt{2}a)$, $(0, -\sqrt{2}a)$ $\Rightarrow \overline{PF} \times \overline{PF'} = \dfrac{\sqrt{2}a}{2} \times \dfrac{3\sqrt{2}a}{2} = 8 \Rightarrow a = \dfrac{4\sqrt{3}}{3}$

27. 그림과 같이 지름의 길이가 5인 두 원 C_1, C_2를 두 밑면으로 하는 원기둥이 있고, 원 C_1 위의 $\overline{AB} = 5$인 두 점 A, B와 원 C_2 위의 $\overline{CD} = 3$인 두 점 C, D에 대하여 $\overline{AD} = \overline{BC}$이다. 점 D에서 원 C_1을 포함하는 평면에 내린 수선의 발을 H라 하자. 사각형 ABCD의 넓이가 삼각형 ABH의 넓이의 4배일 때, 이 원기둥의 높이는? [3점]

피타고라스 정리 (p.68)

원과 직선 (p.74)

삼수선의 정리 (p.280)

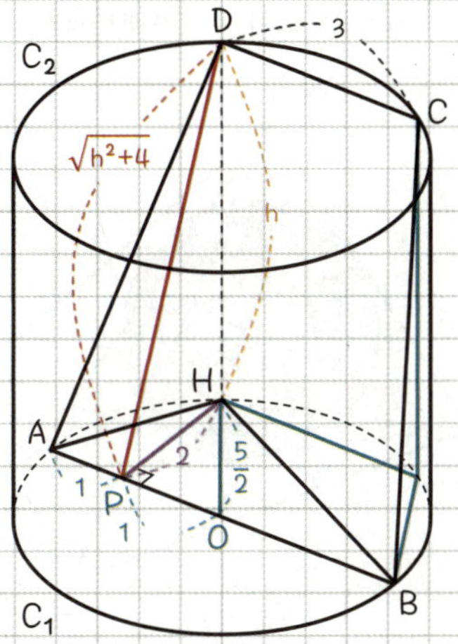

① $3\sqrt{2}$ ② $\sqrt{19}$ ③ $2\sqrt{5}$ ④ $\sqrt{21}$ ⑤ $\sqrt{22}$

$$\frac{1}{2}\times(3+5)\times\sqrt{h^2+4} = 4\times\frac{1}{2}\times5\times2 \Rightarrow h = \sqrt{21}$$

Appendix

28. 그림과 같이 $\overline{AB} = \overline{CD} = 4$, $\overline{BC} = \overline{BD} = 2\sqrt{5}$인 사면체 ABCD가 있고, 점 A에서 직선 CD에 내린 수선의 발 H에 대하여 두 평면 ABH와 BCD는 서로 수직이고 $\overline{AH} = 4$이다. 삼각형 ABH의 무게중심을 G라 하고, 점 G를 중심으로 하고 평면 ACD에 접하는 구를 S라 하자. $\angle APG = \frac{\pi}{2}$인 구 S 위의 모든 점 P가 나타내는 도형을 T라 할 때, 도형 T의 평면 ABC 위로의 정사영의 넓이는? [4점]

△ABH는 한변의 길이가 4인 정삼각형

무게중심 (p.68) 피타고라스 정리 (p.68) 정사영 (p.280)

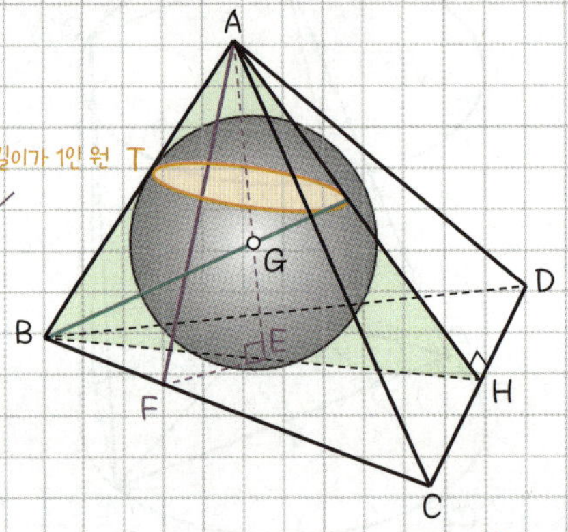

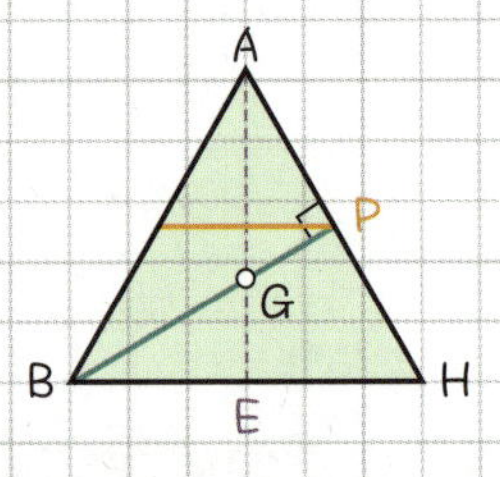

도형 T와 평면 BCD는 평행
⇒ 두 평면 BCD와 ABC의 이면각 계산 ($\angle AFE$)

① $\frac{\pi}{7}$ ② $\frac{\pi}{6}$ ③ $\frac{\pi}{5}$ ④ $\frac{\pi}{4}$ ⑤ $\frac{\pi}{3}$

$\sin(\angle HBC) = \frac{\overline{CH}}{\overline{BC}} = \frac{\overline{EF}}{\overline{BE}} \Rightarrow \frac{2}{2\sqrt{5}} = \frac{\overline{EF}}{2} \Rightarrow \overline{EF} = \frac{2\sqrt{5}}{5}$

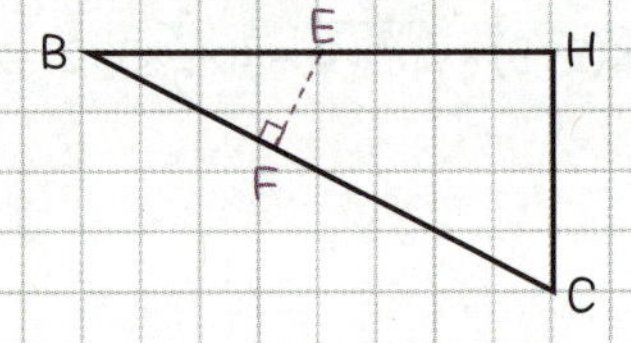

$\overline{AE} = 2\sqrt{3}$이므로 $\tan(\angle AFE) = \frac{\overline{AE}}{\overline{EF}} = \sqrt{15} \Rightarrow \cos(\angle AFE) = \frac{1}{4}$

$\therefore$ (T의 넓이)$\times\cos(\angle AFE) = \pi\times\frac{1}{4} = \frac{\pi}{4}$

29. 그림과 같이 초점이 F(p, 0) (p > 0)이고 준선이 x = −p인 포물선 위의 점 중 제1사분면에 있는 점 A에서 포물선의 준선에

내린 수선의 발을 H라 하고, 두 초점이 x축 위에 있고 세 점 F, A, H를 지나는 타원의 x좌표가 양수인 초점을 B라 하자.

y좌표가 같음 $\Rightarrow$ ($\overline{AH}$ 중점의 x좌표) = (타원의 중심의 x좌표)

삼각형 AHB의 둘레의 길이가 p+27, 넓이가 2p+12일 때, 선분 HF의 길이를 k라 하자. k^2의 값을 구하시오. [4점]

360

포물선 (p.262)   타원 (p.264)

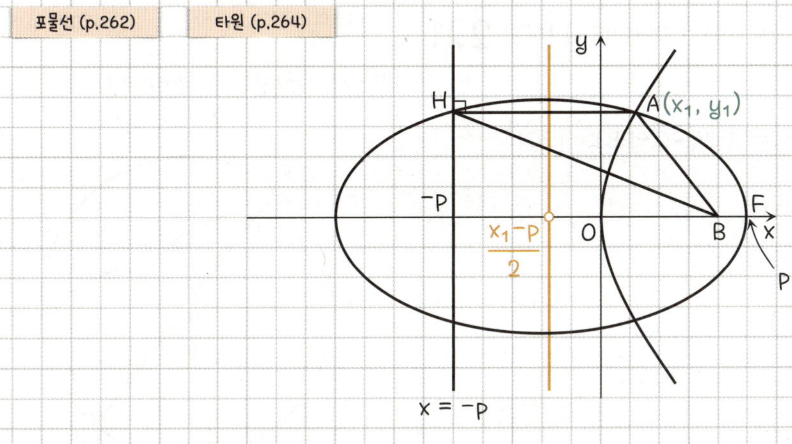

(장축의 길이) $= 2a = 2 \times \left(p - \dfrac{x_1-p}{2} \right) = 3p - x_1$

$\triangle$AHB 둘레 : $(\overline{AB}+\overline{BH}) + \overline{AH} = (3p-x_1) + (x_1+p) = 4p \Rightarrow 4p = p+27 \Rightarrow p = 9$

$\triangle$AHB 넓이 : $\begin{cases} \dfrac{1}{2} \times (x_1+9) \times y_1 = 30 \\ y_1{}^2 = 36x_1 \end{cases} \Rightarrow x_1 = 1, \ y_1 = 6$

$\therefore \ \overline{HF}^2 = (2p)^2 + y_1{}^2 = 18^2 + 6^2 = 360$

30. 좌표평면에서 길이가 $10\sqrt{2}$인 선분 AB를 지름으로 하는 원 위의 두 점 P, Q가

$$(\overrightarrow{PA}+\overrightarrow{PB})\cdot(\overrightarrow{PQ}+\overrightarrow{PB}) = 2|\overrightarrow{PQ}|^2$$

$= 2\overrightarrow{PO}$

을 만족시킨다. $|\overrightarrow{PB}| = 14$일 때, $|\overrightarrow{PA}\cdot\overrightarrow{QB}| = \dfrac{q}{p}$이다. p+q의 값을 구하시오.

(단, $|\overrightarrow{QB}| > 0$이고, p와 q는 서로소인 자연수이다.) [4점] 221

$\dfrac{n}{2}\pi\pm\theta$의 삼각함수 (p.148)   코사인법칙 (p.152)

벡터의 연산 (p.114)   벡터의 내적 (p.288)

$2\overrightarrow{PO}\cdot(\overrightarrow{PQ}+\overrightarrow{PB}) = 2|\overrightarrow{PQ}|^2 \Rightarrow \overrightarrow{PO}\cdot(\overrightarrow{PQ}+\overrightarrow{PB}) = |\overrightarrow{PQ}|^2$

$\Rightarrow \overrightarrow{PO}\cdot\overrightarrow{PQ}+\overrightarrow{PO}\cdot\overrightarrow{PB} = \overrightarrow{PQ}\cdot\overrightarrow{PQ}$

$\Rightarrow \overrightarrow{PO}\cdot\overrightarrow{PB} = \overrightarrow{PQ}\cdot\overrightarrow{PQ}-\overrightarrow{PO}\cdot\overrightarrow{PQ}$

$\Rightarrow \overrightarrow{PO}\cdot\overrightarrow{PB} = \overrightarrow{PQ}\cdot(\overrightarrow{PQ}-\overrightarrow{PO})$

$\Rightarrow \overrightarrow{PO}\cdot\overrightarrow{PB} = \overrightarrow{PQ}\cdot\overrightarrow{OQ}$

벡터의 시점을 모두 원점으로 통일

$\Rightarrow (-\overrightarrow{OP})\cdot(\overrightarrow{OB}-\overrightarrow{OP}) = (\overrightarrow{OQ}-\overrightarrow{OP})\cdot\overrightarrow{OQ}$

$\Rightarrow 50-\overrightarrow{OP}\cdot\overrightarrow{OB} = 50-\overrightarrow{OP}\cdot\overrightarrow{OQ}$

$\Rightarrow \overrightarrow{OP}\cdot\overrightarrow{OB} = \overrightarrow{OP}\cdot\overrightarrow{OQ}$

$\Rightarrow$ 점 B와 점 Q는 직선 OP에 대해 대칭

직선 OP를 x축으로 한 도형을 생각하자.

$|\overrightarrow{PA}| = \sqrt{(10\sqrt{2})^2 -14^2} = 2$

$\triangle$POB에서 $14^2 = (5\sqrt{2})^2+(5\sqrt{2})^2-2\times(5\sqrt{2})^2\times\cos(\angle POB)$

$\Rightarrow \cos(\angle POB) = -\dfrac{24}{25}, \sin(\angle POB) = \dfrac{7}{25} = \sin(\angle BOH)$

$|\overrightarrow{QB}| = 2\overline{BH} = 10\sqrt{2}\times\dfrac{7}{25} = \dfrac{14\sqrt{2}}{5}$

$\cos(\angle QBP') = \dfrac{\frac{7\sqrt{2}}{5}}{2} = \dfrac{7\sqrt{2}}{10}$

$\therefore |\overrightarrow{PA}\cdot\overrightarrow{QB}| = |\overrightarrow{PA}||\overrightarrow{QB}|\cos(\angle QBP') = 2\times\dfrac{14\sqrt{2}}{5}\times\dfrac{7\sqrt{2}}{10} = \dfrac{196}{25}$, p+q = 221

상용로그표

수	0	1	2	3	4	5	6	7	8	9
1.0	0	0.0043	0.0086	0.0128	0.0170	0.0212	0.0253	0.0294	0.0334	0.0374
1.1	0.0414	0.0453	0.0492	0.0531	0.0569	0.0607	0.0645	0.0682	0.0719	0.0755
1.2	0.0792	0.0828	0.0864	0.0899	0.0934	0.0969	0.1004	0.1038	0.1072	0.1106
1.3	0.1139	0.1173	0.1206	0.1239	0.1271	0.1303	0.1335	0.1367	0.1399	0.1430
1.4	0.1461	0.1492	0.1523	0.1553	0.1584	0.1614	0.1644	0.1673	0.1703	0.1732
1.5	0.1761	0.1790	0.1818	0.1847	0.1875	0.1903	0.1931	0.1959	0.1987	0.2014
1.6	0.2041	0.2068	0.2095	0.2122	0.2148	0.2175	0.2201	0.2227	0.2253	0.2279
1.7	0.2304	0.2330	0.2355	0.2380	0.2405	0.2430	0.2455	0.2480	0.2504	0.2529
1.8	0.2553	0.2577	0.2601	0.2625	0.2648	0.2672	0.2695	0.2718	0.2742	0.2765
1.9	0.2788	0.2810	0.2833	0.2856	0.2878	0.2900	0.2923	0.2945	0.2967	0.2989
2.0	0.3010	0.3032	0.3054	0.3075	0.3096	0.3118	0.3139	0.3160	0.3181	0.3201
2.1	0.3222	0.3243	0.3263	0.3284	0.3304	0.3324	0.3345	0.3365	0.3385	0.3404
2.2	0.3424	0.3444	0.3464	0.3483	0.3502	0.3522	0.3541	0.3560	0.3579	0.3598
2.3	0.3617	0.3636	0.3655	0.3674	0.3692	0.3711	0.3729	0.3747	0.3766	0.3784
2.4	0.3802	0.3820	0.3838	0.3856	0.3874	0.3892	0.3909	0.3927	0.3945	0.3962
2.5	0.3979	0.3997	0.4014	0.4031	0.4048	0.4065	0.4082	0.4099	0.4116	0.4133
2.6	0.4150	0.4166	0.4183	0.4200	0.4216	0.4232	0.4249	0.4265	0.4281	0.4298
2.7	0.4314	0.4330	0.4346	0.4362	0.4378	0.4393	0.4409	0.4425	0.4440	0.4456
2.8	0.4472	0.4487	0.4502	0.4518	0.4533	0.4548	0.4564	0.4579	0.4594	0.4609
2.9	0.4624	0.4639	0.4654	0.4669	0.4683	0.4698	0.4713	0.4728	0.4742	0.4757
3.0	0.4771	0.4786	0.4800	0.4814	0.4829	0.4843	0.4857	0.4871	0.4886	0.4900
3.1	0.4914	0.4928	0.4942	0.4955	0.4969	0.4983	0.4997	0.5011	0.5024	0.5038
3.2	0.5051	0.5065	0.5079	0.5092	0.5105	0.5119	0.5132	0.5145	0.5159	0.5172
3.3	0.5185	0.5198	0.5211	0.5224	0.5237	0.5250	0.5263	0.5276	0.5289	0.5302
3.4	0.5315	0.5328	0.5340	0.5353	0.5366	0.5378	0.5391	0.5403	0.5416	0.5428
3.5	0.5441	0.5453	0.5465	0.5478	0.5490	0.5502	0.5514	0.5527	0.5539	0.5551
3.6	0.5563	0.5575	0.5587	0.5599	0.5611	0.5623	0.5635	0.5647	0.5658	0.5670
3.7	0.5682	0.5694	0.5705	0.5717	0.5729	0.5740	0.5752	0.5763	0.5775	0.5786
3.8	0.5798	0.5809	0.5821	0.5832	0.5843	0.5855	0.5866	0.5877	0.5888	0.5899
3.9	0.5911	0.5922	0.5933	0.5944	0.5955	0.5966	0.5977	0.5988	0.5999	0.6010
4.0	0.6021	0.6031	0.6042	0.6053	0.6064	0.6075	0.6085	0.6096	0.6107	0.6117
4.1	0.6128	0.6138	0.6149	0.6160	0.6170	0.6180	0.6191	0.6201	0.6212	0.6222
4.2	0.6232	0.6243	0.6253	0.6263	0.6274	0.6284	0.6294	0.6304	0.6314	0.6325
4.3	0.6335	0.6345	0.6355	0.6365	0.6375	0.6385	0.6395	0.6405	0.6415	0.6425
4.4	0.6435	0.6444	0.6454	0.6464	0.6474	0.6484	0.6493	0.6503	0.6513	0.6522
4.5	0.6532	0.6542	0.6551	0.6561	0.6571	0.6580	0.6590	0.6599	0.6609	0.6618
4.6	0.6628	0.6637	0.6646	0.6656	0.6665	0.6675	0.6684	0.6693	0.6702	0.6712
4.7	0.6721	0.6730	0.6739	0.6749	0.6758	0.6767	0.6776	0.6785	0.6794	0.6803
4.8	0.6812	0.6821	0.6830	0.6839	0.6848	0.6857	0.6866	0.6875	0.6884	0.6893
4.9	0.6902	0.6911	0.6920	0.6928	0.6937	0.6946	0.6955	0.6964	0.6972	0.6981
5.0	0.6990	0.6998	0.7007	0.7016	0.7024	0.7033	0.7042	0.7050	0.7059	0.7067
5.1	0.7076	0.7084	0.7093	0.7101	0.7110	0.7118	0.7126	0.7135	0.7143	0.7152
5.2	0.7160	0.7168	0.7177	0.7185	0.7193	0.7202	0.7210	0.7218	0.7226	0.7235
5.3	0.7243	0.7251	0.7259	0.7267	0.7275	0.7284	0.7292	0.7300	0.7308	0.7316
5.4	0.7324	0.7332	0.7340	0.7348	0.7356	0.7364	0.7372	0.7380	0.7388	0.7396

수	0	1	2	3	4	5	6	7	8	9
5.5	0.7404	0.7412	0.7419	0.7427	0.7435	0.7443	0.7451	0.7459	0.7466	0.7474
5.6	0.7482	0.7490	0.7497	0.7505	0.7513	0.7520	0.7528	0.7536	0.7543	0.7551
5.7	0.7559	0.7566	0.7574	0.7582	0.7589	0.7597	0.7604	0.7612	0.7619	0.7627
5.8	0.7634	0.7642	0.7649	0.7657	0.7664	0.7672	0.7679	0.7686	0.7694	0.7701
5.9	0.7709	0.7716	0.7723	0.7731	0.7738	0.7745	0.7752	0.7760	0.7767	0.7774
6.0	0.7782	0.7789	0.7796	0.7803	0.7810	0.7818	0.7825	0.7832	0.7839	0.7846
6.1	0.7853	0.7860	0.7868	0.7875	0.7882	0.7889	0.7896	0.7903	0.7910	0.7917
6.2	0.7924	0.7931	0.7938	0.7945	0.7952	0.7959	0.7966	0.7973	0.7980	0.7987
6.3	0.7993	0.8	0.8007	0.8014	0.8021	0.8028	0.8035	0.8041	0.8048	0.8055
6.4	0.8062	0.8069	0.8075	0.8082	0.8089	0.8096	0.8102	0.8109	0.8116	0.8122
6.5	0.8129	0.8136	0.8142	0.8149	0.8156	0.8162	0.8169	0.8176	0.8182	0.8189
6.6	0.8195	0.8202	0.8209	0.8215	0.8222	0.8228	0.8235	0.8241	0.8248	0.8254
6.7	0.8261	0.8267	0.8274	0.8280	0.8287	0.8293	0.8299	0.8306	0.8312	0.8319
6.8	0.8325	0.8331	0.8338	0.8344	0.8351	0.8357	0.8363	0.8370	0.8376	0.8382
6.9	0.8388	0.8395	0.8401	0.8407	0.8414	0.8420	0.8426	0.8432	0.8439	0.8445
7.0	0.8451	0.8457	0.8463	0.8470	0.8476	0.8482	0.8488	0.8494	0.8500	0.8506
7.1	0.8513	0.8519	0.8525	0.8531	0.8537	0.8543	0.8549	0.8555	0.8561	0.8567
7.2	0.8573	0.8579	0.8585	0.8591	0.8597	0.8603	0.8609	0.8615	0.8621	0.8627
7.3	0.8633	0.8639	0.8645	0.8651	0.8657	0.8663	0.8669	0.8675	0.8681	0.8686
7.4	0.8692	0.8698	0.8704	0.8710	0.8716	0.8722	0.8727	0.8733	0.8739	0.8745
7.5	0.8751	0.8756	0.8762	0.8768	0.8774	0.8779	0.8785	0.8791	0.8797	0.8802
7.6	0.8808	0.8814	0.8820	0.8825	0.8831	0.8837	0.8842	0.8848	0.8854	0.8859
7.7	0.8865	0.8871	0.8876	0.8882	0.8887	0.8893	0.8899	0.8904	0.8910	0.8915
7.8	0.8921	0.8927	0.8932	0.8938	0.8943	0.8949	0.8954	0.8960	0.8965	0.8971
7.9	0.8976	0.8982	0.8987	0.8993	0.8998	0.9004	0.9009	0.9015	0.9020	0.9025
8.0	0.9031	0.9036	0.9042	0.9047	0.9053	0.9058	0.9063	0.9069	0.9074	0.9079
8.1	0.9085	0.9090	0.9096	0.9101	0.9106	0.9112	0.9117	0.9122	0.9128	0.9133
8.2	0.9138	0.9143	0.9149	0.9154	0.9159	0.9165	0.9170	0.9175	0.9180	0.9186
8.3	0.9191	0.9196	0.9201	0.9206	0.9212	0.9217	0.9222	0.9227	0.9232	0.9238
8.4	0.9243	0.9248	0.9253	0.9258	0.9263	0.9269	0.9274	0.9279	0.9284	0.9289
8.5	0.9294	0.9299	0.9304	0.9309	0.9315	0.9320	0.9325	0.9330	0.9335	0.9340
8.6	0.9345	0.9350	0.9355	0.9360	0.9365	0.9370	0.9375	0.9380	0.9385	0.9390
8.7	0.9395	0.9400	0.9405	0.9410	0.9415	0.9420	0.9425	0.9430	0.9435	0.9440
8.8	0.9445	0.9450	0.9455	0.9460	0.9465	0.9469	0.9474	0.9479	0.9484	0.9489
8.9	0.9494	0.9499	0.9504	0.9509	0.9513	0.9518	0.9523	0.9528	0.9533	0.9538
9.0	0.9542	0.9547	0.9552	0.9557	0.9562	0.9566	0.9571	0.9576	0.9581	0.9586
9.1	0.9590	0.9595	0.9600	0.9605	0.9609	0.9614	0.9619	0.9624	0.9628	0.9633
9.2	0.9638	0.9643	0.9647	0.9652	0.9657	0.9661	0.9666	0.9671	0.9675	0.9680
9.3	0.9685	0.9689	0.9694	0.9699	0.9703	0.9708	0.9713	0.9717	0.9722	0.9727
9.4	0.9731	0.9736	0.9741	0.9745	0.9750	0.9754	0.9759	0.9763	0.9768	0.9773
9.5	0.9777	0.9782	0.9786	0.9791	0.9795	0.9800	0.9805	0.9809	0.9814	0.9818
9.6	0.9823	0.9827	0.9832	0.9836	0.9841	0.9845	0.9850	0.9854	0.9859	0.9863
9.7	0.9868	0.9872	0.9877	0.9881	0.9886	0.9890	0.9894	0.9899	0.9903	0.9908
9.8	0.9912	0.9917	0.9921	0.9926	0.9930	0.9934	0.9939	0.9943	0.9948	0.9952
9.9	0.9956	0.9961	0.9965	0.9969	0.9974	0.9978	0.9983	0.9987	0.9991	0.9996

x	sinx	cosx	tanx
0°	0.0000	1.0000	0.0000
1°	0.0175	0.9998	0.0175
2°	0.0349	0.9994	0.0349
3°	0.0523	0.9986	0.0524
4°	0.0698	0.9976	0.0699
5°	0.0872	0.9962	0.0875
6°	0.1045	0.9945	0.1051
7°	0.1219	0.9925	0.1228
8°	0.1392	0.9903	0.1405
9°	0.1564	0.9877	0.1584
10°	0.1736	0.9848	0.1763
11°	0.1908	0.9816	0.1944
12°	0.2079	0.9781	0.2126
13°	0.2250	0.9744	0.2309
14°	0.2419	0.9703	0.2493
15°	0.2588	0.9659	0.2679
16°	0.2756	0.9613	0.2867
17°	0.2924	0.9563	0.3057
18°	0.3090	0.9511	0.3249
19°	0.3256	0.9455	0.3443
20°	0.3420	0.9397	0.3640
21°	0.3584	0.9336	0.3839
22°	0.3746	0.9272	0.4040
23°	0.3907	0.9205	0.4245
24°	0.4067	0.9135	0.4452
25°	0.4226	0.9063	0.4663
26°	0.4384	0.8988	0.4877
27°	0.4540	0.8910	0.5095
28°	0.4695	0.8829	0.5317
29°	0.4848	0.8746	0.5543
30°	0.5000	0.8660	0.5774
31°	0.5150	0.8572	0.6009
32°	0.5299	0.8480	0.6249
33°	0.5446	0.8387	0.6494
34°	0.5592	0.8290	0.6745
35°	0.5736	0.8192	0.7002
36°	0.5878	0.8090	0.7265
37°	0.6018	0.7986	0.7536
38°	0.6157	0.7880	0.7813
39°	0.6293	0.7771	0.8098
40°	0.6428	0.7660	0.8391
41°	0.6561	0.7547	0.8693
42°	0.6691	0.7431	0.9004
43°	0.6820	0.7314	0.9325
44°	0.6947	0.7193	0.9657
45°	0.7071	0.7071	1.0000

x	sinx	cosx	tanx
46°	0.7193	0.6947	1.0355
47°	0.7314	0.6820	1.0724
48°	0.7431	0.6691	1.1106
49°	0.7547	0.6561	1.1504
50°	0.7660	0.6428	1.1918
51°	0.7771	0.6293	1.2349
52°	0.7880	0.6157	1.2799
53°	0.7986	0.6018	1.3270
54°	0.8090	0.5878	1.3764
55°	0.8192	0.5736	1.4281
56°	0.8290	0.5592	1.4826
57°	0.8387	0.5446	1.5399
58°	0.8480	0.5299	1.6003
59°	0.8572	0.5150	1.6643
60°	0.8660	0.5000	1.7321
61°	0.8746	0.4848	1.8040
62°	0.8829	0.4695	1.8807
63°	0.8910	0.4540	1.9626
64°	0.8988	0.4384	2.0503
65°	0.9063	0.4226	2.1445
66°	0.9135	0.4067	2.2460
67°	0.9205	0.3907	2.3559
68°	0.9272	0.3746	2.4751
69°	0.9336	0.3584	2.6051
70°	0.9397	0.3420	2.7475
71°	0.9455	0.3256	2.9042
72°	0.9511	0.3090	3.0777
73°	0.9563	0.2924	3.2709
74°	0.9613	0.2756	3.4874
75°	0.9659	0.2588	3.7321
76°	0.9703	0.2419	4.0108
77°	0.9744	0.2250	4.3315
78°	0.9781	0.2079	4.7046
79°	0.9816	0.1908	5.1446
80°	0.9848	0.1736	5.6713
81°	0.9877	0.1564	6.3138
82°	0.9903	0.1392	7.1154
83°	0.9925	0.1219	8.1443
84°	0.9945	0.1045	9.5144
85°	0.9962	0.0872	11.4301
86°	0.9976	0.0698	14.3007
87°	0.9986	0.0523	19.0811
88°	0.9994	0.0349	28.6363
89°	0.9998	0.0175	57.2900
90°	1.0000	0.0000	–

$$P(0 \leq Z \leq z)$$

$$f(z) = \frac{1}{\sqrt{2\pi}} e^{-\frac{z^2}{2}}$$

z	0.00	0.01	0.02	0.03	0.04	0.05	0.06	0.07	0.08	0.09
0	0.0000	0.0040	0.0080	0.0120	0.0160	0.0199	0.0239	0.0279	0.0319	0.0359
0.1	0.0398	0.0438	0.0478	0.0517	0.0557	0.0596	0.0636	0.0675	0.0714	0.0753
0.2	0.0793	0.0832	0.0871	0.0910	0.0948	0.0987	0.1026	0.1064	0.1103	0.1141
0.3	0.1179	0.1217	0.1255	0.1293	0.1331	0.1368	0.1406	0.1443	0.1480	0.1517
0.4	0.1554	0.1591	0.1628	0.1664	0.1700	0.1736	0.1772	0.1808	0.1844	0.1879
0.5	0.1915	0.1950	0.1985	0.2019	0.2054	0.2088	0.2123	0.2157	0.2190	0.2224
0.6	0.2257	0.2291	0.2324	0.2357	0.2389	0.2422	0.2454	0.2486	0.2517	0.2549
0.7	0.2580	0.2611	0.2642	0.2673	0.2704	0.2734	0.2764	0.2794	0.2823	0.2852
0.8	0.2881	0.2910	0.2939	0.2967	0.2995	0.3023	0.3051	0.3078	0.3106	0.3133
0.9	0.3159	0.3186	0.3212	0.3238	0.3264	0.3289	0.3315	0.3340	0.3365	0.3389
1	0.3413	0.3438	0.3461	0.3485	0.3508	0.3531	0.3554	0.3577	0.3599	0.3621
1.1	0.3643	0.3665	0.3686	0.3708	0.3729	0.3749	0.3770	0.3790	0.3810	0.3830
1.2	0.3849	0.3869	0.3888	0.3907	0.3925	0.3944	0.3962	0.3980	0.3997	0.4015
1.3	0.4032	0.4049	0.4066	0.4082	0.4099	0.4115	0.4131	0.4147	0.4162	0.4177
1.4	0.4192	0.4207	0.4222	0.4236	0.4251	0.4265	0.4279	0.4292	0.4306	0.4319
1.5	0.4332	0.4345	0.4357	0.4370	0.4382	0.4394	0.4406	0.4418	0.4429	0.4441
1.6	0.4452	0.4463	0.4474	0.4484	0.4495	0.4505	0.4515	0.4525	0.4535	0.4545
1.7	0.4554	0.4564	0.4573	0.4582	0.4591	0.4599	0.4608	0.4616	0.4625	0.4633
1.8	0.4641	0.4649	0.4656	0.4664	0.4671	0.4678	0.4686	0.4693	0.4699	0.4706
1.9	0.4713	0.4719	0.4726	0.4732	0.4738	0.4744	0.4750	0.4756	0.4761	0.4767
2	0.4772	0.4778	0.4783	0.4788	0.4793	0.4798	0.4803	0.4808	0.4812	0.4817
2.1	0.4821	0.4826	0.4830	0.4834	0.4838	0.4842	0.4846	0.4850	0.4854	0.4857
2.2	0.4861	0.4864	0.4868	0.4871	0.4875	0.4878	0.4881	0.4884	0.4887	0.4890
2.3	0.4893	0.4896	0.4898	0.4901	0.4904	0.4906	0.4909	0.4911	0.4913	0.4916
2.4	0.4918	0.4920	0.4922	0.4925	0.4927	0.4929	0.4931	0.4932	0.4934	0.4936
2.5	0.4938	0.4940	0.4941	0.4943	0.4945	0.4946	0.4948	0.4949	0.4951	0.4952
2.6	0.4953	0.4955	0.4956	0.4957	0.4959	0.4960	0.4961	0.4962	0.4963	0.4964
2.7	0.4965	0.4966	0.4967	0.4968	0.4969	0.4970	0.4971	0.4972	0.4973	0.4974
2.8	0.4974	0.4975	0.4976	0.4977	0.4977	0.4978	0.4979	0.4979	0.4980	0.4981
2.9	0.4981	0.4982	0.4982	0.4983	0.4984	0.4984	0.4985	0.4985	0.4986	0.4986
3	0.4987	0.4987	0.4987	0.4988	0.4988	0.4989	0.4989	0.4989	0.4990	0.4990
3.1	0.4990	0.4991	0.4991	0.4991	0.4992	0.4992	0.4992	0.4992	0.4993	0.4993
3.2	0.4993	0.4993	0.4994	0.4994	0.4994	0.4994	0.4994	0.4995	0.4995	0.4995
3.3	0.4995	0.4995	0.4995	0.4996	0.4996	0.4996	0.4996	0.4996	0.4996	0.4997
3.4	0.4997	0.4997	0.4997	0.4997	0.4997	0.4997	0.4997	0.4997	0.4997	0.4998